대학 마중물

기초수학

심홍태 지음

KYOWOO

머리말

PREFACE

대학 신입학생들의 상당수가 수학에 대한 기본소양이 부족한 상태로 입학하고 있는 상태이다. 이로 인하여 1학년 입학생은 물론이고 재학생들에게 이공계 및 수학이 필요한 전공분야에서 요구되는 핵심적인 수학을 가르치는데 어려움이 많이 있는 것이 현실이다.

하지만, 현재 대학의 교과과정 운영상 달리 선수과목 제도를 운영할 수 있는 상황도 아니어서 핵심적인 기초를 습득시킬 시간이 마땅치 않은 실정이다.

이 저서의 목적은 핵심적이고 기초적인 수학내용을 짧은 기간에 제공할 수 있는 정도의 교재를 학생들과 강의하는 분들에게 제공하기 위한 것이다.

수학 학습에 있어서 산수와 수학의 차이를 명확히 구분하는 것이 도움이 될 것이다.

수 또는 숫자를 대상으로 사칙연산 즉, 덧셈, 뺄셈, 곱셈, 나눗셈에 관한 계산을 하는 것을 산수라 할 수 있다.

우리는 수의 계산이 빠른 사람을 셈이 빠른 사람이라 하고 느림 사람을 셈이 느린 사람이라 한다. 따라서 계산시간의 차이는 있을 수 있으나 중학교 수준 정도의 교육을 성실하게 받은 사람으로서 산수를 하지 못하는 사람은 거의 없다고 할 수 있다.

반면에 숫자를 포함한 문자와 기호를 이용해서 사고를 문자와 기호의 식으로 표현하고 소통하며 이에 상응하는 연산을 하는 일련의 활동이 수학이라 할 수 있다. 이러한 맥락에서 수학은 한 민족이 사용하는 언어와 관계없이 세계 어디에서나 통용되는 과학언어라 할 수 있다.

따라서 수학을 잘하는 방법은 하나의 언어를 배우듯이 기호의 의미를 정확히 이해하고 관련된 연산을 반복적으로 풀이하여 숙련이 되어야 한다. 고대 그리스의 수학자 유클리드의 말 그대로 “**왕도가 따로 없는**” 것이다.

PREFACE 머리말

교재의 제목을 "**대학 마중물 기초수학**"이라 명명하였다. 이공계열에서 미분적분학에 대한 사전준비 성격의 수학교재 서명은 보통 서양의 "pre-calculus"에 준하는 우리나라 이름으로 다양하게 붙여졌다. 교재의 의도와 의미가 잘 담긴 서명을 짓기 위해서 고민을 했다. "마중물"이라는 사전적 의미 그대로 초보적인 수학 내용을 잘 습득하고 약간의 학습노력으로 향후에 많은 결실을 맺을 수 있는 교재가 되기를 기대한다.

본 교재는 미분과 적분에 관한 내용은 포함하지 않고 있으며 특징은 다음과 같다.

- 강의를 전제로 일주일에 2~3시간, 1학기에 마칠 수 있는 정도로 구성하였다.
- 의미와 내용에 관하여 상세하게 서술을 하였고 많은 예제를 통하여 학생 스스로 학습하기에 용이하도록 하였다.
- 벡터를 학습내용에 포함하여 1학년 물리학 내용을 이해하는데 도움이 되게 하였다. 물리학에 관한 내용과 빠른 연결을 위해서는 6장 행렬과 7장 벡터를 먼저 시작하여도 된다.

아무쪼록 이 교재가 학생들에게는 난이도 높은 수학으로 인하여 위축된 마음에 자신감을 회복하게 되고, 결국에는 수학이 도구로 사용되는 전공과 분야에서 마중물의 역할을 다하는 디딤돌이 되기를 열망한다.

어려운 여건에서도 본 교재의 출판을 허락해 주신 교우 출판사 사장님과 헌신적으로 애써주신 출판부에 감사의 마음을 표한다.

저자 심홍태

차례 CONTENTS

CHAPTER 01 문자와 식

1.1 문자식과 지수법칙

자연수 n과 수 또는 문자 a에 대하여 a^n은 a를 n번 곱한 것으로 다음과 같이 정의한다.

$$a^n = a \times a \times \cdots \times a$$

이때, a를 **밑**이라 하고, n을 **지수**라 한다. 예를 들어,

$$a^3 = a \times a \times a,\ (-b)^4 = (-b) \times (-b) \times (-b) \times (-b)$$

이고 문자를 수로 바꾸면 다음과 같다. 즉,

$$5^4 = 5 \times 5 \times 5 \times 5 = 625,\ (-2)^3 = (-2) \times (-2) \times (-2) = -8,$$
$$4^3 \times (-3)^2 = 4 \times 4 \times 4 \times (-3) \times (-3) = 576,\ 8 \times 8 \times 8 \times (-7) \times (-7) = 8^3 \times (-7)^2.$$

문자와 숫자를 이용하여 식을 나타낼 때에는 식을 간략히 표현하기 위하여 아래와 같이 약속을 한다.

- 수와 문자, 문자와 문자 사이의 곱셈기호 $\times$는 생략한다.

$$2 \times a = 2a,\ \ a \times b = ab,\ \ x \times y \times z = xyz$$

> 주의 ab와 ba는 문자의 곱에서는 같지만 순서를 생각하는 문자의 배열을 다루는 상황에서는 다름에 유의하자.

- 수는 문자 앞에 쓰고, 두 개 이상의 문자가 곱하여진 경우에는 알파벳 순서로 쓴다.

$$y \times 4 \times x = 4xy,\ \ c \times d \times a = acd$$

- 1이나 -1과 문자의 곱에서는 1을 생략한다.

$$1 \times a = a,\ (-1) \times a = -a,\ \ y \times (-1) = -y.$$

주의 $0.1\times a \neq 0.a$ 임에 유의하자. $0.1a$ 또는 $\frac{1}{10}a$ 또는 $\frac{a}{10}$로 쓰고, $(-0.1)\times a$도 $-0.1a$ 또는 $-\frac{1}{10}a$ 또는 $-\frac{a}{10}$로 쓴다.

■ 같은 문자의 곱은 하나의 문제에 대한 거듭제곱의 꼴로 나타낸다.

$$2a\times b\times 3b=6ab^2,\ x\times y\times y\times(-5)x\times y=-5x^2y^3$$

■ 괄호가 있는 곱셈에서도 곱셈 기호 ×는 생략하고, 수는 괄호 앞에 쓴다.

$$(a+2)\times 3=3(a+2),\ (y+z)\times(-4)=-4(y+z)$$

■ 나눗셈의 경우는 나눗셈을 생략하고 분수로 나타내거나 역수를 곱하여 나타낸다.

$$a\div b=\frac{a}{b},\ (a-b)\div 2=\frac{a-b}{2}=\frac{1}{2}(a-b)$$

예제 1 다음 식을 곱셈 또는 나눗셈 기호를 생략하여 나타내라.

(1) $y\times(-4)\times x$ (2) $a\times b\times 0.1\times a$

(3) $(x-y)\div 5$ (4) $a\times 2\div b$

풀이 나눗셈과 곱셈에서는 연산부호의 순서대로 연산을 한다.

(1) $y\times(-4)\times x=-4xy$ (2) $a\times b\times 0.1\times a=0.1a^2b$

(3) $(x-y)\div 5=\frac{x-y}{5}=\frac{1}{5}(x-y)$ (4) $a\times 2\div b=\frac{2a}{b}$

예제 2 다음 주어진 문제에 답하라

(1) 밑면의 길이가 a, 높이가 h인 삼각형의 넓이를 S 라 할 때, S를 a와 h로 나타내고, 또 h를 a와 S로 나타내라.

(2) 100의 자리숫자가 a, 10의 자리숫자가 b, 일의 자리숫자가 c인 세 자리의 자연수를 a,b,c를 이용하여 나타내라.

풀이 삼각형의 넓이는 밑변과 높이의 곱을 2로 나눈 것임을 기억하고, 10진수에서 자리숫자의 의미를 이해하면 된다.

(1) $S = ah \div 2 = \dfrac{ah}{2}$ 이고, $ah = 2S$로부터 $h = 2S \div a = \dfrac{2S}{a}$이다.

(2) 세 자리의 수 235가 각 자리숫자 2, 3, 5에 대하여

$$235 = 2 \times 10^2 + 3 \times 10 + 5 \times 1 = 200 + 30 + 5$$

로 표현되는 것을 생각하면, 구하는 식은
$a \times 10^2 + b \times 10 + c \times 1 = 100a + 10b + c$ 이다.

문자 또는 수를 이용하여 식을 나타낼 때, 같은 문자를 여러 번 곱하는 경우에는 문자가 곱하여 진 횟수를 일일이 확인하는 것이 번거롭다. 이에 관하여 지수의 법칙을 알면 문자식을 간단히 나타내는데 효율적이다. 지수가 자연수일 때에는 다음이 성립한다.

지수가 자연수일 때의 지수법칙

m, n이 자연수 일 때, 다음이 성립한다.

(1) $a^m a^n = a^{m+n}$

(2) $(a^m)^n = a^{mn}$

(3) $(ab)^m = a^m b^m$

(4) $\left(\dfrac{a}{b}\right)^m = \dfrac{a^m}{b^m}$ $(b \neq 0)$

(5) $a^m \div a^n = \begin{cases} a^{m-n}, & m > n \\ 1, & m = n \\ \dfrac{1}{a^{n-m}}, & m < n \end{cases}$ $(a \neq 0)$

예제 3 다음 식을 간단히 하여라.

(1) $x^4 x^7$

(2) $(a^3)^5$

(3) $(x^2 y^4)^3$

(4) $z^5 \div z^2$

(5) $w^3 \div w^7$

(6) $\left(\dfrac{a^2}{x^3}\right)^4$

풀이 식의 형태에 상응하는 지수법칙을 이용하여 식을 간단히 표현한다.

(1) $x^4x^7 = x^{4+7} = x^{11}$　　(2) $(a^3)^5 = a^{3\times5} = a^{15}$

(3) $(x^2y^4)^3 = (x^2)^3(y^4)^3 = x^6y^{12}$　　(4) $z^5 \div z^2 = z^{5-2} = z^3$

(5) $w^3 \div w^7 = \dfrac{1}{w^{7-3}} = \dfrac{1}{w^4}$　　(6) $\left(\dfrac{a^2}{x^3}\right)^4 = \dfrac{(a^2)^4}{(x^3)^4} = \dfrac{a^8}{x^{12}}$

예제 4 다음 식을 간단히 하여라.

(1) $4a^2 \times (-2a)^3$　　(2) $(-9x^3y) \div 4x^2y^3$

(3) $(-12a^2b) \times 3b \div 6ab$　　(4) $8ab \div 4a \times 3b$

풀이 곱셈과 나눗셈은 연산부호의 순서대로 연산을 하고 숫자는 숫자끼리 곱하거나 나누고 문자는 지수법칙을 이용하여 곱셈, 나눗셈을 하면 된다.

(1) $4a^2 \times (-2a)^3 = 4 \times (-2)^3 \times a^2a^3 = -32a^2a^3 = -32a^5$

(2) $(-9x^3y) \div 4x^2y^3 = \dfrac{-9}{4}\dfrac{x^{3-2}}{y^{3-1}} = -\dfrac{9x}{4y^2}$

(3) $(-12a^2b) \times 3b \div 6ab^4 = -36a^2b^2 \div 6ab^4 = -6\dfrac{a}{b^2} = -\dfrac{6a}{b^2}$

(4) $8ab \div 4a \times 3b = 2b \times 3b = 6b^2$

지금까지 지수가 양의 정수인 경우만 생각해 왔다. 이제 $a \neq 0$이고 n은 양의 정수일 때, 다음과 같이 정의한다.

$$a^0 = 1,\ a^{-n} = \frac{1}{a^n}$$

예를 들어,

$$3^0 = 1,\quad 2^{-3} = \frac{1}{2^3} = \frac{1}{8},\quad (-5)^{-2} = \frac{1}{(-5)^2} = \frac{1}{25}$$

이다.

예제 5 다음을 간단히 하라.

(1) $(-5)^0$ (2) 3^{-2}

(3) $(\frac{1}{2})^{-4}$ (4) $(-\frac{1}{3})^{-2}$

풀이 음의 정수에 대한 지수를 정의에 의하여 양의 지수로 바꾸어 계산하면 된다.

(1) 0 아닌 수의 지수가 0이면 1이므로 $(-5)^0=1$.

(2) $3^{-2}=\frac{1}{3^2}=\frac{1}{9}$

(3) $(\frac{1}{2})^{-4}=\frac{1}{(\frac{1}{2})^4}=2^4=16$ (4) $(-\frac{1}{3})^{-2}=\frac{1}{(-\frac{1}{3})^2}=9$

자연수지수에 대한 지수의 법칙이 정수에 대하여도 다음과 같이 성립한다.

지수가 정수일 때의 지수의 법칙

m,n이 정수일 때, 임의의 실수 a,b에 대하여 다음이 성립한다.

(1) $a^m a^n = a^{m+n}$ (2) $(a^m)^n = a^{mn}$

(3) $(ab)^m = a^m b^m$ (4) $\left(\frac{a}{b}\right)^m = \frac{a^m}{b^m}$ $(b \neq 0)$

(5) $a^m \div a^n = a^{m-n}$ $(a \neq 0)$

지수가 정수일 때의 지수의 법칙에 의하여 나눗셈에서 지수의 연산은 분수 꼴로 나타내지 않아도 된다.

예를 들어,

$$w^3 \div w^7 = w^{3-7} = w^{-4}(=\frac{1}{w^4}) ,$$

$$3b \div 6ab^2 = \frac{1}{2}b^{1-2}a^{-1} = \frac{1}{2}a^{-1}b^{-1}(=\frac{1}{2ab})$$

에서와 같이 음의 지수형태로 표현해도 된다.

다항식과 연산

문자가 있는 식에서 문자에 곱하여진 수를 **계수**, 문자가 곱하여진 횟수를 그 문자에 대한 **차수**라 한다. 예를 들어, $3a$에서 a의 계수는 3이고, $-4x^3$에서 x의 차수는 3차이고 x^3의 계수는 -4이다.
문자 또는 수의 곱으로 표시된 하나의 식을 **단항식**이라 하고, 두 개 이상의 서로 다른 단항식의 합 또는 차로 이루어진 식을 **다항식**이라 한다. 이때 숫자로만 이루어진 항을 **상수항**이라 한다. 예를 들면,

$$2,\ 3x,\ a,\ ab,\ \cdots$$

는 단항식이고,

$$2+3x,\ a-2x,\ ab+2c-3z,\ \cdots$$

는 다항식이다. 문자도 같고 차수도 같은 항을 **동류항**이라 한다. 예를 들어, x^2y은 $-4x^2y$ 와는 동류항이지만 xy^2과는 동류항이 아니다.

동류항의 합, 차

- 동류항의 합 또는 차는 동류항의 계수를 더하거나 뺀 다음 해당하는 문자를 곱하여 하나의 항으로 만든다. 예를 들어,

$$3-7=-4, \quad 7x-4x=(7-4)x=3x,$$
$$-5a+2a=(-5+2)a=(-3)a=-3a,$$
$$2a-(-3a)=(2-(-3))a=5a,$$
$$8xy+2xy=(8+2)xy=10xy$$

이다.

- 다항식에 동류항이 있을 때에는 동류항끼리 정리를 하고 서로 다른 항들을 더하면 된다. 예를 들어,

$$-2x+3y-1+5x-7y+6=(-2+5)x+(3-7)y+(-1+6)$$
$$=3x-4y+5$$

이다.

다항식의 합, 차

A, B가 다항식 일 때, 다항식의 합 $A+B$, 차 $A-B$는 다음과 같이 정의한다.

- $A+B$는 동류항끼리의 합을 계산한 다음에 다른 항들을 모두 더한다.
- $A-B$는 빼는 쪽의 다항식에 있는 항의 계수의 부호를 바꾸어서 더한다.

예를 들어,

$$(2a+3b)+(3a-5b)=(2+3)a+(3-5)b=5a-2b,$$
$$(3x+2y)-(2x-3y)=(3x+2y)+(-2x+3y)=x+5y$$

이다.

예제 6 다음 식을 간단히 하여라.

(1) $(3a+2b-1)+(5a+9b-4)$

(2) $(-3a+2b-6x)-(7a-b-x)$

풀이 다항식의 덧셈과 뺄셈에 대한 정의를 이용하면 된다.

(1) $(3a+2b-1)+(5a-9b-4)=(3+5)a+(2-9)b+(-1-4)$

$$=8a-7b-5$$

(2) $(-3a+2b-6x)-(7a-b-x)=(-3a+2b-6x)+(-7a+b+x)$

$$=-10a+3b-5x$$

다항식의 차는 다항식의 합으로 표시되는 것에 주목하자. 다항식의 합은 수에 대한 합과 마찬가지로 다음과 같은 성질이 있다.

다항식의 덧셈의 성질

다항식 A, B, C 에 대하여 다음이 성립한다.

(1) $A+B=B+A$ (교환법칙)

(2) $(A+B)+C=A+(B+C)$ (결합법칙)

다항식을 더할 때에는 더하는 순서와 관계없이 결과는 같고, 3개 이상의 다항식을 더할 때에는 어떤 두 항을 먼저 더해도 결과가 같다는 뜻이다.

예제 7 다음 식을 간단히 하여라.

(1) $(2x+3y)+(4x-5y)$

(2) $(-3a+7b-2)-(2a-4y+7)$

(3) $3x+\{y-(2x-5y)\}$

(4) $2a-\{-3b-(4a+b)\}$

풀이 괄호가 여러 개인 경우에는 안쪽 괄호부터 연산을 하면 된다.

(1) $(2x+3y)+(4x-5y)=(2+4)x+(3-5)y=6x-2y$

(2) $(-3a+7b-2)-(2a-4b+7)=(-3a+7b-2)+(-2a+4b-7)$
$=-5a+11b-9$

(3) $3x+\{y-(2x-5y)\}=3x+\{-2x+6y\}=x+6y$

(4) $2a-\{-3b-(4a+b)\}=2a-\{-4b-4a\}=6a+4b$

다항식과 단항식의 곱, 다항식과 다항식의 곱에서 괄호를 제거하여 하나의 다항식으로 나타내는 것을 "**식의 전개**"라고 한다. 식의 전개는 곱셈공식을 이용하면 편리하다. 여기에서는 자주 쓰이는 기본적인 곱셈공식을 나열하면 다음과 같다.

곱셈공식 1

(1) $a(b+c)=ab+ac$

(2) $(a+b)(c+d)=ac+ad+bc+bd$

(3) $(a+b)^2=a^2+2ab+b^2$

(4) $(a-b)^2=a^2-2ab+b^2$

(5) $(a+b)(a-b)=a^2-b^2$

(6) $(x+a)(x+b)=x^2+(a+b)x+ab$

(7) $(ax+b)(cx+d)=acx^2+(ad+bc)x+bd$

곱셈공식을 이용하여 다항식의 곱셈을 계산할 때, 다항식의 곱셈의 성질을 알면 곱셈을 효율적으로 계산할 수 있다.

다항식의 곱셈의 성질

다항식 A, B, C 에 대하여 다음이 성립한다.

(1) $AB = BA$ (교환법칙)

(2) $(AB)C = A(BC)$ (결합법칙)

(3) $A(B+C) = AB + AC,\ (A+B)C = AC + BC$ (분배법칙)

다항식의 곱셈 성질은 곱하는 순서와 결합하는 순서에 관계없이 결과가 같음을 말한다. 이제 예제를 통하여 곱셈공식을 활용해 보자.

예제 8 다음 식을 전개하라.

(1) $2a(3x-4y)$ (2) $(3x+y)(ax-2yz)$

(3) $(a+7)^2$ (4) $(2x-a)^2$

풀이 주어진 식에서 각 단항을 하나의 문자로 생각하고 곱셈공식 (1)~(4)을 이용한다.

(1) $2a(3x-4y) = (2a)(3x) + (2a)(-4y) = 6ax + (-8ay) = 6ax - 8ay$

(2) $(3x+y)(ax-2yz) = (3x+y)(ax+(-2yz))$

$= (3x)(ax) + (3x)(-2yz) + y(ax) + y(-2yz)$

$= 3ax^2 - 6xyz + axy - 2y^2z$

(3) $(2a+7)^2 = (2a)^2 + 2(2a)7 + 7^2 = 4a^2 + 28a + 49$

(4) $(2x-a)^2 = (2x)^2 - 2(2x)a + a^2 = 4x^2 - 4ax + a^2$

예제 9 다음 식을 전개하라.

(1) $(2a+3b)(2a-3b)$ (2) $(x+3)(x+5)$

(3) $(3x+2)(2x+5)$ (4) $(2x-3)(x+4)$

풀이 주어진 단항을 하나의 문자로 생각하고 곱셈공식 (5)~(7)을 이용한다.

(1) $(2a+3b)(2a-3b)=(2a)^2-(3b)^2=4a^2-9b^2$

(2) $(x+3)(x+5)=x^2+(3+5)x+15=x^2+8x+15$

(3) $(3x+2)(2x+5)=6x^2+(15+4)x+10=6x^2+19x+10$

(4) $(2x-3)(x+4)=2x^2+(8-3)x-12=2x^2+5x-12$

곱셈공식 2

(1) $(a+b)^3=a^3+3a^2b+3ab^2+b^3$

(2) $(a-b)^3=a^3-3a^2b+3ab^2-b^3$

(3) $(a+b)(a^2-ab+b^2)=a^3+b^3$

(4) $(a-b)(a^2+ab+b^2)=a^3-b^3$

예제 10 다음 식을 전개하라.

(1) $(2x+3y)^3$

(2) $(2a-y)^3$

(3) $(x+2)(x^2-2x+4)$

(4) $(x-3)(x^2+3x+9)$

풀이 곱셈공식2에 해당하는 형식이 어떤 것이지 분별하면 된다.

(1) $(2x+3y)^3=(2x)^3+3(2x)^2(3y)+3(2x)(3y)^2+(3y)^3$

$=8x^3+36x^2y+54xy^2+27y^3$

(2) $(2a-3y)^3=(2a)^3-3(2a)^2(3y)+3(2a)(3y)^2-(3y)^3$

$=8a^3-36a^2y+54ay^2-27y^3$

(3) $(x+2)(x^2-2x+4)=(x+2)(x^2-2x+2^2)=x^3+2^3=x^3+8$

(4) $(x-3)(x^2+3x+9)=(x-3)(x^2+3x+3^2)=x^3-3^3=x^3-27$

곱셈공식의 변형은 다양한 문제풀이에 많은 도움이 된다. 자주 사용되는 곱셈공식의 변형에 대하여 알아보자. 변형공식이 성립하는 것을 보이려면 등식의 우변을 전개하여 좌변과 같아짐을 보이면 된다.

곱셈공식의 변형 1

(1) $a^2+b^2=(a+b)^2-2ab$, $a^2+b^2=(a-b)^2+2ab$

(2) $(a-b)^2=(a+b)^2-4ab$, $(a+b)^2=(a-b)^2+4ab$

(3) $a^2+\frac{1}{a^2}=(a+\frac{1}{a})^2-2$, $a^2+\frac{1}{a^2}=(a-\frac{1}{a})^2+2$

예제 11 다음 주어진 문제에 답하여라.

(1) $a+b=6, ab=2$ 일 때, $(a-b)^2$ 의 값을 구하여라.

(2) $x+\frac{1}{x}=3$ 일 때, $x^2+\frac{1}{x^2}$의 값을 구하여라.

(3) $x+y=5$, $x^2+y^2=33$ 일 때, $(x-y)^2$의 값을 구하여라.

풀이 주어진 문제가 변형된 곱셈공식의 어떤 부분과 연관이 있는지를 분별하는 것이 핵심이다.

(1) 공식(2)을 이용하여, $(a-b)^2=(a+b)^2-4ab=6^2-4\times2=28$.

(2) 공식(3)을 이용하여, $x^2+\frac{1}{x^2}=(x+\frac{1}{x})^2-2=3^2-2=7$.

(3) 공식(2)에 의하여, $(x-y)^2=(x+y)^2-4xy$ 이다. xy의 값을 구하기 위하여 공식(1)을 이용하면, $x^2+y^2=(x+y)^2-2xy$ 로부터 $xy=-4$이다. 따라서 구하는 값은 주어진 조건들을 대입하면 $(x-y)^2=5^2-4\times(-4)=41$.

곱셈공식의 변형 2

(1) $a^3+b^3=(a+b)^3-3ab(a+b)$, $a^3-b^3=(a-b)^3+3ab(a-b)$

(2) $a^3+\frac{1}{a^3}=(a+\frac{1}{a})^3-3(a+\frac{1}{a})$, $a^3-\frac{1}{a^3}=(a-\frac{1}{a})^3+3(a-\frac{1}{a})$

예제 12 다음 주어진 문제에 답하여라.

(1) $a+b=4$, $ab=2$일 때, a^3+b^3의 값을 구하라.

(2) $a-\frac{1}{a}=3$ 일 때, $a^3-\frac{1}{a^3}$의 값을 구하라.

(3) $x^2+x+1=0$ 일 때, $x^3+\frac{1}{x^3}$의 값을 구하라.

풀이 문제에 해당하는 공식을 적용하는 것이 핵심이다.

(1) 공식(1)에 의하여, $a^3+b^3=(a+b)^3-3ab(a+b)=4^3-3\times 2\times 4=40.$

(2) 공식(2)에 의하여, $a^3-\frac{1}{a^3}=(a-\frac{1}{a})^3+3(a-\frac{1}{a})=3^3+3\times 3=36.$

(3) 공식(2)를 이용하기 위해서, $x+\frac{1}{x}$의 값이 필요한데, $x^2+x+1=0$으로부터 $x\neq 0$ 이므로 양변을 x로 나누어 정리하면 $x+\frac{1}{x}=-1$이다. 따라서 구하는 식의 해는

$$x^3+\frac{1}{x^3}=(x+\frac{1}{x})^3-3(x+\frac{1}{x})=(-1)^3-3(-1)=2$$

이다.

다항식과 단항식의 나눗셈

다항식을 단항식으로 나누는 것은 다항식에 단항식의 역을 곱하거나 분수로 나타내어 식을 간단히 한다. 즉,

$$\text{다항식} \div \text{단항식} = \text{다항식} \times \frac{1}{\text{단항식}} \quad \text{또는} \quad \frac{\text{다항식}}{\text{단항식}}$$

이때, 분모와 분자에 나타나는 수는 수에 관한 나눗셈으로, 문자는 지수법칙을 이용하여 식을 간단히 한다.

예를 들면,

$$\begin{aligned}(6x^2+4xy)\div 4x &= (6x^2+4xy)\times\frac{1}{4x}\\ &= 6x^2\times\frac{1}{4x}+4xy\times\frac{1}{4x}=\frac{3}{2}x+y,\end{aligned}$$

$$(8a^2-6ab)\div 2a=\frac{8a^2-6ab}{2a}=\frac{8a^2}{2a}-\frac{6ab}{2a}=4a-3b$$

이다.

예제 13 다음 식을 간단히 하여라.

(1) $(8xy-6xy^2)\div 2y$

(2) $(9ay+6by)\div(-3y)$

(3) $(2y-1)+(3xy-4x)\div(-\frac{2}{3}x)$

(4) $(6a-3a^2)\div\frac{1}{3a}+(12a^3+8a^2)\div 4a$

풀이 곱셈공식을 이용하여 전개한 다음에 동류항을 정리하면 된다.

(1) $(8xy-6xy^2)\div 2y=(8xy-6xy^2)\times\frac{1}{2y}=4x-3xy$

(2) $(9ay+6by)\div(-3y)=(9ay+6by)\times\frac{1}{-3y}=-3a-2b$

(3) $(2y-1)+(3xy-4x)\div(-\frac{2}{3}x)=2y-1+(3xy-4x)\times\frac{-3}{2x}$

$=2y-1-\frac{9}{2}y+6=-\frac{5}{2}y+5$

(4) $(6a-3a^2)\div\frac{1}{3a}+(12a^3+8a^2)\div 4a=2-a+3a^2+2a=3a^2+a+2$

n차 다항식의 나눗셈

한 개의 문자가 사용된 식에서는 가장 큰 차수가 n이면, 이 식을 주어진 문자에 관한 n**차 다항식** 또는 간단히 n차식이라 부른다. 예를 들어,

$$a^2-3a+5,\ \ 3x^4+2x^2-x+1,\ y^3-1$$

은 각각 a에 관한 2차식, x에 관한 4차식, y에 관한 3차식이다. 한 문자에 관한 다항식을 나타낼 때는 높은 차수에서 낮은 차수, 즉 내림차순, 로 쓰는 것이 일반적이다. 문자 x에 관한 다항식 $A(x)$와 $B(x)$에 대하여 분수식

$$\frac{A(x)}{B(x)}$$

를 x에 관한 **유리식** 또는 간단히 유리식이라 한다. 예를 들어,

$$\frac{x+1}{2x-3},\quad \frac{x+10}{9x^2-4},\quad \frac{2x^2-3}{x^3+4x+1},\quad \frac{x^3-x+1}{x+1}$$

등은 유리식이다.

분수식을 가분수는 진분수로 나타낼 수 있듯이, 즉

$$\frac{5}{3}=1+\frac{2}{3}=1\frac{2}{3},\quad \frac{13}{5}=2+\frac{3}{5}=2\frac{3}{5}$$

유리식에서도 분자식의 차수가 분모식의 차수 이상일 때는 다항식 $A(x)$를 $B(x)$로 나누어, 몫이 $Q(x)$이고 나머지가 $R(x)$일 때,

$$\frac{A(x)}{B(x)}=Q(x)+\frac{R(x)}{B(x)} \tag{*}$$

의 형태로 분자식의 차수가 분모식의 차수보다 항상 작게 나타낼 수 있다. 여기서 $R(x)$는 상수이거나 다항식으로서 $R(x)$의 차수는 $B(x)$의 차수보다 작다.

예를 들어,

$$A(x)=4x^3-x^2+3x+2,\ \ B(x)=x^2+x-1$$

일 때

$$A(x)\div B(x)=\frac{A(x)}{B(x)}=\frac{4x^3-x^2+3x+2}{x^2+x-1}$$

이고, 숫자의 나눗셈과 같은 절차로 다항식의 나눗셈을 다음과 같이 하면

$$
\begin{array}{r|l}
 & 4x-5 \\ \hline
x^2+x-1 & 4x^3-x^2+3x+2 \\
 & 4x^3+4x^2-4x \\ \hline
 & \quad -5x^2+7x+2 \\
 & \quad -5x^2-5x+5 \\ \hline
 & \qquad 12x-3
\end{array}
$$

가 되어 몫은 $4x-5$, 나머지는 $12x-3$이 되고

$$\frac{4x^3-x^2+3x+2}{x^2+x-1}=4x-5+\frac{12x-3}{x^2+x-1}$$

이다.

예제 14 다음 식을 (*)의 꼴로 나타내어라.

(1) $(x^2-x+4)\div(x-2)$

(2) $(x^3-x^2+4)\div(2x+1)$

(3) $(x^3+2x+1)\div(x^2-1)$

(4) $(2x^3+x^2-x+4)\div(x^2+x-1)$

풀이 몫이 나누는 다항식 보다 차수가 작을 때까지 나눗셈 과정을 계속하여 몫과 나머지를 구하면 된다.

(1) $(x^2-x+4)\div(x-2)=x+1+\dfrac{6}{x-2}$

(2) $(x^3-x^2+4)\div(2x+1)=\dfrac{1}{2}x^2-\dfrac{3}{4}x+\dfrac{3}{8}+\dfrac{29/8}{2x+1}$

(3) $(x^3+2x+1)\div(x^2-1)=x+\dfrac{3x+1}{x^2-1}$

(4) $(2x^3+x^2-x+4)\div(x^2+x-1)=2x-1+\dfrac{2x+3}{x^2+x-1}$

조립제법

$n \geq 2$일 때, n차 다항식을 일차식 $x-a$ 로 나누는 경우에 대하여 생각해 보자. 예를 들어,

$$(4x^3 - x^2 + 3x + 2) \div (x - 2)$$

을 계산할 때, 나눗셈을 아래와 같이 하는 대신에

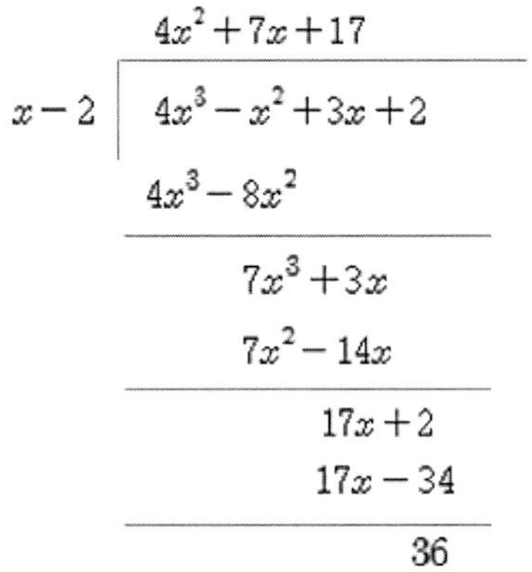

다음과 같이 계수만을 이용하여

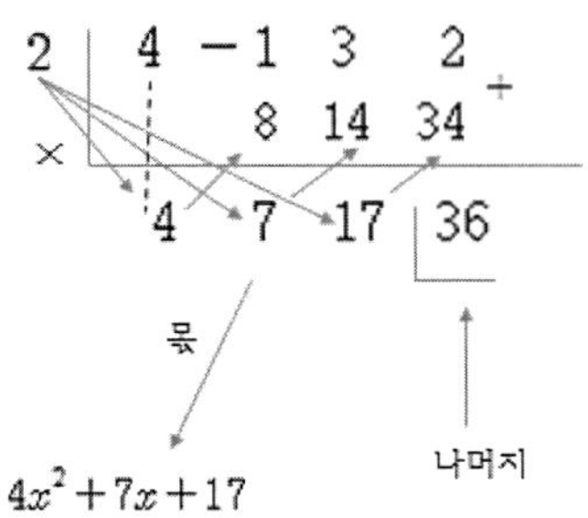

으로 몫과 나머지를 구할 수 있다. 이와 같은 방법을 **조립제법**이라 한다.

예제 15 조립제법을 이용하여 다음 나눗셈의 몫과 나머지를 구하라.

(1) $(x^3 + 2x^2 - x - 2) \div (x - 1)$　　　(2) $(x^4 - 7x^2 - x + 5) \div (x + 3)$

풀이 나누는 1차식이 $x-a$ 이므로 $x+3=x-(-3)$인 점에 유의하여야 한다.

(1) 나누어지는 다항식의 내림차수에 대한 계수를 배열하고 계산하면

$$\begin{array}{r|rrrr} 1 & 1 & 2 & -1 & -2 \\ & & 1 & 3 & 2 \\ \hline & 1 & 3 & 2 & 0 \end{array}$$

이므로 몫은 x^2+3x+2 이고 나머지는 0이다.

(2) 나누어지는 다항식에서 3차 항이 없으므로 계수는 0이 됨을 유의하자.

$$\begin{array}{r|rrrrr} -3 & 1 & 0 & -7 & -1 & 5 \\ & & -3 & 9 & -6 & 21 \\ \hline & 1 & -3 & 2 & -7 & 26 \end{array}$$

이므로 몫은 x^3-3x^2+2x-7 이고 나머지는 26이다.

이제 다항식 $P(x)$를 일차식 $ax-1$로 나누었을 때의 몫과 나머지에 대하여 알아보자. 다항식 $P(x)$를 $x-\dfrac{1}{a}$로 나누었을 때의 몫을 $Q(x)$, 나머지를 R이라 하면

$$\begin{aligned} P(x) &= (x-\frac{1}{a})Q(x)+R \\ &= a(x-\frac{1}{a})\frac{Q(x)}{a}+R=(ax-1)\frac{Q(x)}{a}+R \end{aligned}$$

이므로 $P(x)$를 $ax-1$로 나눌 때의 나머지는 $x-\dfrac{1}{a}$로 나눌 때의 나머지와 같다.

예를 들어, $P(x)=2x^3+3x^2-6x+3$ 을 $x-\dfrac{1}{2}$로 나누었을 때의 몫과 나머지를 조립제법을 이용하여 구하여 보면

$$\begin{array}{r|rrrr} \frac{1}{2} & 2 & 3 & -6 & 3 \\ & & 1 & 2 & -2 \\ \hline & 2 & 4 & -4 & 1 \end{array}$$

이므로

$$2x^3+3x^2-6x+3=(x-\frac{1}{2})(2x^2+4x-4)+1$$
$$=(2x-1)(x^2+2x-2)+1$$

가 되어 $P(x)$를 $2x-1$로 나누었을 때의 몫은 x^2+2x-2이고 나머지는 1이다.

예제 16 다항식 $2x^3-7x^2+20x-1$을 $2x-3$으로 나누었을 때의 몫과 나머지를 구하여라.

풀이 $2x^3-7x^2+20x-1$을 $x-\frac{3}{2}$로 나눈 몫과 나머지를 조립제법에 의하여 구하면

$\frac{3}{2}$	2	−7	20	−1
		3	−6	21
	2	−4	14	20

몫은 $2x^2-4x+14$, 나머지는 20이다. 따라서 $2x-3$으로 나눈 몫과 나머지는 각각

$$\text{몫: } \frac{2x^2-4x+14}{2}=x^2-2x+7, \text{ 나머지: } 20$$

이다.

▶▶ 연습문제 1.1

1. 다음 식을 간단히 하여라.

(1) $ab^2\times(a^2b)^3$

(2) $x^3\div x^2\div x^5$

(3) $(-xy^2)^4\times x^3y^4$

(4) $(-12a^3b)\times 2b^2\div 8a^2b$

2. 다음 식을 간단히 하여라.

(1) $5y+\{x-(2y-3x)\}$ (2) $-2x-\{-3y-(4x-y)\}$

(3) $4(x+2y)-3(2x+y)$ (4) $2(-x+5y)-3(2x-y)$

3. 다음 식을 간단히 하여라.

(1) $x^3y-6x^2y^2\div 2x^2y$

(2) $(2xy-6x)\div\left(-\dfrac{2}{3}x\right)$

(3) $2a(3a-5)+(10a^3+8a^2)\div 2a$

(4) $(4a^3b^2-8ab^3)\div(-2b)-3b(a^2+ab)$

4. 다음에 답하여라.

(1) $x+y=5$, $xy=3$일 때, $(x-y)^2$의 값을 구하여라.

(2) $x-y=6$, $xy=8$일 때, $(x+y)^2$의 값을 구하여라.

5. 다음 식을 간단히 하여라.

(1) $(2x-3)(2x+3)-(x-2)(x+2)$

(2) $(x+3)^2+(x-5)(3x-2)$

(3) $(2x+3y)(4x-5y)-(2x-y)(3x-2y)$

(4) $(y^2-y)(y+2)-(y+3)(y^2-2y)$

6. 다음 식을 간단히 하여라.

(1) $(2a-y)^3-(y+a)^3$ (2) $(x+3y)^3-(x-y)^3$

(3) $(x-2)(x^2+2x+4)$ (4) $(x+3)(x^2-3x+9)$

7. 다음 다항식의 나눗셈에서 몫과 나머지를 구하여라.

(1) $(4x^2-2x+3)\div(2x+1)$ (2) $(-7x^3+3x^2+x-7)\div(x-2)$

(3) $(3x^3+5x^2+2)\div(x^2-1)$ (4) $(x^3-5x^2+3x-7)\div(-x^2+2x-1)$

1.2 인수분해와 다항식의 나눗셈

인수분해

주어진 다항식을 두 개 이상의 다른 항들의 곱으로 나타내는 것을 **인수분해**라고 한다. 이때 곱하여진 항들을 주어진 다항식의 **인수**라 한다. 인수분해는 일반적으로 다음과 같은 방법으로 한다.

첫째, 주어진 다항식이 곱셈공식과 직접 관련이 없으면 다항식의 각 항에서 공통인 요소를 찾아내어 공통요소와 나머지 요소들의 곱으로 표시하면 된다.

둘째, 여러 개의 항이 있을 때에는 항을 두 개씩 묶어서 공통인수를 찾아보도록 한다.

셋째, 주어진 다항식을 잘 관찰하여 곱셈공식과 직접관련 되어 있으면 곱셈공식을 이용하면 된다. 곱셈공식이 적용되는 경우는 그 역을 이용하여 곱으로 표시하면 된다.

곱셈공식의 역으로 표현되는 인수분해 기본공식을 세 부류로 나누어서 나열해보자.

인수분해 기본공식 1

(1) $ma-mb=m(a-b)$

(2) $a^2+2ab+b^2=(a+b)^2,\quad a^2-2ab+b^2=(a-b)^2$

(3) $a^2-b^2=(a+b)(a-b)$

예제 1 다음 식을 인수분해하여라.

(1) $4x^2y^2-12x^3y^2+8x^2y^3$ (2) $(b-a)x+(a-b)x$

(3) $2x^3+x^2+2x+2$ (4) $cd-ac-ab+bd$

풀이 주어진 문제는 공식 (1), (2)를 이용하는 문제이다.

(1) $4x^2y^2-12x^3y^2+8x^2y^3=4x^2y^2(1-3x+2y)$

(2) $(b-a)x+(a-b)y=(b-a)x-(b-a)y=(b-a)(x-y)$

(3) $2x^3+x^2+2x+1=x^2(2x+1)+(2x+1)=(2x+1)(x^2+1)$

(4) $cd-ac-ab+bd=c(d-a)+b(d-a)=(d-a)(c+b)$

예제 2 다음 식을 인수분해하여라.

(1) a^2+6a+9

(2) $4a^2-12ab+9b^2$

(3) $\frac{1}{9}a^2+a+\frac{9}{4}$

(4) $\frac{1}{4}a^2-a+1$

풀이 주어진 문제는 공식 (2)를 이용하는 문제이다.

(1) $a^2+6a+9=(a+3)^2$

(2) $4a^2-12ab+9b^2=(2a-3b)^2$

(3) $\frac{1}{9}a^2+a+\frac{9}{4}=(\frac{1}{3}a+\frac{3}{2})^2$

(4) $\frac{1}{4}a^2-a+1=(\frac{1}{2}a-1)^2$

예제 3 다음 식을 인수분해하라.

(1) x^3y-xy^3

(2) x^4-y^4

(3) $(x-y)^2-(y-z)^2$

(4) $a^2-2ab+b^2-x^2$

풀이 주어진 문제는 공식 (1), (3)을 이용하여 적용하는 문제이다.

(1) $x^3y-xy^3=xy(x^2-y^2)=xy(x+y)(x-y)$

(2) $x^4-y^4=(x^2+y^2)(x^2-y^2)=(x^2+y^2)(x+y)(x-y)$

(3) $x-y=a,\ y-z=b$로 치환하면 $(x-y)^2-(y-z)^2=a^2-b^2=(a+b)(a-b)$이고 결국 $(x-y)^2-(y-z)^2=(x-z)(x-2y+z)$ 이다.

(4) $a^2-2ab+b^2-x^2=(a-b)^2-x^2$ 이고 $a-b=y$ 라 하면 $y^2-x^2=(y-x)(y+x)$이므로 $a^2-2ab+b^2-x^2=(a-b+x)(a-b-x)$ 이다.

인수분해 기본공식 2

(1) $x^2+(\alpha+\beta)x+\alpha\beta=(x+\alpha)(x+\beta)$

(2) $abx^2+(ap+bq)x+pq=(ax+p)(bx+q)$

예제 4 다음 식을 인수분해하여라.

(1) a^2+5a+4 (2) $-a^2-8a-15$

(3) $a^2-4a-12$ (4) $a^2+8ab+15b^2$

풀이 주어진 무제는 공식(1)을 이용하는 문제이다.

(1) $a^2+5a+4=(a+4)(a+1)$

(2) $-a^2-8a-15=(-a-3)(a+5)=-(a+3)(a+5)$

(3) $a^2-4a-12=(a-6)(a+2)$

(4) $a^2+8ab+15b^2=(a+3b)(a+5b)$

예제 5 다음 각 식을 인수분해하여라.

(1) $2x^2-x-3$ (2) $6x^2+2xy-8y^2$

(3) $5x^2+13xy+6y^2$ (4) $5x^2+2x-7$

풀이 주어진 문제는 공식 (2)를 이용하는 문제이다.

(1) $2x^2-x-3=(2x-3)(x+1)$

(2) $6x^2+2xy-8y^2=(3x+4y)(2x-2y)=2(x-y)(3x+4y)$

(3) $5x^2+13xy+6y^2=(5x+3y)(x+2y)$

(4) $5x^2+2x-7=(5x+7)(x-1)$

인수분해 기본공식 3

(1) $a^3+b^3=(a+b)(a^2-ab+b^2)$, $a^3-b^3=(a-b)(a^2+ab+b^2)$

(2) $a^3+3a^2b+3ab^2+b^3=(a+b)^3$, $a^3-3a^2b+3ab^2-b^3=(a-b)^3$

예제 6 다음 식을 인수분해하여라.

(1) a^3+8 (2) $8-b^3$

(3) $8a^3+b^3$ (4) $27a^3-8b^3$

풀이 공식 (1)을 이용하는 문제이다.

(1) $a^3+8=(a+2)(a^2-2a+4)$ (2) $8-b^3=(2-b)(4+2b+b^2)$

(3) $8a^3+b^3=(2a+b)(2a^2-2ab+b^2)$ (4) $27a^3-8b^3=(3a-2b)(9a^2+6ab+4b^2)$

예제 7 다음 각 식을 인수분해를 하여라.

(1) $x^3+6x^2y+12xy^2+8y^3$ (2) $x^3-9x^2y+27xy^2-27y^3$

풀이 공식 (2)를 이용하는 문제이다.

(1) $x^3+6x^2y+12xy^2+8y^3=(x+2y)^3$ (2) $x^3-9x^2y+27xy^2-27y^3=(x-3y)^3$

인수정리와 고차다항식의 인수분해

고차다항식의 인수분해는 일반적으로 쉽지 않다. 그러나 일차인수를 하나 찾으면 조립제법을 이용하여 주어진 다항식은 일차인수와 몫의 곱으로 표시된다. 몫이 주어진 다항식 보다 차수가 작으므로 또 다른 인수를 찾는 것이 조금 더 수월하다. 이제 주어진 고차다항식으로부터 일차인수를 찾는 방법에 대하여 알아보자.

예를 들어, x에 관한 다항식 $P(x)$를 $x-a$로 나누었을 때, 몫을 $Q(x)$ 나머지를 R이라 하면

$$P(x)=(x-a)Q(x)+R$$

이다. 이때 $x=a$를 등식의 양변에 대입하면 나머지 R은 $R=P(a)$이 된다. 따라서 다음 관계식

$$P(a)=0 \Leftrightarrow P(x)=(x-a)Q(x)$$

이 성립함을 알게 된다. 이를 **인수정리**라 한다. 즉, $P(a)=0$ 이면 다항식 $P(x)$는 $x-a$를 인수로 갖는다.

예를 들어, $P(x)=x^3-1$ 일 때 $P(1)=0$이다. 따라서 $P(x)$는 $x-1$를 인수로 가지고, 조립제법으로 몫을 구하면

$$x^3-1=(x-1)(x^2+x+1)$$

이다. 몫에 대해서도 같은 방법으로 인수를 찾을 수 있다. 이 경우에는 몫이 실수의 범위에서 더 이상 인수를 가지지 않는다.

인수정리를 이용하여 고차다항식 $P(x)$를 인수분해하려고 할 때에 인수 $x-a$를 구하기 위해서는 $P(a)=0$이 되는 a를 찾으면 된다. a를 찾는 방법 중의 하나는 $P(x)$의 상수항의 약수를 다항식에 대입하여 다항식의 값이 0이 되는지 확인하면 된다.

예를 들어, $P(x)=x^3+2x^2-x-2$를 인수분해하여 보자. 상수항 2의 약수는 $\pm 1, \pm 2$이다. 이들 값을 $P(x)$에 대입하여 0이 되는 수를 하나 찾아보면 $P(1)=0$ 이므로 $x-1$인 인수를 가지고

$$P(x)=(x-1)(x^2+3x+2)$$

이다. 몫이 쉽게 인수분해가 되므로 주어진 다항식은

$$x^3+2x^2-x-2=(x-1)(x+1)(x+2)$$

로 인수분해가 된다.

예제 8 다음 식을 인수분해하라.

(1) x^3-7x+6

(2) x^3+x^2-5x+3

(3) $x^4+x^3-3x^2-x+2$

(4) x^5-1

풀이 상수항의 약수 중에서 다항식의 값을 0으로 만드는 수를 하나 찾고, 그 다음에는 조립제법으로 나머지 인수를 찾으면 된다.

(1) $x=1$을 다항식에 대입하면 식의 값이 0이므로 $x-1$인 인수를 가진다. 조립제법을 시행하고 몫을 다시 인수분해하면 다음 해를 얻는다.

$$x^3-7x+6=(x-1)(x^2+x-6)$$
$$=(x-1)(x+3)(x-2)$$

(2) $x=1$을 다항식에 대입하면 식의 값이 0이므로 $x-1$인 인수를 가진다. 조립제법을 시행하고 몫을 다시 인수분해하면 다음 해를 얻는다.

$$x^3+x^2-5x+3=(x-1)(x^2+2x-3)$$
$$=(x-1)(x+3)(x-1)$$
$$=(x-1)^2(x+3)$$

(3) $x=-1$을 다항식에 대입하면 식의 값이 0이므로 $x+1$인 인수를 가진다. 조립제법을 시행하여 다음을 얻는다.

$$x^4+x^3-3x^2-x+2=(x+1)(x^3-3x+2)$$

몫 x^3-3x+2 에 $x=1$을 대입하면 식의 값이 0이므로 $x-1$인 인수를 가지고

$$x^3-3x+2=(x-1)(x^2+x-2)$$
$$=(x-1)^2(x+2)$$

되어 결국

$$x^4+x^3-3x^2-x+2=(x+1)(x-1)^2(x+2)$$

이다.

(4) $x=1$을 다항식에 대입하면 식의 값이 0이므로 $x-1$을 인수로 가진다. 조립제법을 시행하면

$$x^5-1=(x-1)(x^4+x^3+x^2+x+1)$$

이고 몫은 실수의 범위에서 더 이상 인수를 가지지 않는다.

다항식에서 약수와 배수

정수와 마찬가지로, 다항식 A가 다항식 B와 C의 곱으로 나타내어질 때, 즉

$$A=BC$$

일 때, B를 A의 **약수**, A를 B의 **배수**라 한다. 예를 들어,

$$x^2+x-12=(x+4)(x-3)$$

이므로 $x+4$와 $x-3$은 x^2+x-12의 약수이고, x^2+x-12은 $x+4$와 $x-3$의 배수이다.

두 개 이상의 다항식에서 공통인 약수를 이들 다항식의 **공약수**라 하고, 공통인 배수를 이들 다항식의 **공배수**라 한다. 또, 공약수 중에서 차수가 가장 높은 것을 **최대공약수**(GCD), 공배수 중에서 차수가 가장 낮은 것을 **최소공배수**(LCM)라 한다.
특히 두 다항식이 상수 이외의 공약수를 갖지 않을 때, 두 다항식을 **서로소**라고 한다.

예를 들어, 두 다항식 $(x-1)(x-3)$, $x(x-3)$에 대하여 최대공약수는 $x-3$이고 최소공배수는 $x(x-1)(x-3)$이다.
또 두 다항식 $2x(x+1)$, $6(x+2)(x-1)$은 상수 2 외에는 공약수를 갖지 않으므로 서로소이다.

예제 9 다음 두 다항식의 최대공약수와 최소공배수를 구하라.

(1) $2a^2bc^3$, ab^3c^2 (2) x^2-1, x^2-4x+3

(3) $x^2-3x-42$, x^3-2x^2-8x (4) x^2-y^2, x^4-y^4

풀이 단항식에서는 공통문자를 추출하면 되고, 다항식에서는 인수분해하여 약수를 찾는다.

(1) 최대공약수: abc^2 최소공배수: $2a^2b^3c^3$

(2) 각 다항식을 인수분해하면

$$x^2-1=(x-1)(x+1), \quad x^2-4x+3=(x-3)(x-1)$$

이므로 최대공약수: $x-1$ 최소공배수: $(x-1)(x+1)(x-3)$

(3) 각 다항식을 인수분해하면

$$x^2-3x-4=(x+1)(x-4),$$

$$x^3-2x^2-8x=x(x^2-2x-8)=x(x-4)(x+2)$$

이므로 최대공약수: $x-4$ 최소공배수: $x(x+1)(x+2)(x-4)$

(4) 각 다항식을 인수분해하면

$$x^2-y^2=(x-y)(x+y)$$

$$x^4-y^4=(x^2+y^2)(x^2-y^2)=(x^2+y^2)(x+y)(x-y)$$

이므로 최대공약수: $(x-y)(x+y)=x^2-y^2$ 최소공배수: x^4-y^4

정수에서와 마찬가지로 다항식에서도 최대공약수와 최소공배수 사이에는 다음과 같은 성질이 있다.

최대공약수와 최소공배수의 관계

두 다항식 A, B의 최대공약수를 G, 최소공배수를 L이라 하면 다음이 성립한다.

$$A=Ga,\ B=Gb \ \ (\text{단, } a, b\text{는 서로소})$$

$$L=Gab,\ LG=AB$$

분수식의 계산

분모, 분자가 다항식인 분수식을 유리식이라 한다. 유리식을 간단히 정리하는 방법에 대하여 알아보자. 유리수의 경우와 마찬가지로, 유리식에 대하여도 다음 성질이 성립한다.

유리식의 성질

A가 다항식이고, B, C가 0이 아닌 다항식 일 때 다음이 성립한다.

$$\frac{A}{B}=\frac{A\times C}{B\times C},\quad \frac{A}{B}=\frac{A\div C}{B\div C}$$

유리식의 분모, 분자에 공약수가 있으면 최대공약수로 나누어 주면 분모와 분자는 서로소가 된다.

예제 10 다음 각 분수식을 간단히 하여라.

(1) $\dfrac{32a^3b^2}{4a^2b^4}$ (2) $\dfrac{x^2-5x+6}{x^2-4}$ (3) $\dfrac{x^3+3x^2+2x}{x^2-1}$

풀이 분모, 분자에서 공통인수를 찾아서 기약분수로 나타내야 한다.

(1) $\dfrac{32a^3b^2}{4a^2b^4}=\dfrac{4a^2b^2\times 8a}{4a^2b^2\times b^2}=\dfrac{8a}{b^2}$

(2) $\dfrac{x^2-5x+6}{x^2-4}=\dfrac{(x-2)(x-3)}{(x-2)(x+2)}=\dfrac{x-3}{x+2}$

(3) $\dfrac{x^3+3x^2+2x}{x^2-1}=\dfrac{x(x+1)(x+2)}{(x+1)(x-1)}=\dfrac{x(x+2)}{x-1}$

유리식의 곱셈, 나눗셈도 유리수의 곱셈, 나눗셈과 같은 방법으로 계산한다.

유리식의 곱셈과 나눗셈

A가 다항식이고 B, C, D가 0이 아닌 다항식일 때, 다음이 성립한다.

$$\frac{A}{B}\times\frac{C}{D}=\frac{AC}{BD},\qquad \frac{A}{B}\div\frac{C}{D}=\frac{A}{B}\times\frac{D}{C}=\frac{AD}{BC}$$

예제 11 다음 식을 간단히 하여라.

(1) $\dfrac{x^3-y^3}{x+y}\times\dfrac{x^2+2xy+y^2}{x^2-y^2}$ (2) $\dfrac{x^2-1}{x^2-2x+1}\div\dfrac{x^2+x}{x^2-1}$

풀이 분모, 분자를 인수분해하여 약분하면 된다.

(1) $\dfrac{x^3-y^3}{x+y}\times\dfrac{x^2+2xy+y^2}{x^2-y^2}=\dfrac{(x-y)(x^2+xy+y^2)}{x+y}\times\dfrac{(x+y)^2}{(x+y)(x-y)}=x^2+xy+y^2$

(2) $\dfrac{x^2-1}{x^2-2x+1}\div\dfrac{x^2+x}{x^2-1}=\dfrac{(x-1)(x+1)}{(x-1)^2}\times\dfrac{(x-1)(x+1)}{x(x+1)}=\dfrac{x+1}{x}$

유리식의 덧셈, 뺄셈을 할 때에는 유리수의 덧셈, 뺄셈과 마찬가지로 분모를 먼저 통분한 다음에 계산한다.

유리식의 덧셈과 뺄셈

A, C가 다항식이고 B가 0이 아닌 다항식일 때 다음이 성립한다.

$$\frac{A}{B}+\frac{C}{B}=\frac{A+C}{B}, \quad \frac{A}{B}-\frac{C}{B}=\frac{A-C}{B}$$

예제 12 다음 식을 간단히 하여라.

(1) $\dfrac{x}{x+3}+\dfrac{6x}{x^2-9}$

(2) $\dfrac{1}{x^2+x-2}-\dfrac{1}{x^2+5x-6}$

풀이 분모를 인수분해하여 최소공배수로 통분한다.

(1) $$\frac{x}{x+3}+\frac{6x}{x^2-9}=\frac{x}{x+3}+\frac{6x}{(x+3)(x-3)}$$
$$=\frac{x(x-3)+6x}{(x+3)(x-3)}=\frac{x(x+3)}{(x+3)(x-3)}=\frac{x}{x-3}$$

(2) $$\frac{1}{x^2+x-2}-\frac{1}{x^2+5x-6}=\frac{1}{(x+2)(x-1)}-\frac{1}{(x+6)(x-1)}$$
$$=\frac{(x+6)-(x+2)}{(x-1)(x+2)(x+6)}=\frac{4}{(x-1)(x+2)(x+6)}$$

▶▶ 연습문제 1.2

1. 다음 식을 인수분해하여라.

(1) $3x^2-12xy$

(2) $xy+x-y-1$

(3) $-6ab^2+3a^3b$

(4) $b^2-ac+bc-a^2$

(5) $6x(y-1)-y+1$

(6) $x^2-2x-xy+2y$

2. 다음 식을 인수분해하여라.

(1) $\frac{1}{4}x^2+x+1$ (2) $4x^2-12xy+9y^2$

(3) $3x^2+11x+6$ (4) $6x^2-xy-2y^2$

(5) $ab-ac-b^2+2bc-c^2$ (6) $x^2-2xy+x+y^2-y$

3. 다음 식을 인수분해하여라.

(1) $a^2+4b^2-c^2-4ab$ (2) x^4-3x^2+2

(3) $x^4-6x^2y^2+y^4$ (4) $x^3+2x^2y-x-2y$

4. 다음 식을 인수분해하여라.

(1) x^4+x^2-6 (2) $6x^2y^2-x^4-y^4$

(3) $2x^3-3x^2+3x-1$ (4) x^4-3x^2+3x-1

5. 다음 식의 최대공약수, 최소공배수를 구하여라.

(1) $ab^3c^2,\ 2a^3b^2c$ (2) $9xy^3,\ 6x^2y^2$

(3) $5x^2+2x-7,\ x^2-2x+1$ (4) $x^2+6x+5,\ x^2+3x-10$

6. 다음 식을 간단히 하여라.

(1) $\frac{2x-4}{x+1}\times\frac{x^2+2x+1}{x-2}$ (2) $\frac{x^3-8}{x^2-1}\times\frac{2x^2-5x+3}{x^2-4x+4}$

(3) $\frac{x^2-9}{x^2-3x+2}\div\frac{x-3}{x-2}$ (4) $\frac{x^2-x}{x^2-2x-3}\div\frac{x^2+x-2}{x^2-x-6}$

7. 다음 식을 간단히 하여라.

(1) $\frac{x+2}{x}-\frac{x+3}{x+1}$ (2) $\frac{1}{1-x}+\frac{1}{1+x}$

(3) $\frac{1}{x^2+x-2}-\frac{1}{x^2-4}$ (4) $\frac{1}{x^2-1}+\frac{1}{x^2+x-2}$

CHAPTER

02 방정식과 부등식

2.1 일차방정식과 연립방정식

주어진 상수 $a(\neq 0), b$ 와 미지수 x에 대하여 $ax+b=0$ 꼴로 표시되는 등식을 **일차방정식**이라 한다. "일차방정식의 해를 구하는 것"은 등식을 만족하는 미지수 x를 찾는 것이다. 일차방정식의 해법은 주어진 방정식을 등식의 성질을 이용하여 $ax+b=0$ 로 꼴로 간단히 한 후에 양변에 a의 역수를 곱하여 (또는 a로 양변을 나눔) x의 값을 구하면 된다.

예를 들면, 방정식 $3x+4=0$의 해는 $3x=-4$, $x=-\frac{3}{4}$ 이다.

등식의 성질

$a=b$ 일 때 임의의 실수 c와 $d\neq 0$에 대하여

(1) $a+c=b+c$

(2) $a-c=b-c$

(3) $ac=bc$

(4) $\frac{a}{d}=\frac{b}{d}$

주의 등식의 성질 (1), (2)는 등식을 기준으로 항을 반대편으로 옮길 때, 부호를 바꾸어서 이동하는 것으로 간주를 하면 연산과정이 간편하다. 즉, 등식을 기준으로 항을 이항할 때에는 항의 부호를 바꾸어서 이항한다.

예제 1 다음 방정식의 해를 구하여라.

(1) $4x-3=-x+7$

(2) $x-(2x+3)=-3(x+1)$

(3) $1.3x+0.3(x-2)=2.4x$

(4) $\frac{2}{3}x+\frac{1}{2}=\frac{5}{6}x-\frac{2}{3}$

풀이 문자 항을 좌변으로 상수는 우변으로 이항하여 간단히 한 다음에 등식의 성질 (3)과 (4)

를 이용하여 풀이한다.

(1) $5x=10$로부터 $x=2$.

(2) $-x-3=-3x-3$, $2x=0$ 으로부터 $x=0$.

(3) $1.3x+0.3x-0.6=2.4x$, $-0.8x=0.6$ 으로부터 $x=-\frac{3}{4}$.

(방정식의 양변에 10을 곱하여 방정식의 계수를 정수로 만들어서 풀이해도 된다)

(4) $\frac{2}{3}x-\frac{5}{6}x=-\frac{2}{3}-\frac{1}{2}$, $-\frac{1}{6}x=-\frac{7}{6}$ 로부터 $x=7$.

(방정식의 양변에 분모의 최소공배수 6을 곱하여 계수를 정수로 만들어 풀어도 된다)

항등식

주어진 방정식이 모든 실수 x에 대하여 등식이 성립하면 **항등식**이라 한다. 예를 들어, $-x+3x=2x$는 $2x=2x$ 가 되어 모든 x에 대하여 좌변과 우변이 같으므로 항등식이다. 또 $x+1=4$는 $x=3$일 때만 등식이 성립하므로 항등식이 아니다.

이제 항등식의 의미를 다음 예제를 통하여 이해하고 어떻게 문제를 해결하는지 알아보도록 하자.

예제 2 다음 방정식이 항등식이 되도록 a,b의 값을 구하여라.

(1) $3x-ax=1$

(2) $3x+2=a(x-1)+b(x+2)$

풀이 모든 실수에 대하여 성립하므로 x에 a,b를 구할 수 있는 적당한 상수를 대입하여 구하면 된다. 이때, x값의 선택은 유일하지 않으며 계산을 간단하게 만드는 수를 택하면 좋다.

(1) $x=1$ 대입하면 $3-a=1$ 로부터 $a=2$.

(2) $x=1$을 대입하면 $5=3b$ 로부터 $b=\frac{5}{3}$ 이고, $x=-2$를 대입하면 $-4=-3a$ 로부터 $a=\frac{4}{3}$ 이다.

절댓값을 포함한 방정식

절댓값 기호 "| |" 는 다음과 같이 정의된다.

$$|x| = \begin{cases} x & , x \geq 0 \\ -x & , x < 0 \end{cases} .$$

절댓값은 기호 안에 있는 수를 항상 음이 아닌 수로 택하라는 의미로 이해하면 된다. 예를 들면, $|8| = 8$, $|0| = 0$, $|-3| = -(-3) = 3$ 이다.

절대값을 포함하는 일차방정식의 해를 구하는 방법에 대하여 알아보자. 예를 들어, 방정식

$$|x-1| = 2x+4$$

의 해를 구해보자. 절댓값 기호를 제거하기 위한 조건을 분류한다. 즉,

$x \geq 1$일 때, $x-1 = 2x+4$로부터 $x = -5$은 $x \geq 1$에 모순.

$x < 1$일 때, $-x+1 = 2x+4$로부터 $x = -1$은 $x < 1$에 적합.

따라서 구하는 해는 $x = -1$이다.

예제 3 다음 방정식의 해를 구하여라.

(1) $|x+3| - 4 = 2 - x$

(2) $-2x+3+|x-1| = 1$

풀이 절대값 내부의 식을 0으로 하는 점을 중심으로 x의 범위를 분류한다.

(1) $x \geq -3$ 일 때, $x+3-4 = 2-x$ 로부터 $x = \dfrac{2}{3}$ 이다.

$x < -3$ 일 때, $-(x+3)-4 = 2-x$로부터 $-7 = 2$이므로 해는 없다.

따라서 구하는 해는 $x = \dfrac{2}{3}$이다.

(2) $x \geq 1$ 일 때, $-2x+3+x-1 = 1$로부터 $x = 1$이다.

$x < 1$ 일 때, $-2x+3-(x-1) = 1$ 로부터 $x = 1$은 모순이다. 따라서 구하는 해는 $x = 1$이다.

예를 들어, 방정식

$$|x-1|+|3-x|=4$$

의 해를 구해보자. 절댓값 안에 있는 식을 0으로 만드는 x의 값을 구하면 $x=1,3$이다. x의 값을 다음과 같이 분류하여 해를 구한다.

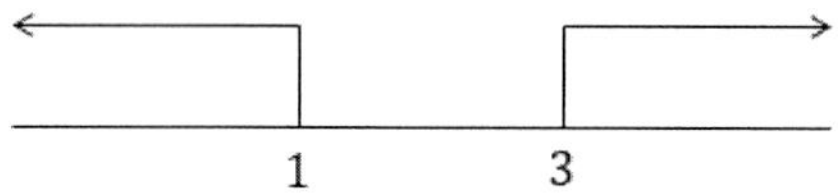

① $x<1$일 때, 주어진 식은 $-(x-1)+(3-x)=4$ 로부터 $x=0$ 은 해가 된다.
② $1\le x<3$일 때, 주어진 식은 $x-1+3-x=4$ 로부터 $2=4$가 되어 해가 없다.
③ $x\ge 3$ 일 때, 주어진 식은 $x-1-(3-x)=4$ 로부터 $x=4$은 해가 된다.

따라서 구하는 해는 $x=0$ 또는 $x=4$이다.

예제 4 다음 방정식의 해를 구하여라.

(1) $|x+2|+|x-3|=7$ (2) $|x-3|-|4-x|=5$

풀이 절댓값 내부를 0으로 만드는 점으로 수직선을 분할한다.

(1) $x<-2$일 때, 주어진 식은 $-x-2-x+3=7$ 로부터 $x=-3$ 은 해가 된다.
$-2\le x<3$일 때, 주어진 식은 $x+2-x+3=7$ 로부터 $5=7$가 되어 모순이다.
$x\ge 3$ 일 때, 주어진 식은 $x+2+x-3=7$ 로부터 $x=4$은 해가 된다.
따라서 구하는 해는 $x=-3$ 또는 4.

(2) $x<3$일 때, 주어진 식은 $-x+3-4+x=5$ 로부터 $-1=5$가 되어 모순이다.
$3\le x<4$일 때, 주어진 식은 $x-3-4+x=5$ 로부터 $x=6$이 되어 모순이다.
$x\ge 4$ 일 때, 주어진 식은 $x-3+4-x=5$ 로부터 $1=5$가 되어 모순이다.
따라서 구하는 해는 없다.

절댓값을 포함한 방정식은 절댓값 내에 있는 변수의 범위를 분류하여 풀이하는 것이 일반적이지만 다음 성질을 이용하여 풀이하면 효율적인 문제들이 있다.

$$|A| = B \Leftrightarrow A = \pm B, \qquad |A| = |B| \Leftrightarrow A = \pm B$$

이원 일차연립방정식

이원 일차연립방정식은 주어진 두 개의 미지수 x, y에 대한 두 개의 일차방정식, 예를 들면,

$$2x + 3y = 5, \quad x - 2y = -3 \tag{*}$$

또는

$$\begin{cases} 2x + 3y = 5 \\ x - 2y \ \ = -3 \end{cases} \tag{**}$$

로 나타내어지는 방정식이다. 연립방정식의 해를 구하는 것은 두 방정식을 동시에 만족하는 미지수를 찾는 것이다. 이때, 미지수의 문자는 일반적으로 x, y로 나타내지만 어떤 문자를 사용해도 관계없으며 연립방정식은 보통 형태 (**)의 모양으로 나타낸다.

이원 일차연립방정식의 해법은 두 미지수 중에서 한 개의 미지수를 소거하여 일차방정식으로 만들어서 해를 구한 다음에 이를 이용하여 나머지 다른 미지수를 구하면 된다. 한 개의 미지수를 소거하는 방법에 따라 가감법과 대입법으로 구별할 수 있다.

가감법

(1) 소거하고자 하는 문자의 계수의 크기가 같고 부호가 다르면 두 방정식을 더하고, 부호가 같으면 두 방정식을 빼서 다른 한 문자의 일차 방정식으로 만들어서 해를 구한다.

(2) 소거하고자 하는 문자의 계수의 크기를 같게 만들기 위해서 두 수의 최소공배수를 만들면 된다.

예를 들면,

$$\begin{cases} 2x-3y=5 & \cdots\cdots (1) \\ 3x+4y=-1 & \cdots\cdots (2) \end{cases}$$

에서 x를 소거한다고 하면, x계수의 최소공배수 6을 만들어서 차를 구하면 $(1)\times 3-(2)\times 2$ 로부터

$$-17y=17,\quad y=-1$$

이고, $y=-1$을 (1) 식에 대입하여 (물론 (2)식에 대입하여도 무방)

$$2x-3(-1)=5,\quad x=1$$

이 되어 구하는 연립방정식의 해는 $x=1, y=-1$ 이다.

예제 5 다음 연립방정식의 해를 가감법으로 구하여라.

(1) $\begin{cases} 3x-y=-4 \\ 2x+y=6 \end{cases}$ (2) $\begin{cases} 6x+2y=-3 \\ -3x+4y=2 \end{cases}$

(3) $\begin{cases} 3x-2(3x+y)=1 \\ 2(x+y)-3y=3 \end{cases}$ (4) $\begin{cases} \frac{1}{3}x+\frac{3}{2}y=1 \\ \frac{x-y}{2}=-1 \end{cases}$

풀이 문제 (3)과 (4)는 식을 정리하여 (1) 과 (2)의 형태로 변형하여 풀이하면 된다.

(1) y를 소거하기 위하여 두 식을 더하면 $5x=2$ 로부터 $x=\frac{2}{5}$ 이고, 이를 주어진 방정식에 대입하여 $y=\frac{26}{5}$ 이다. 즉, $x=\frac{2}{5}$, $y=\frac{26}{5}$.

(2) x계수의 최소공배수를 6으로 만들어 x를 소거하면 $10y=1$로부터 $y=\frac{1}{10}$이고, 이를 방정식에 대입하여 $x=-\frac{8}{15}$이다. 즉, $x=-\frac{8}{15}$, $y=\frac{1}{10}$.

(3) 연립방정식을 정리하여 해를 구하면 $x=1, y=-2$.

(4) 계수를 정수의 형태로 바꾸기 위하여 분모의 최소공배수를 양변에 곱한 다음, 연립방정식을 정리하여 해를 구하면 $x=-\frac{12}{11}, y=\frac{10}{11}$.

대입법

이원 일차 연립방정식에서 어느 한쪽이든 한 미지수가 다른 미지수에 관하여 나타내어져 있는 경우이다. 이때, 그 미지수를 다른 방정식에 대입하여 일차방정식으로 만들어서 해를 구한 다음에 이를 처음에 주어진 방정식에 대입하여 나머지 미지수를 구한다.

예를 들면,

$$\begin{cases} x+2y=9 \\ y=x-3 \end{cases}$$

일 때, 두 번째 식의 y를 첫 번째 식에 대입하면

$$x+2(x-3)=9$$

$$3x=15$$

로부터 $x=5$이고, 이를 둘째 식에 대입하면 $y=2$가 된다. 따라서 구하는 해는 $x=5, y=2$ 이다.

예제 6 다음 방정식의 해를 대입법으로 구하여라.

(1) $\begin{cases} 3x-2y=7 \\ x=2y+1 \end{cases}$　　(2) $\begin{cases} y=2x+1 \\ y=-4x+3 \end{cases}$

풀이 다른 미지수에 대하여 고립되어 표현된 미지수를 다른 방정식에 대입하면 된다.

(1) 두 번째 방정식의 x를 첫 번째 방정식에 대입하여

$$3(2y+1)-2y=7,\ 4y=4,\ y=1$$

이고 $y=1$을 첫째 방정식에 대입하여

$$3x-2\times1=7,\ x=3$$

이다. 따라서 해는 $x=3, y=1$.

(2) 두 방정식에서 y를 등식으로 취하면

$$2x+1=-4x+3,\ 6x=2,\ x=\frac{1}{3}$$

이고, 이를 첫째 방정식에 대입하여 $y=\frac{5}{3}$이다.

따라서 해는 $x=\frac{1}{3}$, $y=\frac{5}{3}$.

삼원 일차연립방정식

삼원 일차연립방정식은 3개의 미지수 x,y,z에 대하여 3개의 일차방정식, 예를 들면,

$$\begin{cases} x-2y+z=1 \\ 2x-y-3z=2 \\ -3x+2y+z=-1 \end{cases}$$

으로 주어지는 방정식이다. 방정식의 해를 구하는 것은 3개의 방정식을 모두 만족하는 x,y,z를 찾는 것이다.

삼원 일차연립방정식의 해는 다음과 같은 절차에 따라 하면 된다.

(1) 소거할 한 개의 미지수를 정하고, 3개의 방정식으로부터 서로 다른 2개의 방정식을 택하는 일은 두 번하여, 공동의 미지수를 소거한다.

(2) (1)로부터 이원 일차연립방정식을 얻어서 두 개의 미지수의 값을 구한다.

(3) (2)에서 얻은 두 해를 원래의 방정식에 대입하여 마지막 미지수를 구한다.

예를 들어, 위에 주어진 방정식의 해를 구하기 위하여 미지수 y를 소거하기로 하고,

$$\begin{cases} x-2y+z=1 \\ 2x-y-3z=2 \end{cases}, \quad \begin{cases} x-2y+z=1 \\ -3x+2y+z=-1 \end{cases}$$

를 택하여 각각 y를 소거하면, 첫째 연립방정식과 둘째 연립방정식으로부터

$$\begin{cases} -3x+7z=-3 \\ -2x+2z=0 \end{cases}$$

을 얻고, 이원 일차연립방정식의 해를 구하면

$$x=-\frac{3}{4},\ z=-\frac{3}{4}$$

이고, 이를 3개의 방정식 중의 하나에 대입하면 $y=-\frac{5}{4}$을 얻게 된다. 따라서 구하는 해는

$$x=-\frac{3}{4},\quad y=-\frac{5}{4},\quad z=-\frac{3}{4}$$

이다.

예제 7 다음 연립방정식의 해를 구하여라.

(1) $\begin{cases} x+y+z=2 \\ x+2y-z=1 \\ 2x-3y+z=3 \end{cases}$ (2) $\begin{cases} 2x+y+z=5 \\ x-y-z=3 \\ 3x-y+2z=-1 \end{cases}$

풀이 각 방정식으로부터 이원 일차연립방정식을 만들어서 해를 구한다.

(1) 두 개의 방정식을 택하여 두 개의 연립방정식으로

$$\begin{cases} x+y+z=2 \\ x+2y-z=1 \end{cases},\quad \begin{cases} x+y+z=2 \\ 2x-3y+z=3 \end{cases}$$

으로부터 각각 z를 소거하여 이원 일차연립방정식을 만들면

$$\begin{cases} 2x+3y=3 \\ x-4y=1 \end{cases}$$

이다. 이원 일차연립방정식의 해를 구하면 $x=\frac{27}{11}$, $y=\frac{1}{11}$이고 이를 최초의 연립방정식에 대입하면 $z=-\frac{6}{11}$이다. 따라서 구하는 해는

$$x=\frac{27}{11},\ y=\frac{1}{11},\ z=-\frac{6}{11}$$

이다.

(2) 두 개의 방정식을 택하여 연립방정식을 만들면

$$\begin{cases} 2x+y+z=5 \\ x-y-z=3 \end{cases},\quad \begin{cases} x-y-z=3 \\ 3x-y+2z=-1 \end{cases}$$

이고, 각각에서 y를 소거하여 이원 일차연립방정식을 만들면

$$\begin{cases} 3x = 8 \\ 2x - 3z = 4 \end{cases}$$

이다. 이로부터 $x = \frac{8}{3}$, $z = \frac{9}{3}$이고, 이를 최초의 연립방정식에 대입하여

$y = -\frac{10}{3}$을 얻게 된다. 따라서 구하는 해는

$$x = \frac{8}{3},\ y = -\frac{10}{3},\ z = \frac{9}{3}$$

이다.

▶▶ 연습문제 2.1

1. 다음 방정식의 해를 구하여라.

(1) $3(x-5) = x-3$

(2) $x-(2x-1) = -3(x+1)$

(3) $\frac{1}{4}y = 0.2y + 0.6$

(4) $\frac{y}{5} - \frac{y-3}{3} = 0.4$

2. 다음 방정식이 항등식이 되도록 a, b의 값을 구하여라.

(1) $2x + 4 = a(x+1) + b(x-1)$

(2) $a(x-1) + b(x-2) = 2x + 3$

(3) $x^3 + ax^2 + bx - 2 = (x-1)(x+2)(px+q)$

(4) $3x^3 + ax^2 + bx + 12 = (x^2 - 5x + 6)(px+q)$

3. 다음 방정식의 해를 구하여라.

(1) $|x-1| = 2x-7$

(2) $|2x+4| = x-1$

(3) $|x-2| = |x-3|$

(4) $|x-2| - |1-x| = 0$

(5) $|x-1| + |x-2| = x+3$

(6) $|x-1| + 2|x+1| = 2x-5$

4. 다음 연립방정식의 해를 구하여라.

(1) $\begin{cases} x-3y=4 \\ 2x+y=5 \end{cases}$ (2) $\begin{cases} 2x+3y=-3 \\ -3x+4y=1 \end{cases}$

(3) $\begin{cases} -2y=x-3 \\ x=3y+7 \end{cases}$ (4) $\begin{cases} y=2x+1 \\ 4y=-x+3 \end{cases}$

5 다음 방정식의 해를 구하여라.

(1) $\begin{cases} -5x+2(3x+y)=-1 \\ 3y-(x+y)=3 \end{cases}$ (2) $\begin{cases} \frac{1}{2}x+\frac{3}{4}y=1 \\ \frac{2x-y}{2}=3 \end{cases}$

(3) $\begin{cases} 0.1x+0.2y=1 \\ 0.2x-0.3y=-2 \end{cases}$ (4) $\begin{cases} 0.6x+0.5y=2.8 \\ \frac{1}{3}x+\frac{1}{2}y=2 \end{cases}$

6. 다음 연립방정식의 해를 구하여라.

(1) $\begin{cases} x+y+z=2 \\ x+2y-z=1 \\ 2x-3y+z=3 \end{cases}$ (2) $\begin{cases} 2x+y+z=5 \\ x-y-z=3 \\ 3x-y+2z=-1 \end{cases}$

(3) $\begin{cases} x-y+z=9 \\ 2x+y+z=6 \\ x-2y+3z=18 \end{cases}$ (4) $\begin{cases} x+2y=2 \\ 2y+3z=1 \\ x+3z=-3 \end{cases}$

2.2 일차부등식과 연립부등식

일차부등식은 주어진 실수 a, b 에 대하여 부등호를 포함하는 다음 4개의 부등식

$$ax < b,\quad ax \le b,\quad ax > b,\quad ax \ge b$$

중의 하나로 나타내어 질 수 있는 수식이다.

부등식의 풀이를 위해서 부등호의 성질을 알아야 한다.

부등호의 성질

$a < b$ 일 때, 임의의 c에 대하여 다음이 성립한다.

(1) $a+c < b+c$　　(2) $a-c < b-c$,

(3) $d > 0$ 이면 $ad < bd$,　　(4) $d < 0$ 이면 $ad > bd$.

주의 위 성질은 부등호 $\le$에 대하여도 성립한다. 또 음수를 부등호의 양변에 곱하거나 음수로 부등호의 양변을 나눌 때에는 부등호의 방향이 바뀌는 것에 주목해야 한다.

부등식의 풀이는 부등호를 포함하는 식을 $ax < b$의 꼴로 정리한 다음에 양변을 a로 나누어 미지수의 영역을 구하게 된다.

예제 1 다음 부등식의 해를 구하여라.

(1) $5x+2 < 2x-7$　　(2) $3(x-2) \ge 7x+6$

(3) $\frac{1}{3}x - \frac{1}{2} > \frac{1}{2}x + \frac{1}{3}$　　(4) $\frac{2x-1}{3} \le \frac{2x+5}{2}$

풀이 부등호의 왼쪽은 미지수를 포함하는 항, 오른쪽은 상수항으로 정리하여 풀이한다.

(1) 부등식의 항을 이항하면 $3x < -9$ 이고, 따라서 구하는 해는 $x < -3$ 이다.

(2) 좌변의 항을 전개한 다음에 이항하면 $-4x \ge 12$이고, 따라서 구하는 해는 $x \le -3$

이다.

(3) 부등식의 양쪽에 분모의 최소공배수 6을 곱하여 정리하면

$$2x-3>3x+2,$$
$$-x>5$$

이고, 따라서 구하는 해는 $x<-5$ 이다.

(4) (3)과 같은 방법으로 하여 정리하면 $4x-2\le 6x+15$ 가 되고 따라서 구하는 해는 $x\ge -\frac{17}{2}$ 이다.

일차연립부등식

일차 연립부등식은 두 개의 일차부등식으로 주어지고, 그 해는 두 개의 일차부등식을 공통으로 만족하는 영역을 구하는 것이다. 예를 들어,

$$\begin{cases} 3x-2>2x+3 \\ 5x\le 3x+18 \end{cases}$$

은 일차 연립부등식이고, 각 부등식의 해는 $x>5$, $x\le 9$이다.

이를 수직선 위에 공통의 영역을 표시해보면

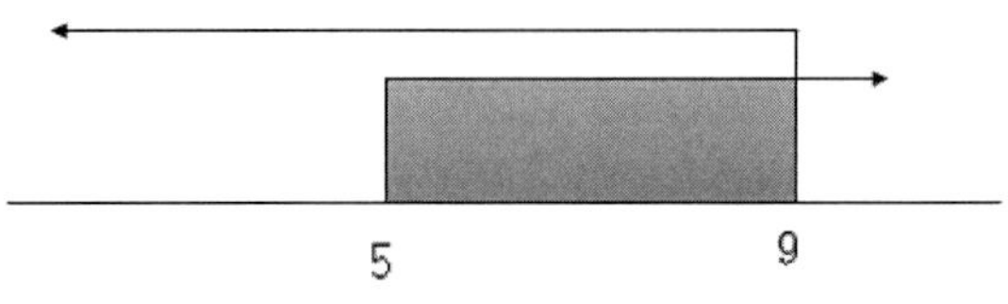

이다. 따라서 연립부등식의 해는 $5<x\le 9$이다.

예제 2 다음 연립부등식의 해를 구하라.

(1) $\begin{cases} 2x+3>x \\ x-1\le 4x-4 \end{cases}$

(2) $\begin{cases} 3x-2>1 \\ -2x+1\le -x-4 \end{cases}$

풀이 각 부등식의 해를 구하여 수직선에서 공통의 영역을 구하면 된다.

(1) $2x+3>x$에서 $x>-3$이다. $x-1 \le 4x-4$에서 $x \ge 1$이다. 따라서 구하는 해는 $x \ge 1$이다.

(2) $3x-2>1$에서 $x>1$이다. $-2x+1 \le -x-4$에서 $x \ge 5$이다. 따라서 구하는 해는 $x \ge 5$이다.

$A<B<C$ 인 꼴의 부등식은 $A<B$, $B<C$를 한꺼번에 나타낸 것이다. 따라서 부등식 $A<B<C$를 풀 때에는 부등식

$$\begin{cases} A<B \\ B<C \end{cases} \tag{*}$$

의 꼴로 고쳐서 풀면 된다.

예를 들면, 연립부등식 $x+1<2x+3 \le -x+6$은 다음 부등식과 같다.

$$\begin{cases} x+1<2x+3 \\ 2x+3 \le -x+6 \end{cases}$$

각 부등식의 해는 $-2<x$, $x \le 1$이 되어 구하는 해는 $-2<x \le 1$이다.

예제 3 다음 연립부등식의 해를 구하여라.

(1) $4-x \le 3x-4<2(x+1)$　　　(2) $5x-10<2x+5<4x+1$

풀이 주어진 부등식을 분리하여 (*)의 꼴로 나타내어 풀이하면 된다.

(1) $4-x \le 3x-4$로부터 $x \ge 2$이고, $3x-4<2(x+1)$로부터 $x<6$이다. 따라서 구하는 해는 $2 \le x<6$이다.

(2) $5x-10<2x+5$로부터 $x<5$이고, $2x+5<4x+1$로부터 $x>2$이다. 따라서 구하는 해는 $2<x<5$이다.

절댓값을 포함한 부등식

부등식에 절댓값 기호가 있는 경우에는 절댓값의 정의에 따라 절댓값 기호를 제거한 다음에 부등식을 풀이하면 된다.

일반적으로 $a>0$일 때 절댓값의 정의에 의하여 다음이 성립한다.

(1) $|x|<a \Leftrightarrow -a<x<a$
(2) $|x|>a \Leftrightarrow x<-a$ 또는 $x>a$

예를 들어, 부등식 $|2x-3|<1$의 해를 구하여 보자.
$|2x-3|<1$에서 $-1<2x-3<1$ 이다.

① $-1<2x-3$인 경우는 $x>1$이다.
② $2x-3<1$인 경우에는 $x<2$이다.

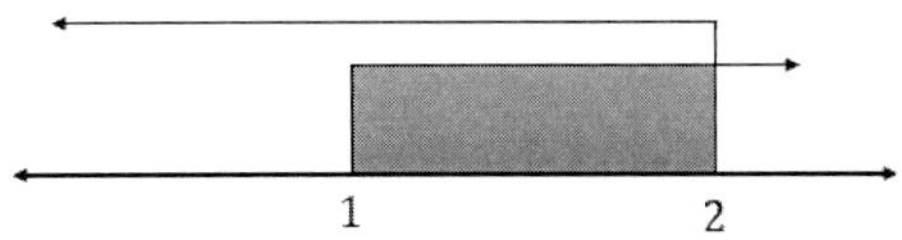

①, ②의 공통의 영역이 구하는 해이므로 부등식의 해는 $-1<x<2$이다.

예제 4 다음 부등식의 해를 구하여라.

(1) $|x+2|>3$ (2) $|x-1|\le 2x-5$

풀이 절댓값을 제거한 다음에 각 부등식의 해가 속하는 전체 영역인지 공통영역인지를 잘 확인해야한다.

(1) $x+2>3$으로부터 $x>1$이고 또는 $x+2<-3$으로부터 $x<-5$이다. 따라서 구하는 해는 $x<-5$ 또는 $x>1$이다.

(2) $-2x+5\le x-1\le 2x-5$에서 $-2x+5\le x-1$로부터 $x\ge 2$이고, $x-1\le 2x-5$로부터 $x\ge 4$이다. 따라서 구하는 해는 $x\ge 4$이다.

부등식 $|x|+|x-3| \leq 5$의 해를 구하여 보자. 절댓값 내부에 있는 식을 0으로 하는 x의 값으로 수직선을 분할하여 x의 영역을 나누어서 절댓값 기호를 제거하여 부등식의 해를 구하면 된다.

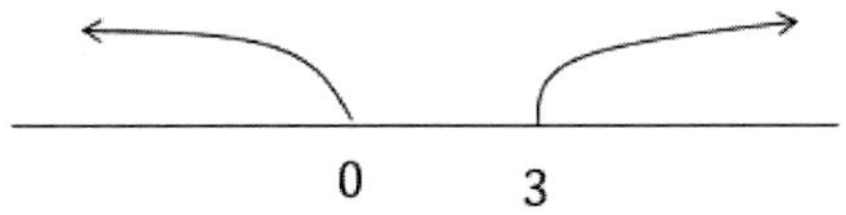

① $x<0$인 경우, $-x-(x-3) \leq 5$로부터 $x \geq -1$ 이므로 따라서 구하는 영역은

$$-1 \leq x < 0$$

이다.

② $0 \leq x < 3$ 인 경우, $x-(x-3) \leq 5$로부터 $3 \leq 5$가 되어 참이다. 따라서 구하는 영역은 $0 \leq x < 3$ 이다.

③ $x \geq 3$인 경우, $x+x-3 \leq 5$로부터 $x \leq 4$ 이므로 구하는 영역은 $3 \leq x \leq 4$ 이다.

①, ②, ③에서 구한 영역전체가 구하는 해이다. 즉

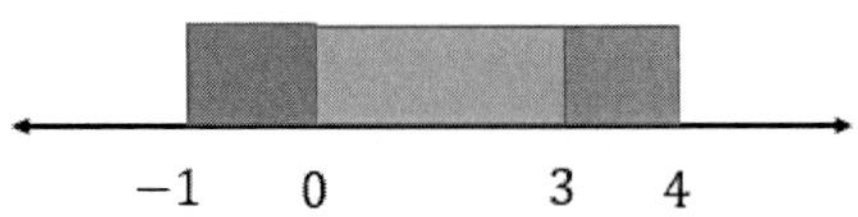

따라서 주어진 부등식의 해는 $-1 \leq x \leq 4$ 이다.

예제 5 다음 부등식의 해를 구하여라.

(1) $|x+1|+|x-2|<5$　　(2) $|x+3|+|x-2| \geq 7$

풀이 절댓값 내부를 0으로 만드는 x를 먼저 구하여 수직선을 분할한다.

(1) $x<-1$일 때, $-(x+1)-(x-2)<5$로부터 $x>-2$이다. 따라서 $-2<x<-1$이다.
$-1 \leq x < 2$일 때, $x+1-(x-2)<5$로부터 $3<5$이다. 따라서 $-1 \leq x < 2$이다.
$x \geq 2$일 때, $x+1+x-2<5$로부터 $x<3$이다. 따라서 $x<3$이다.
결론적으로 구하는 해는 모든 영역인 $-2<x<3$.

(2) $x < -3$일 때, $-(x+3)-(x-2) \geq 7$로부터 $x \leq -4$이다. 따라서 $x \leq -4$이다.
$-3 \leq x < 2$일 때, $x+3-(x-2) \geq 7$로부터 $5 \geq 7$이다. 이것은 모순이다.
$x \geq 2$일 때, $x+3+x-2 \geq 7$로부터 $x \geq 3$이다. 따라서 $3 \leq x$이다.
결론적으로 구하는 해는 $x \leq -4$ 또는 $x \geq 3$.

▶▶ 연습문제 2.2

1. 다음 부등식의 해를 구하여라.

(1) $5x+2 < -2x+7$
(2) $2(x-2) \leq 4x+3$
(3) $\frac{1}{4}x - \frac{1}{2} \leq -\frac{1}{2}x + \frac{1}{3}$
(4) $\frac{1-2x}{3} \leq \frac{2x-5}{2}$

2. 다음 연립부등식의 해를 구하라.

(1) $\begin{cases} -2x+3 \leq x \\ x-1 > 3x+5 \end{cases}$
(2) $\begin{cases} 2-3x < 1 \\ 2x+1 > x+5 \end{cases}$
(3) $\begin{cases} 7x+4 > 2x-6 \\ 6x+3 \leq 2x+15 \end{cases}$
(4) $\begin{cases} 3x+3 \leq 5x-7 \\ 3x-9 \geq 2x+3 \end{cases}$

3. 다음 연립부등식의 해를 구하여라.

(1) $4-x > 3x-4 \geq 2(x+1)$
(2) $5x-10 < 2x-5 < 4x+3$

4. 다음 부등식의 해를 구하여라.

(1) $|x+2| > 3$
(2) $|x-1| \leq 2x-5$

5. 다음 부등식의 해를 구하여라.

(1) $|x+1|+|x-2| < 4$
(2) $|x+3|-|x-2| \geq 8$

2.3 무리수와 복소수

무리수

기호 "$\sqrt{\ }$ "를 제곱근호(간단히 **근호**)라 하고 $\sqrt{a}$를 제곱근 a라 읽는다. 양의 실수 a에 대하여 $x^2 = a$ 일 때, x를 a의 **제곱근**이라 하고 $x = \pm\sqrt{a}$ 로 나타낸다. 이때 $\sqrt{a}$를 a의 양의 제곱근, $-\sqrt{a}$를 a의 음의 제곱근이라 한다.

예를 들어, 4의 제곱근을 x라 하면 $x^2 = 4$ 로부터 $x = 2, -2$이다. 따라서 $\sqrt{4} = 2$이고 $-\sqrt{4} = -2$이다. 또 5의 제곱근은 $\sqrt{5}$ 와 $-\sqrt{5}$ 이다.

제곱근이 근호가 없는 수로 나타내어 질수 있으면 제곱근은 유리수 이고, 근호가 제거될 수 없으면 **무리수**이다. 따라서 $\sqrt{4}$는 유리수이고 $\sqrt{5}$는 무리수이다.

제곱근과 관련된 계산은 제곱근의 성질을 알면 효율적으로 계산할 수 있다.

제곱근의 성질

$a \geq 0, b \geq 0$ 일 때 다음이 성립한다.

(1) $(\sqrt{a})^2 = a$

(2) $\sqrt{a^2} = a$

(3) $\sqrt{a}\sqrt{b} = \sqrt{ab}$

(4) $\dfrac{\sqrt{a}}{\sqrt{b}} = \sqrt{\dfrac{a}{b}}$ $(b \neq 0)$

주의 a의 부호가 결정되지 않았을 때는 $\sqrt{a^2} = |a|$ 임에 주의하자. 예를 들어, $\sqrt{(-2)^2} \neq -2$이고 $\sqrt{(-2)^2} = |-2| = 2$이다.

근호가 사용된 식에서 "식을 간단히 하라"는 말은 근호의 수를 줄이거나 근호 안의 수를 작게 만드는 것을 말한다.

예제 1 다음을 간단히 하여라.

(1) $\sqrt{9}$　　(2) $\sqrt{18}$

(3) $\sqrt{2}\sqrt{8}$　　(4) $\dfrac{\sqrt{75}}{\sqrt{3}}$

풀이 제곱근의 성질을 이용할 수 있는 형태로 바꾸는 훈련이다.

(1) $\sqrt{9}=\sqrt{3^2}=3$　　(2) $\sqrt{18}=\sqrt{2\times3^2}=\sqrt{2}\sqrt{3^2}=3\sqrt{2}$

(3) $\sqrt{2}\sqrt{8}=\sqrt{2\times8}=\sqrt{4^2}=4$　　(4) $\dfrac{\sqrt{75}}{\sqrt{3}}=\sqrt{\dfrac{75}{3}}=\sqrt{25}=\sqrt{5^2}=5.$

근호가 포함된 연산에서는 무리수를 문자로 생각하여 같은 무리수는 동류항으로 취급하여 무리수가 포함된 식을 간단히 할 수 있다. 예를 들어,

$$\begin{aligned}2+\sqrt{3}-(4-5\sqrt{3})&=(2-4)+(1+5)\sqrt{3}\\&=-2+6\sqrt{3}\end{aligned}$$

이다. 무리수가 포함된 곱셈에서는 곱셈법칙을 이용하여 전개한 다음에 같은 방법으로 간단히 할 수 있다.

예제 2 다음 식을 간단히 하여라.

(1) $(2\sqrt{2}+4\sqrt{3})-2(\sqrt{3}-4\sqrt{2})$　　(2) $(\sqrt{3}+2\sqrt{2})(2-\sqrt{2})$

(3) $(2+\sqrt{3})(2-\sqrt{3})+(2+\sqrt{3})$　　(4) $(2+\sqrt{3})^2-(2-\sqrt{3})^2$

풀이 같은 무리수는 동류항으로 취급하여 식을 간단히 하면 된다.

(1) $(2+8)\sqrt{2}+(4-2)\sqrt{3}=10\sqrt{2}+2\sqrt{3}$

(2) $2\sqrt{3}-\sqrt{3}\sqrt{2}+4\sqrt{2}-2(\sqrt{2})^2=-4+4\sqrt{2}+2\sqrt{3}-\sqrt{6}$

(3) $2^2-(\sqrt{3})^2+2+\sqrt{3}=3+\sqrt{3}$

(4) $4+4\sqrt{3}+3-(4-4\sqrt{3}+3)=8\sqrt{3}$

분모의 유리화

분수 꼴에서 분모에 무리수를 유리수로 바꾸는 것을 분모의 **유리화**라고 한다. 가장 많이 쓰이는 방법은 분모가 $\sqrt{a}+\sqrt{b}$ 꼴의 무리수를 포함하는 경우에는 $\sqrt{a}-\sqrt{b}$ 를 분모와 분자에 곱하면 분모가

$$(\sqrt{a}+\sqrt{b})(\sqrt{a}-\sqrt{b})=(\sqrt{a})^2-(\sqrt{b})^2=a-b$$

인 유리수가 된다. 분모가 $a+\sqrt{b}$ 꼴인 경우에는 유리화를 위해 $a-\sqrt{b}$ 를 분모와 분자에 곱한다.

예제 3 다음에서 분모를 유리화하여라.

(1) $\dfrac{3}{\sqrt{2}}$ (2) $\dfrac{2}{\sqrt{5}+\sqrt{2}}$ (3) $\dfrac{3+\sqrt{3}}{3-\sqrt{3}}$

풀이 분모에 있는 무리수의 모양을 잘 관찰하여 유리화 할 수 있는 무리수를 분모와 분자에 곱하여 정리하면 된다.

(1) $\dfrac{3}{\sqrt{2}}=\dfrac{3\sqrt{2}}{(\sqrt{2})^2}=\dfrac{3\sqrt{3}}{2}$

(2) $\dfrac{2}{\sqrt{5}+\sqrt{2}}=\dfrac{2(\sqrt{5}-\sqrt{2})}{(\sqrt{5}+\sqrt{2})(\sqrt{5}-\sqrt{2})}=\dfrac{2}{3}(\sqrt{5}-\sqrt{2})$

(3) $\dfrac{3+\sqrt{3}}{3-\sqrt{3}}=\dfrac{(3+\sqrt{3})^2}{(3-\sqrt{3})(3+\sqrt{3})}=\dfrac{12+6\sqrt{3}}{6}=2+\sqrt{3}$

이중근호의 변형

$a>0, b>0$ 일 때, 다음이 성립한다.

(1) $\sqrt{a+b+2\sqrt{ab}}=\sqrt{a}+\sqrt{b}$

(2) $\sqrt{a+b-2\sqrt{ab}}=\sqrt{a}-\sqrt{b}$ (단, $a>b$)

이중근호의 변형이 성립하는 것은 보이려면 양변을 제곱하여 비교하거나 좌변의 근호 안을 제곱식으로 바꾸어보면 된다.

예제 4 다음 식에서 이중근호를 풀어라.

(1) $\sqrt{3+2\sqrt{2}}$ (2) $\sqrt{4-2\sqrt{3}}$

풀이 변형의 성질을 만족하는 두 수를 찾으면 된다.

(1) $\sqrt{2+1+2\sqrt{2\times1}}=\sqrt{2}+\sqrt{1}=\sqrt{2}+1$

(2) $\sqrt{4-2\sqrt{3}}=\sqrt{3+1-2\sqrt{3\times1}}=\sqrt{3}-\sqrt{1}=\sqrt{3}-1$

예제 5 다음 식에서 이중근호를 풀어라.

(1) $\sqrt{7+4\sqrt{3}}$ (2) $\sqrt{2-\sqrt{3}}$

풀이 내부에 있는 근호 앞에 2가 곱하여지는 형태를 만들어야 한다.

(1) $\sqrt{7+4\sqrt{3}}=\sqrt{7+2\sqrt{3\times2^2}}=\sqrt{7+2\sqrt{12}}=\sqrt{4}+\sqrt{3}=2+\sqrt{3}$

(2) $\sqrt{2-\sqrt{3}}=\sqrt{\dfrac{4-2\sqrt{3}}{2}}=\dfrac{\sqrt{4-2\sqrt{3}}}{\sqrt{2}}=\dfrac{\sqrt{3}-1}{\sqrt{2}}=\dfrac{\sqrt{6}-\sqrt{2}}{2}$

복소수

모든 실수는 제곱하면 음이 아닌 실수가 된다. 그러므로 제곱하여 음이 되는 수는 실수가 아니다. 이제 제곱하여 음이 되는 수를 생각해 보자.

제곱하여 -1이 되는 수 하나를 기호 i로 나타내기로 한다. 즉

$$i=\sqrt{-1}\quad(i^2=-1)$$

이다. 이 때, i를 허수단위라고 한다.

허수단위의 도입으로 인하여 음수의 제곱근을 생각할 수 있다. 음수의 제곱근은 다음과 같이 정의한다.

음수의 제곱근

임의의 양수 a에 대하여 다음과 같이 정의한다.

(1) $\sqrt{-a} = \sqrt{a}\,i$　　　　(2) $(\sqrt{a}\,i)^2 = -a$

예를 들면,

$$\sqrt{-2}\,\sqrt{-3} = \sqrt{2}\,i\,\sqrt{3}\,i = \sqrt{6}\,i^2 = -\sqrt{6}$$
$$\sqrt{(-2)(-3)} = \sqrt{6}$$

로부터

$$\sqrt{-2}\,\sqrt{-3} \neq \sqrt{(-2)(-3)}$$

임을 알 수 있다.

예제 6 다음 음수의 제곱근을 허수단위 i를 이용하여 나타내어라.

(1) $\sqrt{-3}$　　　　(2) $\sqrt{-4}$

풀이 허수 i의 정의와 성질을 이용하고 식을 간단히 하면 된다.

(1) $\sqrt{-3} = \sqrt{3}\,i$　　　　(2) $\sqrt{-4} = \sqrt{4}\,i = 2i$

실수 a, b에 대하여 $a+bi$의 꼴로 나타내어지는 수를 **복소수**라고 한다. 이때, a를 복소수의 **실수부**라 하고, b를 **허수부**라 한다. $a \neq 0, b = 0$ 인 경우에는 $a+bi = a$는 실수가 되고, $a = 0$, $b \neq 0$인 경우는 $a+bi = bi$ 가 되는데 이를 **순허수**라고 한다. 따라서 복소수 집합은 실수와 순허수를 포함하는 수체계이다.

복소수의 상등

실수 a, b, c, d에 대하여 다음을 정의한다.

$a+bi = c+di \Leftrightarrow a = c,\ b = d$

$a+bi = 0 \quad \Leftrightarrow a = 0,\ b = 0$

예제 7 다음 등식을 만족하는 실수 x, y의 값을 구하라.

(1) $x+3y+(2x-y)i=5-4i$　　　(2) $x-2y+(x+2y-4)i=0$

풀이 두 복소수가 동일한 것에 대한 정의를 이용한다.

(1) 좌변과 우변의 실수부와 허수부가 같으면 되므로

$$x+3y=5,\ 2x-y=-4$$

로부터 연립방정식의 해를 구하면 $x=-1, y=2$이다.

(2) 좌변의 실수부와 허수부 모두 0이 되어야 하므로

$$x-2y=0,\ x+2y-4=0$$

로부터 해를 구하면 $x=2, y=1$이다.

복소수의 연산은 i를 포함하는 항을 동류항으로 보고 곱셈법칙으로 전개한 다음 동류항을 정리하여 실수부와 허수부의 합으로 나타내면 된다.

예제 8 다음 복소수를 $a+bi$의 꼴로 나타내라.

(1) $(3+4i)+(4-3i)$　　　(2) $(2-i)(4+3i)$

풀이 상수와 i에 관한 동류항 정리를 하면 된다.

(1) $(3+4i)+(4-3i)=(3+4)+(4-3)i=7+i$

(2) $(2-i)(4+3i)=8+6i-4i+3=11+2i$

복소수 $z=a+bi$ 에서 허수부의 부호를 바꾼 $a-bi$를 z의 켤레복소수라 하고 $\bar{z}$로 나타낸다. 예를 들어.

$$\overline{2-3i}=2+3i,\quad \overline{5i}=-5i$$

이다. 분수에서 분모에 복소수 $z=a+bi$가 있는 경우에는 켤레복소수 $\bar{z}=a-bi$ 를 분모와 분자에 곱하여 $z\bar{z}=a^2+b^2$ 이 되어 분모를 실수로 만들 수 있다. 이를 "분모의 **실수화**"라고 한다. 예를 들면,

$$\frac{3i}{1+2i}=\frac{3i(1-2i)}{(1+2i)(1-2i)}=\frac{3i-6i^2}{1^2+2^2}=\frac{6}{5}+\frac{3}{5}i$$

이다.

예제 9 다음 복소수를 $a+bi$의 꼴로 나타내라.

(1) $\frac{2-3i}{i}$ (2) $\frac{1-2i}{2+3i}$

풀이 분모의 켤레복소수를 분모와 분자에 곱하여 정리하면 된다.

(1) $\frac{2-3i}{i}=\frac{(2-3i)(-i)}{i(-i)}=\frac{-2i+3i^2}{1}=-3-2i$

(2) $\frac{1-2i}{2+3i}=\frac{(1-2i)(2-3i)}{(2+3i)(2-3i)}=\frac{2-3i-4i+6i^2}{2^2+3^2}=\frac{-4-7i}{13}=-\frac{4}{13}-\frac{7}{13}i$

본 소단원을 마치면서 수의 체계를 정리해 보자. 수의 체계를 다이어그램으로 나타내면 다음과 같다.

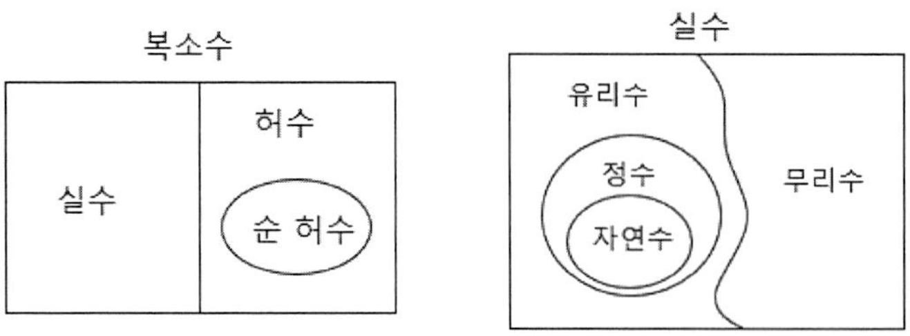

▶▶ 연습문제 2.3

1. 다음을 간단히 하여라.

(1) $\sqrt{72}$ (2) $\sqrt{27}$

(3) $\sqrt{5}\sqrt{45}$ (4) $\frac{\sqrt{28}}{\sqrt{7}}$

2. 다음 식을 간단히 하여라.

(1) $2\sqrt{27}-5\sqrt{3}+\sqrt{12}$

(2) $(2\sqrt{2}+4\sqrt{3})-2(\sqrt{3}-4\sqrt{2})$

(3) $(\sqrt{3}+2\sqrt{2})(2-\sqrt{2})$

(4) $(2\sqrt{3}-3\sqrt{2})^2-(2-\sqrt{3})^2$

3. 다음 식을 간단히 하여라.

(1) $\dfrac{2+\sqrt{3}}{2-\sqrt{3}}$

(2) $\dfrac{\sqrt{2}-\sqrt{3}}{\sqrt{2}+\sqrt{3}}$

(3) $\sqrt{3}-1+\dfrac{1}{\sqrt{3}-1}$

(4) $\dfrac{1}{3+\sqrt{2}}+\dfrac{1}{3-\sqrt{2}}$

4. 다음 식에서 이중근호를 풀어라.

(1) $\sqrt{10+2\sqrt{21}}$

(2) $\sqrt{11-\sqrt{72}}$

(3) $\sqrt{3-\sqrt{7}}$

(4) $\sqrt{7+3\sqrt{5}}$

5. 다음 식을 간단히 하여라.

(1) $\dfrac{x-y}{\sqrt{x}-\sqrt{y}}$

(2) $\dfrac{x-y}{\sqrt{x}+\sqrt{y}}$

(3) $\dfrac{1}{\sqrt{x+2}-\sqrt{x+1}}$

(4) $\dfrac{1}{\sqrt{x}-\sqrt{y}}+\dfrac{1}{\sqrt{x}+\sqrt{y}}$

6. 다음 식을 간단히 하여라.

(1) $\sqrt{-3}\times\sqrt{-4}$

(2) $\sqrt{2}\times\sqrt{-3}$

(3) $\dfrac{\sqrt{3}}{\sqrt{-2}}$

(4) $\dfrac{\sqrt{-4}}{\sqrt{-25}}$

7. 다음 복소수를 $a+bi$의 꼴로 나타내라.

(1) $(3+2i)(4-3i)$

(2) $(3+2i)\div(2-3i)$

(3) $\dfrac{2-3i}{1+2i}$

(4) $\dfrac{1-i}{1+i}$

2.4 이차방정식과 부등식

주어진 실수 $a(\neq 0), b, c$에 대하여 아래와 같이 주어진 방정식을 x에 관한 **이차방정식**이라 한다. 즉,

$$ax^2 + bx + c = 0$$

변수 x를 생략하여 이차방정식이라 하고, 이때 미지수를 나타내는 문자는 어떤 문자가 되어도 관계가 없으나 일반적으로 x를 사용한다.
이차방정식의 해(또는 근)를 구하는 것은 방정식을 만족하는 미지수를 찾는 것이다. 별다른 조건이 없으면 해를 복소수 범위에서 찾게 된다.

이차방정식의 해법은 인수분해를 이용하거나 근의 공식을 이용하는데, 어떤 경우에도 다음과 같이 기호 D로 표현되는 계수에 관한 **판별식**

$$D = b^2 - 4ac$$

의 값이 중요하다.

이차식이 인수분해가 되면 주어진 방정식을 두 개의 일차식의 곱으로 분해하고, 각각의 일차식이 0이 되는 미지수의 값을 구하면 된다.

예를 들어, 이차방정식 $x^2 + x - 2 = 0$은 $x^2 + x - 2 = (x+2)(x-1) = 0$으로부터 $x + 2 = 0$ 또는 $x - 1 = 0$이 되어 구하는 해는 $x = 1$ 또는 $x = -2$이다.

예제 1 다음 이차방정식의 해를 인수분해를 이용하여 구하라.

(1) $x^2 - 6x + 8 = 0$　　(2) $3x^2 + 4x - 4 = 0$

(3) $x^2 + 3 = 0$　　(4) $4x^2 + 9 = 0$

풀이 주어진 이차식을 인수분해하여 일차식의 곱으로 표시한다.

(1) $x^2-6x+8=(x-2)(x-4)=0$이므로 $x=2$ 또는 4.

(2) $3x^2+4x-4=(3x-2)(x+2)=0$ 이므로 $x=-2$ 또는 $\frac{2}{3}$.

(3) $x^2+3=(x+\sqrt{3}i)(x-\sqrt{3}i)=0$ 이므로 $x=-\sqrt{3}i$ 또는 $\sqrt{3}i$.

(4) $4x^2+9=(2x+3i)(2x-3i)=0$ 이므로 $x=-\frac{3}{2}i$ 또는 $\frac{3}{2}i$.

이차방정식의 근의 공식을 이용하는 경우는 판별식 D를 이용하여 두 개의 해를 다음과 같이 구한다.

$$x=\frac{-b\pm\sqrt{D}}{2a}$$

이때, 판별식 D의 부호에 따라 다음과 같은 종류의 해를 갖는다. 즉,

$D>0$ 이면 두 개의 실수해

$D=0$ 이면 하나의 실수해

$D<0$ 이면 두 개의 복소수해

예를 들어, $3x^2+x-1=0$의 해를 근의 공식을 이용하여 구하면

$$x=\frac{-1\pm\sqrt{1^2-4\times3\times(-1)}}{2\times6}=\frac{-1\pm\sqrt{13}}{6}$$

이다. 근을 구하기 전에도 판별식의 값 $D=13$을 통해서 이 방정식은 2개의 실근을 가짐을 알 수 있다.

예제 2 다음 방정식을 근의 공식을 이용하여 구하라.

(1) $2x^2-4x-1=0$ (2) $2x^2-3x+2=0$

풀이 근의 공식에서 a,b,c에 해당하는 것이 무엇인지 인지하면 된다.

(1) $x=\dfrac{-(-4)\pm\sqrt{(-4)^2-4\times2\times(-1)}}{2\times2}=\dfrac{4\pm2\sqrt{6}}{4}=1\pm\dfrac{\sqrt{6}}{2}$

(2) $x=\dfrac{-(-3)\pm\sqrt{(-3)^2-4\times2\times2}}{2\times2}=\dfrac{3\pm\sqrt{7}i}{4}$

근의 공식을 유도하는 과정은 이차식을 완전제곱으로 나타내는 방법을 포함하여 여러 다른 문제를 해결하는데 도움이 되므로 유도해 보도록 한다.

$$\begin{aligned}ax^2+bx+c&=a(x^2+\frac{b}{a}x)+c\\&=a(x^2+\frac{b}{a}x+(\frac{b}{2a})^2)+c-\frac{b^2}{4a}\\&=a(x+\frac{b}{2a})^2+\frac{4ac-b^2}{4a}\end{aligned}$$

으로부터 $ax^2+bx+c=0$은

$$a(x+\frac{b}{2a})^2+\frac{4ac-b^2}{4a}=0$$

$$(x+\frac{b}{2a})^2=\frac{b^2-4ac}{4a^2}$$

$$x=-\frac{b}{2a}\pm\sqrt{\frac{b^2-4ac}{4a^2}}$$

이 되어 정리하면

$$x=-\frac{b}{2a}\pm\frac{\sqrt{D}}{2|a|}$$

가 된다. 이때 $a>0$ 이면

$$x=-\frac{b}{2a}\pm\frac{\sqrt{D}}{2a}=\frac{-b\pm\sqrt{D}}{2a}$$

이고, $a < 0$ 이면

$$x = -\frac{b}{2a} \pm \frac{\sqrt{D}}{-2a} = \frac{-b \mp \sqrt{D}}{2a}$$

가 된다. 어떤 경우에도 구하는 해는

$$x = \frac{-b + \sqrt{D}}{2a} \text{ 또는 } \frac{-b - \sqrt{D}}{2a}$$

가 되어 이차방정식의 해는

$$x = \frac{-b \pm \sqrt{D}}{2a}$$

로 표시된다.

이차부등식

미지수 x에 관한 이차부등식은 주어진 실수 $a(\neq 0), b, c$ 에 대하여

$$ax^2 + bx + c > 0$$

와 같이 주어지는 식이다. 이때 부등호는 4가지 경우 $>, \geq, <, \leq$ 모두가 가능하다.

부등식의 풀이는 $ax^2 + bx + c = 0$의 해를 가지고 수직선을 분할한 다음에 분할된 영역에서 임의로 한 개의 수를 부등식에 대입하여 부등식이 참이 되는 영역전체가 부등식의 해가 되는 영역이다. 이를 구체적으로 세분화하면 다음과 같다.

판별식 $D > 0$일 때 이차부등식의 해

이차방정식 $ax^2 + bx + c = 0$ $(a > 0)$ 의 두 실근을 $\alpha, \beta(\alpha < \beta)$ 라 할 때,

(1) $ax^2 + bx + c > 0$의 해는 $x < \alpha$ 또는 $x > \beta$

(2) $ax^2 + bx + c < 0$의 해는 $\alpha < x < \beta$

예를 들어, $x^2-4x+3>0$ 은 $D=4$이고 $x^2-4x+3=0$의 해가 $x=1$ 또는 3 이므로 부등식의 해는 $x<1$ 또는 $x>3$ 이다.

같은 방정식의 해를 이용하여 $x^2-4x+3<0$ 의 해는 $1<x<3$이다.

예제 3 다음 부등식의 해를 구하여라.

(1) $2x^2+x-3\le 0$ (2) $x^2+2x-15>0$

풀이 판별식의 값이 양수인지 먼저 확인한다.

(1) $2x^2+x-3=0$에서 $D=13$이고 해가 $x=-\dfrac{3}{2}$ 또는 1이므로 구하는 해는 $-\dfrac{3}{2}\le x\le 1$이다.

(2) $x^2+2x-15=0$에서 $D=64$이고 해가 $x=-5$ 또는 3이므로 구하는 해는 $x<-5$ 또는 $x>3$이다.

이차부등식에서 $a<0$인 경우에는 부등식의 양변에 -1을 곱하여서 같은 방법으로 풀이를 하면 된다.

예를 들어, $-x^2-2x+15>0$ 인 경우에 부등식의 양변에 -1을 곱하면 초래되는 부등식은 $x^2+2x-15<0$가 된다. $a>0$인 경우에 풀이하던 방법으로 하면 구하는 해는 $-5<x<3$이 된다.

예제 4 다음 이차부등식의 해를 구하여라.

(1) $-2x^2-x+3\le 0$ (2) $-4x^2+8x-3>0$

풀이 이차항의 계수가 음수이므로 양변에 -1을 곱하여 풀이한다.

(1) $2x^2+x-3\ge 0$이고 해를 구하면 $x\le -\dfrac{3}{2}$ 또는 $x\ge 1$이다.

(2) $4x^2-8x+3<0$이고 해를 구하면 $\dfrac{1}{2}<x<\dfrac{3}{2}$이다.

예제 5 다음 이차부등식의 해를 구하여라.

(1) $(2x-1)(3x+4)>0$　　(2) $(x-3)(-2x+1)\geq 0$

풀이 인수분해가 되어있으므로 방정식의 해는 알 수 있다. 이때, 좌변을 전개했을 때 이차항의 계수의 부호를 확인해야 한다.

(1) 이차항의 계수가 양수이고 이차방정식의 해가 $x=-\frac{3}{4}$ 또는 $\frac{1}{2}$이므로 구하는 해는 $x<-\frac{3}{4}$ 또는 $\frac{1}{2}<x$이다.

(2) 이차항의 계수가 음수이므로 양변에 -1을 곱하면 $(x-3)(2x-1)\leq 0$이다. 따라서 부등식의 해는 $\frac{1}{2}\leq x\leq 3$이다.

판별식 $D=0$일 때 이차부등식의 해

$a>0$일 때, 다음이 성립한다.

(1) $ax^2+bx+c>0$의 해는 $x\neq -\frac{b}{2a}$인 모든 실수

(2) $ax^2+bx+c<0$의 해는 없다.

(3) $ax^2+bx+c\geq 0$의 해는 모든 실수이다.

(4) $ax^2+bx+c\leq 0$의 해는 $x=-\frac{b}{2a}$

예제 6 다음 부등식의 해를 구하여라.

(1) $x^2-2x+1>0$　　(2) $x^2-4x+4\leq 0$

풀이 이차방정식의 판별식의 값을 구하여 풀이한다.

(1) $D=0$이고 이차방정식의 해는 $x=1$이므로 구하는 해는 $x\neq 1$인 모든 실수

(2) $D=0$이고 이차방정식의 해는 $x=2$이므로 구하는 해는 $x=2$.

판별식 $D<0$일 때 이차부등식의 해

$a>0$일 때, 다음이 성립한다.

(1) $ax^2+bx+c>0$ 의 해는 모든 실수

(2) $ax^2+bx+c<0$의 해는 없다.

(3) $ax^2+bx+c\geq 0$의 해는 모든 실수

(4) $ax^2+bx+c\leq 0$의 해는 없다.

예제 7 다음 부등식의 해를 구하여라.

(1) $-x^2+2x-4<0$ (2) $2x^2+2x+3\leq 0$

풀이 이차항의 부호에 주의한다.

(1) 이차항의 부호가 음수이므로 양변에 -1을 곱하면 $x^2-2x+4>0$ 이고 판별식 $D=-12$이므로 구하는 해는 모든 실수이다.

(2) 판별식 $D=-20$이므로 해가 없다.

▶▶ 연습문제 2.4

1. 다음 이차방정식의 해를 인수분해를 이용하여 구하라.

(1) $2x^2-3x-5=0$ (2) $x^2-6x+8=0$

(3) $x(x+1)=3(x+1)$ (4) $2x^2-2x-4=0$

2. 다음 방정식을 근의 공식을 이용하여 구하라.

(1) $2x^2-4x-1=0$ (2) $2x^2-3x+2=0$

(3) $2x^2+x+1=0$ (4) $4x^2+12x+9=0$

3. 다음 수를 근으로 하고 이차항의 계수가 1인 이차방정식을 구하여라.

(1) $1+\sqrt{2}$, $1-\sqrt{2}$ (2) $3-2i$, $3+2i$

4. 다음 부등식의 해를 구하여라.

(1) $2x^2+x-3 \geq 0$ (2) $x^2+2x-15<0$

(3) $-x^2+2x+3 \leq 0$ (4) $-2x^2+3x-1>0$

5. 다음 이차부등식의 해를 구하여라.

(1) $(2x-1)(-3x+4)<0$ (2) $(x-3)(-2x+1) \geq 0$

(3) $x^2-2x+1<0$ (4) $x^2-4x+4 \leq 0$

6. 다음 부등식의 해를 구하여라.

(1) $-2x^2+4x-2>0$ (2) $x^2+2\sqrt{3}x+3 \leq 0$

7. 다음에 답하라.

(1) 이차방정식 $x^2+2x+2-a=0$이 서로 다른 두 근을 가지도록 실수 a의 범위를 정하라.

(2) 이차방정식 $x^2+mx+m+3=0$이 허근을 갖도록 실수 m의 범위를 정하라.

2.5 평면도형의 방정식과 도형의 그림

xy-평면좌표에서 모든 점은 원점(0,0)을 기준점으로 하여 실수 a,b에 대하여 순서쌍 (a,b)로 나타 내어 진다. 지금부터 언급되는 모든 점은 평면의 점이다.

두 점 사이의 거리

두 점 $A(x_1,y_1)$, $B(x_2,y_2)$ 사이의 거리 d 는 다음과 같이 주어진다.

$$d = \sqrt{(x_1 - x_2)^2 + (y_1 - y_2)^2}$$

두 점이 x축 위의 점이면 $y_1 = y_2 = 0$ 으로부터

$$d = \sqrt{(x_1 - x_2)^2} = |x_1 - x_2|,$$

이고 두 점이 y축 위의 점이면 $x_1 = x_2 = 0$ 으로부터

$$d = \sqrt{(y_1 - y_2)^2} = |y_1 - y_2|$$

이다.

예제 1 다음에 주어진 두 점 사이의 거리 d를 구하여라.

(1) $A(2,-3), B(-1,4)$ (2) $A(0,4), B(3,0)$

(3) $A(0,-2), B(0,5)$

풀이 두 점 사이의 공식을 이용하면 된다.

(1) $d = \sqrt{(2-(-1))^2 + (-3-4)^2} = \sqrt{58}$

(2) $d = \sqrt{(0-3)^2 + (4-0)^2} = \sqrt{25} = 5$

(3) y축 위의 점이므로 $d = |-2-5| = 7$

내분점

점 $A(x_1, y_1)$로부터 점 $B(x_2, y_2)$를 $m:n$으로 내분하는 점을 $P(x,y)$라 하면

$$x=\frac{mx_2+nx_1}{m+n}, \quad y=\frac{my_2+ny_1}{m+n}$$

이다. 특히 $m=n$ 일 때, 두 점 사이를 같은 비율로 내분하는 점, 즉 중점이 되므로 **중점**을 $M(x,y)$ 라 하면

$$x=\frac{x_1+x_2}{2}, \quad y=\frac{y_1+y_2}{2}$$

이다.

예제 2 다음 거리문제에 관하여 답하라.

(1) 두 점 $A(1,5), B(-4,-3)$를 $3:2$로 내분하는 점 P를 구하여라.

(2) 두 점 $A(-4,5), B(2,-6)$의 중점 P를 구하여라.

(3) 두 점 $A(2,3), B(-1,6)$으로부터 같은 거리에 있는 x축 위의 점 P를 구하여라.

풀이 내분점의 공식과 거리공식을 이용하면 된다.

(1) $P(x, y)$라 하면 $m=3,\ n=2$에 해당한다. 따라서 내분점은

$$x=\frac{-4\times3+1\times2}{5}=-2,\ y=\frac{-3\times3+5\times2}{5}=\frac{1}{5}$$

이다. 따라서 $P(-2, 1/5)$이다.

(2) $P(x, y)$라 하면 중점은

$$x=\frac{-4+2}{2}=-1,\ y=\frac{5+(-6)}{2}=-\frac{1}{2}$$

이다. 따라서 $P(-2,\ -1/2)$이다.

(3) x축 위의 점이므로 $P(x, 0)$라 하면 $\overline{AP}=\overline{BP}$ 이므로

$$\sqrt{(x-2)^2+3^2}=\sqrt{(x+1)^2+6^2}$$

을 정리하면 $x=-4$ 이다. 따라서 $P(-4, 0)$이다.

이제 간단한 평면도형 위의 점을 수식으로 나타내고, 수식으로 표현된 도형을 좌표평면에 나타내 보도록 하자. 주어진 도형 위의 점을 (x,y)라 할 때, 두 변수 x,y 의 관계식을 구하는 것을 "**도형의 방정식**"을 구한다고 한다.

직선의 방정식

직선은 x축과 y축을 지나는 직선, x 축에 수직인 직선, y축에 수직인 직선의 3가지로 분류되고 그래프를 그리면 다음과 같다.

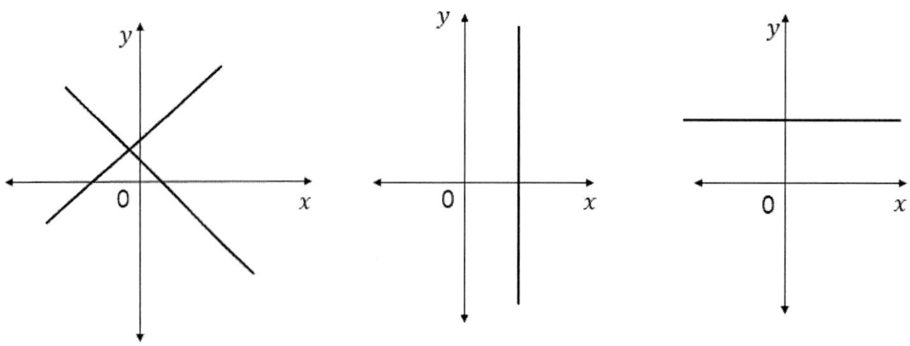

직선은 지나는 두 점에 의하여 유일하게 결정된다. 먼저 x의 성분이 다른 두 점을 잇은 선분의 **기울기**는 "y값의 변동/x값의 변동"임을 알자. 두 점 $A(x_1, y_1), B(x_2, y_2)$를 지나는 직선의 방정식을 구하여 보자.

첫 번째 유형에서 직선 위에 있는 점을 $P(x,y)$라 할 때, $\overline{AB}$와 $\overline{AP}$의 기울기가 같으므로 기울기를 구하여 정리하면

$$\frac{y_2 - y_2}{x_2 - x_1} = \frac{y - y_1}{x - x_1}$$

$$y - y_1 = \frac{y_2 - y_1}{x_2 - x_1}(x - x_1)$$

이다. 이때, $\dfrac{y_2-y_2}{x_2-x_1}$을 직선의 기울기라 한다.

두 번째 유형에서는 $x_1=x_2$ 이므로 $x=x_1$이다.

세 번째 유형에서는 $y_1=y_2$ 이므로 $y=y_1$이다.

예를 들어, 두 점 $(1,3),(-2,2)$를 지나는 직선 위의 점을 (x,y)라 하면

$$y-3=\frac{2-3}{-2-1}(x-1),\quad 즉\ y=\frac{1}{3}x+\frac{8}{3}$$

이다. 두 점 $(2,3),(2,-5)$를 지나는 직선 위의 점을 (x,y)라 하면 $x=2$ 이다. 또 두 점 $(-2,3),(4,3)$을 지나는 직선 위의 점을 (x,y)라 하면 $y=3$이다.

직선이 지나는 두 점에 대한 정보를 나타내는 방법이 여러 가지 있다. 각 경우에 대하여 직선 위의 점을 (x,y)라 하면 직선의 방정식은 다음과 같이 요약된다.

직선의 방정식 구하기

(1) 두 점을 지나는 직선의 방정식

두 점 $(x_1,y_1),(x_2,y_2)$를 지나는 직선의 방정식은

$$x_1\neq x_2 일\ 때,\ y-y_1=\frac{y_2-y_1}{x_2-x_1}(x-x_1)$$

$x_1=x_2$일 때, $x=x_1$; $y_1=y_2$ 일 때, $y=y_1$

(2) 기울기와 한 점이 주어진 직선의 방정식

기울기가 m이고 점 (x_1,y_1)을 지나는 직선의 방정식은

$$y-y_1=m(x-x_1)$$

(3) x절편과 y절편이 주어진 직선의 방정식

x절편이 a, y절편이 b인 직선의 방정식은

$$\frac{x}{a}+\frac{y}{b}=1$$

참고 x절편이 a, y절편이 b라는 것은 직선이 각각 점 $(a,0)$, $(0,b)$를 지난다는 것을 의미한다.

예제 3 다음 주어진 직선의 방정식을 구하라.

(1) 두 점 $(-2,-1)$, $(1,3)$을 지나는 직선

(2) 두 점 $(-2,-4)$, $(5,-4)$을 지나는 직선

(3) 한 점 $(2,-3)$과 기울기가 4인 직선

(4) 두 점 $(3,0)$, $(0,-2)$을 지나는 직선

풀이 직선 위의 점을 (x,y)라하고 어떤 공식을 이용할 것인지를 잘 관찰하면 된다.

(1) 공식(1)을 이용하면 $y-(-1)=\frac{4}{3}(x-(-2))$ 로부터 $y=\frac{4}{3}x+\frac{5}{3}$.

(2) y좌표가 같으므로 $y=-4$.

(3) 공식(2)를 이용하면 $y-(-3)=4(x-2)$로부터 $y=4x-5$.

(4) x절편이 3, y절편이 -2이므로 공식(3)에 의하여 다음과 같다.

$$\frac{x}{3}-\frac{y}{2}=1,\ 즉\ y=\frac{2}{3}x-2$$

두 직선의 위치 관계

(1) 평행한 두 직선의 기울기는 같다.

(2) 수직인 두 직선은 기울기의 곱이 -1이다.

예제 4 다음 조건을 만족하는 직선의 방정식을 구하여라.

(1) 점 $(3,2)$을 지나고 직선 $y=\frac{1}{3}x+2$에 평행한 직선

(2) 점 $(-2,3)$을 지나고 직선 $2x-y+4=0$에 수직인 직선

풀이 기울기를 구하는 조건이 무엇인지를 알면 된다.

(1) 구하는 직선의 기울기 m이라 하면 $m=\frac{1}{3}$ 이므로 직선위의 점을 (x,y)라 하면 직선의 방정식은 $y-2=\frac{1}{3}(x-3)$, 즉 $y=\frac{1}{3}x+1$.

(2) 주어진 직선을 변형하면 $y=2x+4$로부터 구하는 직선의 기울기 m이라 하면 $m\times 2=-1$, 즉 $m=-\frac{1}{2}$이다. 구하는 직선위의 점을 (x,y)라 하면 직선의 방정식은 $y-3=-\frac{1}{2}(x+2)$, 즉 $y=-\frac{1}{2}x+2$.

이제 주어진 직선의 방정식으로부터 직선의 그래프를 그려보자. 직선의 그래프는 주어진 방정식에서 두 점을 택하여 연결하면 된다. 특히 축에 수직 또는 수평이 아닌 직선의 경우에는 x절편과 y절편을 이용하면 수월하다. x절편은 $y=0$일 때, y절편은 $x=0$일 때 구할 수 있다.

예를 들어, $y=2x-4$의 그래프를 그려보자. x절편의 좌표는 $(2,0)$, y절편의 좌표는 $(0,-4)$이므로 이 두 점을 연결하는 직선을 그리면 된다.

예제 5 다음 직선의 방정식이 나타내는 직선의 그래프를 그려라.

(1) $x-2y+2=0$ (2) $x=-2$ (3) $y=1$

풀이 축에 수직이 아닌 직선은 x절편, y절편 두 점을 구하여 연결한다.

(1) x절편은 -2, y절편은 1이다.

(2) $(-2,0)$을 지나고 x축에 수직이다.

(3) $(0,1)$을 지나고 y축에 수직이다

따라서 각 직선의 그래프는 다음과 같다.

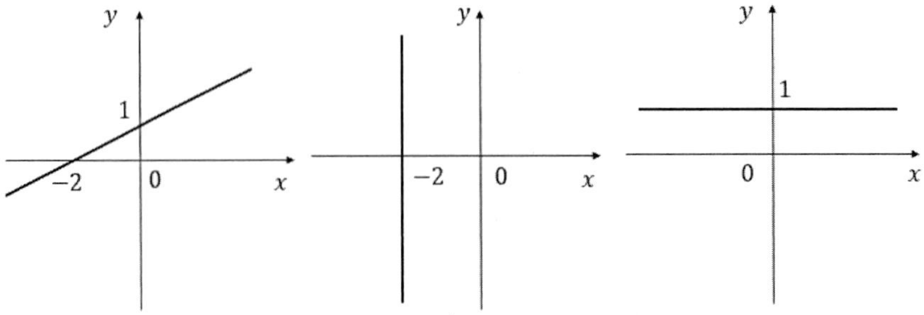

평행하지 않는 두 직선은 한 점에서 만나는데, 두 직선의 방정식에 대한 연립방정식의 해가 두 직선의 교점이 된다.

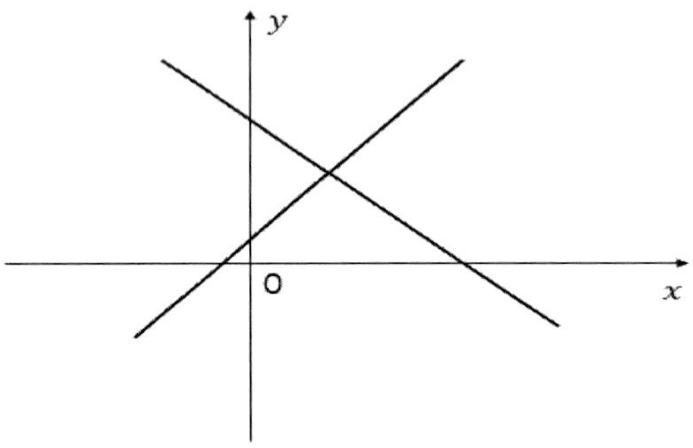

예제 6 다음 주어진 직선의 교점을 구하라.

(1) $4x-3y+5=0,\ x+2y-7=0$

(2) $2x+5y=3,\ 4x+5y=1$

풀이 각 연립방정식의 해가 직선의 교점이다.

(1) 연립방정식의 해는 $(1,3)$이므로 두 직선의 교점은 $(1,3)$

(2) 연립방정식의 해는 $(-1,1)$이므로 두 직선의 교점은 $(-1,1)$

직선과 점 사이의 거리

점(x,y)가 주어진 직선 위의 점일 때, 직선의 방정식은 x,y에 관한 일차방정식이므로 이미 주어진 수 a,b,c 에 대하여

$$ax+by+c=0$$

로 나타낼 수 있다. 이제 점 $P(x_0,y_0)$가 직선위의 점이 아니면 점 P에서 직선까지의 거리 d는 다음과 같이 주어진다.

$$d=\frac{|ax_0+by_0+c|}{\sqrt{a^2+b^2}}$$

주의 점이 직선 위의 점이면 당연히 점과 직선 사이의 거리는 0이다. 역으로 한 점으로부터 직선 사이의 거리를 구했을 때, 거리가 0이면 그 점은 직선 위의 점임을 알 수 있다.

예제 7 주어진 직선과 점 사이의 거리를 구하라.

(1) $x-2y-5=0,\ (0,0)$ (2) $y=-\frac{3}{2}x+5,\ (-2,1)$

풀이 주어진 직선의 방정식을 $ax+by+c=0$의 꼴로 고쳐서 공식을 이용한다.

(1) 구하는 거리:

$$\frac{|1\times0-2\times0-5|}{\sqrt{1^2+(-2)^2}}=\frac{5}{\sqrt{5}}=\sqrt{5}$$

(2) 방정식의 형태를 바꾸면 $3x+2y-10=0$이므로 구하는 거리:

$$\frac{|3\times(-2)+2\times1-10|}{\sqrt{3^2+2^2}}=\frac{\sqrt{14}}{\sqrt{13}}=\sqrt{\frac{14}{13}}$$

원

원은 고정된 한 점을 중심으로 일정한 거리에 있는 점들로 이루어진 도형이다. 이때 고정된 한 점을 중심이라 하고 일정한 거리를 반지름이라 한다. 따라서 중심(a,b) 이고 반지름이 r 인 원 위의 점을 (x,y)라 하면, 중심 (a,b)와 (x,y)의 거리공식에 의하여

$$(x-a)^2+(y-b)^2=r^2$$

이다. 이를 **원의 표준방정식**이라 한다.

예제 8 다음을 만족하는 원의 방정식을 구하라.

(1) 중심 $(1,-2)$, 반지름 3

(2) 지름의 양 끝점이 두 점 $(-2,4),(2,0)$

풀이 원 위의 점을 (x,y)라 하고 중점과 반지름을 구하여 공식에 대입한다.

(1) $(x-1)^2+(x-(-2))^2=3^3$, 즉 $(x-1)^2+(x+2)^2=9$

(2) 원의 중점은 두 점의 중심 $(\frac{-2+2}{2},\frac{4+0}{2})=(0,2)$, 반지름 $\sqrt{2^2+2^2}=2\sqrt{2}$ 이므로 구하는 방정식은 $x^2+(y-2)^2=8$.

원의 방정식을 전개하여 정리하고 계수와 상수를 간소화 시키면

$$x^2+ax+y^2+bx+c=0$$

의 형태로 나타낼 수 있다. 이를 **원의 일반방정식**이라 한다.

원의 일반방정식은 x와 y에 관하여 완전제곱 꼴로 변형하여 표준방정식으로 고칠 수 있다.

예를 들어, 원의 방정식 $x^2+2x+y^2-6x+1=0$에서 중심과 반지름을 구하면

$$x^2+2x+y^2-6x+1=(x+1)^2+(y-3)^2-9=0$$

으로부터

$$(x+1)^2+(y-3)^2=3^2$$

이 되어 중심은 $(-1,3)$ 이고 반지름은 3이다.

예제 9 다음 원의 방정식에서 중심과 반지름을 구하라.

(1) $x^2+y^2+4x=0$ (2) $2x^2+2y^2-4x+8y+3=0$

풀이 각 변수에 대한 완전제곱 형태로 표현하는 방법을 알아야 한다.

(1) $x^2+4x+4+y^2=4$, $(x+2)^2+y^2=2^2$ 으로부터 중심 $(-2,0)$ 반지름 2.

(2) 식을 정리하면

$$2x^2+2y^2-4x+8y+3=2(x-1)^2-2+2(y+2)^2-8+3=0$$

$$(x-1)^2+(y+2)^2=\frac{7}{2}$$

이므로 중심 $(1,-2)$, 반지름 $\sqrt{\frac{7}{2}}$.

세 점을 지나는 원은 유일하게 결정된다. 따라서 지나는 세 점이 주어진 경우에는 각 점을 원의 일반방정식에 대입하여 a,b,c를 구하면 된다. 이 해는 3원 일차 연립방정식의 풀이를 통하여 얻어진다.

예를 들어, 세 점 $(1,1),(2,-1),(-1,4)$ 를 지나는 원의 방정식을 구해보자. 각 점을

$$x^2+ax+y^2+by+c=0$$

에 대입하면 3원 일차방정식

$$a+b+c=-2,\ 2a-b+c=-5,\ -a+4b+c=-17$$

을 얻는다. 연립방정식의 해를 구하면 $a=39,\ b=21,\ c=-62$ 이다. 따라서 구하는 원의 방정식은

$$x^2+39x+y^2+21y-62=0$$

이다.

예제 10 세 점 $A(4,1)$, $B(6,-3)$, $C(-3,0)$ 을 지나는 원의 일반 방정식을 구하라.

풀이 세 점을 $x^2+ax+y^2+by+c=0$ 대입하면 다음 연립방정식을 얻는다. 즉

$$4a+b+c+5=0,\ 6a-3b+c+45=0,\ -3a+x+9=0.$$

연립방정식의 해를 구하면 $a=-2, b=6, c=-15$이고 따라서 구하는 방정식은

$$x^2-2x+y^2+6y-15=0$$

▶▶ 연습문제 2.5

1. 다음에 주어진 두 점 사이의 거리를 구하여라.

(1) $A(0,0), B(-3,5)$ (2) $A(-3,0), B(0,4)$

(3) $A(-2,-3), B(-1,-4)$ (4) $A(2,-\sqrt{3}), B(1+\sqrt{3},1)$

2. 다음 거리문제에 관하여 답하라.

(1) 두 점 $A(3,4), B(6,7)$를 $2:1$로 내분하는 점 P를 구하여라.

(2) 두 점 $A(-1,2), B(4,5)$으로부터 같은 거리에 있는 y축 위의 점 P를 구하여라.

3. 다음 주어진 직선의 방정식을 구하라.

(1) 두 점 $(-2,1), (4,4)$을 지나는 직선

(2) 두 점 $(-2,3)$를 지나고 x축에 수직인 직선

(3) 한 점 $(-1,2)$를 지나고 기울기가 -3인 직선

(4) x절편이 2, y절편이 -3인 직선

4. 다음 조건을 만족하는 직선의 방정식을 구하여라.

(1) 점 $(3,-2)$을 지나고 직선 $y=-\frac{1}{3}x+2$에 수직인 직선

(2) 점 $(-2,3)$을 지나고 직선 $2x-3y+5=0$에 평행한 직선

5. 다음에 답하라.

(1) 두 직선 $3x-4y+5=0$, $x+2y-7=0$ 의 교점을 지나고 $y=2x+1$에 평행한 직선의 방정식을 구하여라.

(2) 두 직선 $2x+y=3$, $4x+3y=1$의 교점을 지나고 $y=-2x+3$에 수직인 직선의 방정식을 구하여라.

6. 주어진 직선과 점 사이의 거리를 구하라.

(1) $4x-3y-6=0$, $(2,-1)$ (2) $y=-\frac{3}{4}x+\frac{1}{2}$, $(3,1)$

7. 다음을 만족하는 원의 방정식을 구하라.

(1) 중심 $(-1,2)$, x축에 접하는 원

(2) 지름의 양 끝점이 두 점 $(0,3),(4,5)$

8. 다음 원의 방정식에서 중심과 반지름을 구하라.

(1) $x^2+y^2-4y+2=0$ (2) $x^2+y^2+6x+4y+4=0$

9. 세 점 $A(1,0)$, $B(-5,2)$, $C(-2,-4)$ 을 지나는 원의 일반 방정식을 구하라.

CHAPTER 03 지수와 로그

3.1 지수의 확장

지수가 정수인 경우에 대하여 1장에서 지수법칙을 공부하였다. 본 절에서는 지수의 법칙을 유리수까지 확장한다.

임의의 실수 a에 대하여 n이 2 이상의 자연수일 때,

$$x^n = a$$

인 x를 a의 n**제곱근**이라 한다. 특히 $n=2$일 때는 간단히 제곱근이라 한다.

예를 들어, 1의 4제곱근을 x라 하자. 그러면 정의로부터 $x^4=1$이고 x를 구하기 위해 인수분해를 이용하면

$$x^4 - 1 = (x^2-1)(x^2+1) = 0 \ ,$$
$$x = -1, 1, -i, i$$

가 되어 1의 4제곱근은 모두 4개이다. 이중 실수인 제곱근은 $-1, 1$ 이다.

홀수인 자연수 n에 대하여 $x^n = a$ 를 만족하는 실수 x는 오직 하나있으며 이를

$$a^{\frac{1}{n}} = \sqrt[n]{a}$$

으로 나타낸다.

짝수인 자연수 n에 대하여 $x^n = a, (a \ge 0)$, 를 만족하는 실수 x는 양과 음 두 개가 있으며 각각

$$\sqrt[n]{a},\ -\sqrt[n]{a}$$

으로 나타낸다. 즉 n이 짝수인 경우에 $a^{\frac{1}{n}}$ 는 n번 곱해서 a가 되는 양수를 의미한다. 따라서 a의 n제곱근과 $a^{\frac{1}{n}}$의 차이점을 구분해야 한다.

> **주의** (1) $n=2$일 때는 $\sqrt[2]{a}$를 $\sqrt{a}$로 나타낸다.
> (2) n이 짝수 일 때는 $a<0$에 대하여는 $\sqrt[n]{a}$ 인 실수는 존재하지 않는다.

예를 들어,

$$(-3)^3=-27,\ 2^4=16=(-2)^4$$

로부터

$$(-27)^{\frac{1}{3}}=-3,\ \ 16^{\frac{1}{4}}=2,\ -16^{\frac{1}{4}}=-2$$

따라서 -27의 세제곱근은 -3이고 16의 네제곱근은 -2 와 2이다.

예제 1 다음에 해당하는 실수를 구하라.

(1) 36의 제곱근　　(2) -125의 3제곱근

(3) 32의 5제곱근　　(4) 64의 6제곱근

풀이 n제곱근에서 n이 홀수 인지 짝수인지에 따라 실수 개수가 정해진다.

(1) 실수 2개이고 $6^2=36=(-6)^2$ 으로부터 실수인 제곱근은 -6과 6.

(2) 실수는 1개이고 $(-5)^3=-125$ 로부터 실수인 3제곱근은 -5.

(3) 실수는 1개이고 $2^5=32$ 로부터 실수인 5제곱근은 2.

(4) 실수는 2개이고 $2^6=64=(-2)^6$ 으로부터 실수인 6제곱근은 2와 -2.

예제 2 다음을 간단히 하라.

(1) $\sqrt[3]{0.125}+\sqrt[5]{-1}$　　　(2) $\sqrt[3]{-64}-\sqrt[5]{-32}$

풀이 $\sqrt[n]{a}$ 의 의미를 생각하여 연산을 하면 된다.

(1) $\sqrt[3]{0.125}+\sqrt[5]{-1}=0.5+(-1)=-0.5$

(2) $\sqrt[3]{-64}-\sqrt[5]{-32}=-4-(-2)=-2$

거듭제곱근의 정의에 의하여 $a>0$일 때,

$$(\sqrt[n]{a})^n=a,\ \sqrt[n]{a^n}=a$$

임을 알 수 있다.

거듭제곱근의 성질

양의 정수 m, n과 양의 실수 a, b에 대하여 다음이 성립한다.

(1) $\sqrt[n]{a}\sqrt[n]{b}=\sqrt[n]{ab}$　　　(2) $\dfrac{\sqrt[n]{a}}{\sqrt[n]{b}}=\sqrt[n]{\dfrac{a}{b}}$

(3) $(\sqrt[n]{a})^m=\sqrt[n]{a^m}$　　　(4) $\sqrt[m]{\sqrt[n]{a}}=\sqrt[mn]{a}$

예제 3 거듭제곱근의 성질을 이용하여 다음 식을 간단히 하라.

(1) $\sqrt[4]{4}\sqrt[4]{4}$　　　(2) $\dfrac{\sqrt[5]{128}}{\sqrt[5]{4}}$

(3) $(\sqrt[6]{9})^3$　　　(4) $\sqrt[3]{\sqrt{729}}$

풀이 거듭제곱근의 정의와 성질을 이용하여 간단히 한다.

(1) $\sqrt[4]{4}\sqrt[4]{4}=\sqrt[4]{16}=\sqrt[4]{2^4}=2$　　　(2) $\dfrac{\sqrt[5]{128}}{\sqrt[5]{4}}=\sqrt[5]{32}=\sqrt[5]{2^5}=5$

(3) $(\sqrt[6]{9})^3=\sqrt[6]{9^3}=\sqrt[6]{3^6}=3$　　　(4) $\sqrt{\sqrt[3]{729}}=\sqrt[6]{9^3}=\sqrt[6]{3^6}=3$

지수가 정수인 경우에 지수의 법칙이 성립함을 제2장에서 배웠다. 이제 유리수지수를 다음과 같이 정의한다.

유리지수의 정의

$a>0$이고 m은 정수, n은 양의 정수일 때

$$a^{\frac{m}{n}}=\sqrt[n]{a^m}$$

예제 4 다음을 간단히 하라.

(1) $8^{\frac{2}{3}}$　　(2) $16^{\frac{3}{4}}$

(3) $3^{-\frac{1}{2}}$　　(4) $27^{-\frac{2}{3}}$

풀이 유리수에 대한 지수법칙의 정의를 통하여 거듭제곱근으로 표시하여 구한다.

(1) $8^{\frac{2}{3}}=\sqrt[3]{8^2}=\sqrt[3]{4^3}=4$　　(2) $16^{\frac{3}{4}}=\sqrt[4]{16^3}=\sqrt[4]{(2^4)^3}=\sqrt[4]{8^4}=8$

(3) $3^{-\frac{1}{2}}=\dfrac{1}{3^{\frac{1}{2}}}=\dfrac{1}{\sqrt{3}}=\dfrac{\sqrt{3}}{3}$　　(4) $27^{-\frac{2}{3}}=\dfrac{1}{27^{\frac{2}{3}}}=\dfrac{1}{\sqrt[3]{9^3}}\dfrac{1}{9}$

다음은 지수가 자연수와 정수일 때 성립하던 지수의 법칙이 지수가 유리수 일 때에도 동일하게 성립함을 알려준다.

유리지수에 관한 지수법칙

$a>0, b>0$ 이고 m,n이 유리수 일 때, 다음이 성립한다.

(1) $a^m a^n=a^{m+n}$　　(2) $a^m \div a^n=a^{m-n}$

(3) $(a^m)^n=a^{mn}$　　(4) $(ab)^m=a^m b^m$

예제 5 다음 식의 값을 구하라.

(1) $(\sqrt[3]{2})^4\times 4^{-\frac{1}{3}}$ (2) $\sqrt[3]{9}\div\sqrt[6]{81^4}$

(3) $\sqrt[4]{27}\times(2^{\frac{1}{3}}3^{-\frac{1}{2}})^{-\frac{1}{2}}\div 2^{-\frac{4}{3}}$ (4) $\sqrt{2^3\sqrt[4]{2^3}}$

풀이 거듭제곱근호는 유리지수로 바꾸어서 지수법칙을 적용하면 된다.

(1) $(\sqrt[3]{2})^4\times 4^{-\frac{1}{3}}=2^{\frac{4}{3}}\times(2^2)^{-\frac{1}{3}}=2^{\frac{4}{3}-\frac{2}{3}}=2^{\frac{2}{3}}=\sqrt[3]{4}$

(2) $\sqrt[3]{9}\div\sqrt[6]{81^4}=9^{\frac{1}{3}}\div 9^{\frac{8}{6}}=9^{\frac{1}{3}-\frac{4}{3}}=9^{-1}=\frac{1}{9}$

(3) $\sqrt[4]{27}\times(2^{\frac{1}{3}}\times 3^{-\frac{1}{2}})^{-\frac{1}{2}}\div 2^{-\frac{4}{3}}=3^{\frac{3}{4}+\frac{1}{4}}\times 2^{-\frac{1}{6}-(-\frac{4}{3})}=3\sqrt[6]{2^7}=6\sqrt[6]{2}$

(4) $\sqrt[3]{2^3\sqrt[4]{2^3}}=(2^3\times 2^{\frac{3}{4}})^{\frac{1}{3}}=2\times 2^{\frac{1}{4}}=2^{1+\frac{1}{4}}=2\sqrt[4]{2}$

예제 6 다음 주어진 수의 대소를 비교하여라.

(1) $\sqrt[3]{5}$, $\sqrt[4]{10}$ (2) $\sqrt{2}$, $\sqrt[3]{4}$, $\sqrt[6]{10}$

풀이 비교하는 수들의 지수를 분모의 최소공배소로 만든 다음에 서로 비교한다.

(1) 지수의 분모를 최소공배수 12로 만들면

$$\sqrt[3]{5}=5^{\frac{4}{12}}=\sqrt[12]{625},\ \sqrt[4]{10}=10^{\frac{3}{12}}=\sqrt[12]{1000}$$

이고 거듭제곱근호 안에 있는 수의 크기를 비교하여 $\sqrt[3]{5}<\sqrt[4]{10}$.

(2) 지수의 분모의 최소공배수가 6이다. 세 수의 지수의 분모를 최소공배수 6으로 만들면

$$\sqrt{2}=2^{\frac{6}{12}},\ \sqrt[3]{4}=4^{\frac{4}{12}},\ \sqrt[6]{10}=10^{\frac{2}{12}}$$

이고, 이를 다시 거듭제곱기호를 이용하여 나타내면

$$\sqrt{2}=\sqrt[12]{64},\ \sqrt[3]{4}=\sqrt[12]{256},\ \sqrt[6]{10}=\sqrt[12]{100}$$

이고

$$\sqrt{2}<\sqrt[6]{10}<\sqrt[3]{4}$$

이다.

예제 7 다음을 간단히 하라.

(1) $\sqrt{ab^2}\times\sqrt[3]{a^2b^4}\div\sqrt[6]{ab^5}$ (2) $\dfrac{\sqrt[4]{\sqrt{b}}}{b}\times\sqrt{\dfrac{b}{\sqrt[3]{b}}}$

풀이 나눗셈은 역수를 곱하고, 전체적으로 근호를 제거하고 지수로 표시하여 지수법칙을 적용하여 식을 간단히 한다.

(1) $\sqrt{ab^2}\times\sqrt[3]{a^2b^4}\div\sqrt[6]{ab^5}=a^{\frac{1}{2}+\frac{2}{3}}b^{1+\frac{4}{3}}\times\dfrac{1}{\sqrt[6]{ab^5}}$

$$=a^{\frac{7}{6}}b^{\frac{7}{3}}a^{-\frac{1}{6}}b^{-\frac{5}{6}}=ab^{\frac{3}{2}}=ab\sqrt{b}$$

(2) $\dfrac{\sqrt[4]{\sqrt{b}}}{b}\times\sqrt{\dfrac{b}{\sqrt[3]{b}}}=b^{\frac{1}{8}-1}b^{\frac{1}{2}-\frac{1}{6}}=b^{\frac{-21+12-4}{24}}=b^{-\frac{13}{24}}$

예제 8 $a^x=2$ 일 때 $\dfrac{a^{2x}-a^{-2x}}{a^x+a^{-x}}$ 의 값을 구하라.

풀이 주어진 문제의 분모와 분자에 a^x를 곱하면

$$\frac{a^{2x}-a^{-2x}}{a^x+a^{-x}}=\frac{a^{3x}-a^{-x}}{a^{2x}+1} \text{ 이고 } a^{-x}=(a^x)^{-1}=\frac{1}{2}$$

이므로 구하는 값은 $\dfrac{2^3-2^{-1}}{2^2+1}=\dfrac{3}{2}$.

지수법칙은 지수가 실수일 때에도 유리수의 경우와 마찬가지로 성립한다.

지수가 실수일 때의 지수법칙

$a>0, b>0$ 이고 x, y가 실수일 때, 다음이 성립한다.

(1) $a^xa^y=a^{x+y}$ (2) $a^x\div a^y=a^{x-y}$

(3) $(a^x)^y=a^{xy}$ (4) $(ab)^m=a^mb^m$

예제 9 다음을 간단히 하여라.

(1) $3^{\sqrt{2}} \times 3^{\sqrt{8}}$　　(2) $(3^{\sqrt{8}})^{\sqrt{2}}$　　(3) $(3^{\sqrt{2}} \div 3^{\sqrt{8}})^{\frac{1}{\sqrt{2}}}$

풀이 지수법칙을 적용하여 풀이한다.

(1) $3^{\sqrt{2}} \times 3^{\sqrt{8}} = 3^{\sqrt{2}+2\sqrt{2}} = 3^{2\sqrt{2}}$

(2) $(3^{\sqrt{8}})^{\sqrt{2}} = 3^{\sqrt{16}} = 3^4 = 81$

(3) $(3^{\sqrt{2}} \div 3^{\sqrt{8}})^{\frac{1}{\sqrt{2}}} = (3^{\sqrt{2}-2\sqrt{2}})^{\frac{1}{\sqrt{2}}} = 3^{-1} = \dfrac{1}{3}$

▶▶ 연습문제 3.1

1. 다음에 해당하는 실수를 구하라.

(1) 1000의 세제곱근　　(2) 81의 네제곱근

(3) -64의 세제곱근　　(4) 16의 네제곱근

2. 다음을 간단히 하라.

(1) $(\sqrt[3]{2} \times \sqrt[5]{2})^{15}$　　(2) $\sqrt[3]{2\sqrt{2}} \times \sqrt[3]{2^4}$

(3) $\sqrt[4]{2} \times \sqrt[4]{8}$　　(4) $\sqrt[3]{\sqrt{5^3}} \times \sqrt{5}$

3. 다음 식의 값을 구하라.

(1) $27^{-\frac{4}{3}} \times 9^{\frac{3}{2}}$　　(2) $(3^{-\frac{3}{4}})^{-\frac{2}{3}} \div 3^{\frac{3}{2}}$

(3) $(\sqrt[3]{2})^4 \times 2^{-\frac{1}{3}}$　　(4) $\sqrt{27} \times \sqrt[3]{9} \div \sqrt[4]{81}$

4. 다음을 간단히 하라.

(1) $a^2 \div (a^{\frac{4}{3}} \times a^{-1})^6$　　(2) $\dfrac{\sqrt[4]{\sqrt{a}}}{a} \times \sqrt{a^3 \times \sqrt[4]{a^3}}$

(3) $\dfrac{\sqrt[3]{a}\times\sqrt[4]{3}}{a\sqrt{a}}$ (4) $\sqrt{ab}\times\sqrt[3]{a^2b^2}\div\sqrt[4]{a^2b}$

5. 다음을 간단히 하라.

(1) $\sqrt{a^3b^2}\times\sqrt[3]{a^2b^4}\div\sqrt[5]{a^4b^5}$ (2) $\dfrac{\sqrt[3]{\sqrt{b}}}{b^2}\times\sqrt{\dfrac{b^2}{\sqrt[4]{b}}}$

(3) $(2+3^{\frac{1}{2}})^{\frac{1}{2}}\times(2-3^{\frac{1}{2}})^{-\frac{1}{2}}$ (4) $\left\{\left(\dfrac{27}{125}\right)^{-\frac{1}{3}}\right\}^{\frac{3}{2}}\times\left(\dfrac{27}{5}\right)^{\frac{1}{2}}$

6. $a^x=2$ 일 때 $\dfrac{a^{3x}-a^{-3x}}{a^x+a^{-x}}$ 의 값을 구하라.

7. 다음을 간단히 하여라.

(1) $3^{3\sqrt{2}}\times 9^{-\sqrt{2}}$ (2) $\left(8^{\frac{1}{\sqrt{6}}}\times 3^{\sqrt{\frac{3}{2}}}\right)^{\sqrt{2}}$

(3) $(8^{\sqrt{3}})^{\frac{\sqrt{3}}{3}}\div(4^{\sqrt{2}})^{\frac{\sqrt{3}}{4}}$ (4) $\sqrt[4]{\sqrt[3]{16}}\times(16^{\sqrt{2}})^{\frac{\sqrt{3}}{4}}$

3.2 지수방정식과 지수부등식

지수를 포함하는 방정식을 지수방정식이라 하는데, 지수로 표시된 두 수의 상등의 성질을 이용하여 방정식의 해를 구한다.

지수의 상등

$a>0$ 이고 x,y는 실수일 때

$$a^x = a^y \Leftrightarrow x = y$$

예를 들어, 지수방정식 $2^{2x+1} = (2\sqrt{2})^{x-1}$의 해는

$$2^{2x+1} = 2^{\frac{3}{2}(x-1)} \quad \Leftrightarrow \quad 2x+1 = \frac{3}{2}(x-1)$$

로부터 일차방정식의 해를 구하면 $x=-5$이다.

예제 1 다음 방정식의 해를 구하라.

(1) $(\frac{1}{2})^{x+1} = 16$

(2) $27^x = \frac{1}{9\sqrt[4]{3}}$

(3) $(\frac{5}{6})^{x-2} = (\frac{6}{5})^{x^2}$

(4) $\frac{3^{x^2+1}}{3^{x-1}} = 9$

풀이 양변의 지수의 밑을 같게 한 다음 지수에 관한 방정식의 해를 구하면 된다.

(1) $(\frac{1}{2})^{x+1} = 16$, $2^{-x-1} = 2^4$로부터 $-x-1=4$이고 해는 $x=-5$.

(2) $27^x = \frac{1}{9\sqrt[4]{3}}$, $3^{3x} = 3^{-\frac{9}{4}}$로부터 $3x=-\frac{9}{4}$이고 해는 $x=-\frac{3}{4}$.

(3) $(\frac{5}{6})^{x-2} = (\frac{6}{5})^{x^2}$, $(\frac{5}{6})^{x-2} = (\frac{5}{6})^{-x^2}$로부터 $-x^2 = x-2$이고 구하는 해는

$x=1$ 또는 -2.

(4) $\dfrac{3^{x^2+1}}{3^{x-1}}=9$, $3^{x^2-x+2}=3^2$로부터 $x^2-x=0$이고 구하는 해는 $x=0$ 또는 1.

지수방정식은 적절한 치환에 의하여 이차방정식으로 변형되는 경우가 있다. 예들 들어

$$2^{2x}-2^{x+1}-8=0$$

의 해를 구하여 보자. 이제 $2^x=t$ 로 하면 $t>0$ 이고 방정식은

$$t^2-2t-8=0$$

이 되고 해는 $t=-2,4$ 이다. 그러나 $t>0$이므로 -2는 배제하고 $t=4$에서

$$2^x=4=2^2$$

이고 구하는 해는 $x=2$ 이다.

예제 2 다음 지수방정식의 해를 구하여라.

(1) $4^{x+1}-5\times 2^{x+1}+16=0$ (2) $2^x-2^{3-x}=2$

풀이 지수의 밑이 가장 작은 수로 변경하고 치환을 통하여 이차방정식으로 전환하여 풀이하면 된다. 이때 $a>0$에 대하여 모든 실수 x에서 $a^x>0$임을 명심해야 한다.

(1) $2^x=t$로 치환하면 주어진 식은 $t^2-10t+16=0$에서 $t=2,8$ 이다. $2^x=2$에서 $x=1$, $2^x=8$에서 $x=3$. 따라서 구하는 해는 $x=1,3$.

(2) $2^x=t$로 치환하면 주어진 식의 방정식을 풀이하면

$t-\dfrac{8}{t}=2$에서 $t^2-2t-8=0$이고, $t=4,-2$이다. $t>0$이므로 $t=4=2^x$로부터 $x=2$가 구하는 해다.

치환에 의하여 방정식으로 전환하여 풀이하여도 되나 익숙한 경우는 그 자체로 풀이하여도 무방하다.

예제 3 $2^x - 2^{-x} = 2$ 일 때, 8^x의 값을 구하라.

풀이 양의 지수로 변형하여 풀이한다. 양변에 2^{-x}를 곱하면

$$(2^x)^2 - 2 \times 2^x - 2 = 0$$
$$(2^x - 2)(2^x + 1) = 0$$

으로부터 $2^x = 2, -1$이지만, $2^x > 0$이므로 $2^x = 2$로부터 $x = 1$이고 구하는 값은 $8^x = 8$.

두 개의 미지수를 포함하는 지수와 관련된 연립방정식은 적절한 방법으로 한 개의 미지수를 포함하는 지수방정식으로 전환하여 해를 구할 수 있다. 예를 들어, 다음 연립방정식

$$\begin{cases} x - y = 2 \\ 2^x + 2^y = 10 \end{cases}$$

의 해를 구하여보자. 첫 식에서 $x = y + 2$를 둘째 식에 대입하면 풀이를 하면

$$2^{y+2} + 2^y = 10,$$
$$4 \times 2^y + 2^y = 10$$

로부터 $y = 1$ 이고 첫째 식에 대입하여 $x = 3$ 을 얻게 된다. 따라서 구하는 해는

$$x = 3, \ y = 1$$

이다.

예제 4 다음 연립방정식의 해를 구하여라.

(1) $\begin{cases} x + y = 3 \\ 3^x + 3^y = 12 \end{cases}$ (단 $x > y$) (2) $\begin{cases} 2^x + 2^y = 12 \\ 2^{x+y} = 32 \end{cases}$

풀이 두 변수에 관한 지수를 한 변수에 관한 지수방정식으로 바꾼 다음, 적절한 치환에 의하여 이차방정식으로 바꾸면 된다.

(1) $y = 3 - x$를 둘째 식에 대입하면 $3^x + 3^{3-x} = 12$이고. 이 방정식의 해를 구하면

$x=1,2$이다. $x=1$일 때 $y=2$, $x=2$일 때 $y=1$이다. $x>y$이므로 구하는 해는 $x=2, y=1$이다.

(2) $2^x=\dfrac{32}{2^y}$를 첫 번째 식에 대입하면 $\dfrac{32}{2^y}+2^y=12$이고, 이 방정식의 해를 구하면 $x=2, y=3$ 또는 $x=3, y=2$이다.

지수를 포함하는 부등식을 지수부등식이라 한다. 지수부등식은 다음 성질을 이용하여 풀이할 수 있다.

지수부등식의 성질

$0<a<1$ 일 때, $a^x<a^y \Leftrightarrow x>y$

$a>1$ 일 때, $a^x<a^y \Leftrightarrow x<y$

지수부등식의 풀이에서는 지수의 밑에 해당하는 수의 범위를 잘 살펴야한다. 예를 들어,

$$2^{-x}<\frac{1}{8}$$

인 경우에

$$\left(\frac{1}{2}\right)^x<\left(\frac{1}{2}\right)^3$$

이 되어 구하는 해는 $x>3$ 이다.

예제 5 다음 부등식의 해를 구하라.

(1) $\left(\dfrac{1}{3}\right)^{2x+1}>\left(\dfrac{1}{3}\right)^{x+5}$ (2) $\left(\dfrac{125}{8}\right)^x<\dfrac{4}{25}$

풀이 밑의 크기를 잘 살펴봐야 한다.

(1) 밑이 1보다 작으므로 $2x+1<x+5$ 로부터 구하는 해는 $x<4$이다.

(2) 주어진 식을 변형하면 $\left(\frac{5}{2}\right)^{3x} < \left(\frac{5}{2}\right)^{-2}$이고 밑이 1보다 크므로 $3x < -2$이고 구하는 해는 $x < -\frac{2}{3}$이다.

예제 6 다음 지수부등식의 해를 구하라.

(1) $2^{2x} + 2^{x+3} - 48 < 0$

(2) $4^{x+1} - 6 \times 2^{x+1} + 16 \geq 0$

풀이 치환에 의하여 이차부등식의 문제로 전환하여 풀이한다.

(1) $2^x = t$로 치환하면 주어진 부등식은 $t^2 + 8t - 48 < 0$이다. 부등식의 해는 $0 < t = 2^x < 4 = 2^2$ 이고 모든 x에서 $2^x > 0$이다. 따라서 구하는 해는 $x < 2$이다.

(2) $2^x = t$로 치환하면 주어진 부등식은 $t^2 - 3t + 4 \geq 0$이다. 부등식의 해는 $t < -1$ 또는 $t > 4$이다. 그러나 $2^x = t > 0$이므로 구하는 해는 $2^x > 4$로부터 $x > 2$이다.

▶▶ 연습문제 3.2

1. 다음 지수방정식의 해를 구하여라.

(1) $2 \times 7^x = 98$

(2) $3^x - 3\sqrt{3} = 0$

(3) $3^{x-2} = 243$

(4) $5^{2x} = 625$

2. 다음 방정식의 해를 구하라.

(1) $3^x \times 2^{2-x} = 6^x$

(2) $3^{x+1} = 3^{2x+1}$

(3) $3^x = 3 \times 3^{2x}$

(4) $2^x \times 5^{4-x} = 10^x$

3. 다음 지수방정식의 해를 구하여라.

(1) $4^x - 2^{x+2} - 32 = 0$

(2) $9^x - 7 \times 3^x - 18 = 0$

(3) $5^{2x} - 10 \times 5^x + 25 = 0$

(4) $2 \times 3^{2x} - 5 \times 3^x - 3 = 0$

4. $3^x - 3^{-x} = 2$ 일 때, 9^x의 값을 구하라.

5. 다음 연립방정식의 해를 구하여라.

(1) $\begin{cases} 2^{x+y} = 64 \\ 2^x + 2^y = 20 \end{cases}$ (단 $x > y$)

(2) $\begin{cases} 3^x + 3^y = 12 \\ 3^{x+y} = 27 \end{cases}$

6. 다음 부등식의 해를 구하라.

(1) $3^{2-x} > 27$

(2) $0.5^{x+3} > \frac{1}{16}$

(3) $4^x < 8$

(4) $0.1^x < 0.001$

7. 다음 지수부등식의 해를 구하라.

(1) $4^x - 2^{x+1} - 8 < 0$

(2) $3^{2x+1} - 28 \times 3^x + 9 > 0$

(3) $5^{2x} - 5^{x+1} \geq 0$

(4) $2^{2x} - 10 \times 2^x + 16 \leq 0$

3.3 로그와 연산

$a \neq 1, a > 0$인 실수와 $x > 0$인 실수에 대하여

$$\log_a x$$

를 "a를 밑으로 하는 **로그**(log) x"라 하고 x를 **진수**라 한다. 특히 $a = 10$일 경우는 상용로그라 하고 10을 생략하고 $\log x$로 나타낸다.

로그가 어떤 수를 나타내는가는 다음 관계

$$\log_a x = y \iff x = a^y$$

에 의하여 알 수 있다. 예를 들어, $\log_2 8$이 어떤 수인지를 알기 위해서 이것을 x로 놓으면

$$\log_2 8 = x \iff 8 = 2^x$$
$$8 = 2^3 = 2^x$$

이고 $x = 3$이므로 $\log_2 8 = 3$이다. 어떤 수를 밑으로 하여 지수로 표시된 수는 로그의 정의를 이용하여 지수를 독립해서 표현할 수 있다. 예를 들어,

$$9^{\frac{3}{2}} = 27 \iff \frac{3}{2} = \log_9 27$$

이다.

예제 1 다음 값을 구하라.

(1) $\log_2 32$ (2) $\log_4 8$

(3) $\log_5 \frac{1}{125}$ (4) $\log_{\frac{1}{3}} 27$

풀이 주어진 로그를 미지수 x로 놓고 지수로 표현하여 해를 구하면 된다.

(1) $\log_2 32 = x$, $32 = 2^x$, $2^5 = 2^x$로부터 $x = 5$이므로 $\log_2 32 = 5$.

(2) $\log_4 8 = x, 8 = 4^x, 2^3 = 2^{2x}$로부터 $x = \dfrac{3}{2}$이므로 $\log_4 8 = \dfrac{3}{2}$.

(3) $\log_5 \dfrac{1}{125} = x$, $\dfrac{1}{125} = 5^x, 5^{-3} = 5^x$로부터 $x = -3$이므로 $\log_5 \dfrac{1}{125} = -3$.

(4) $\log_{\frac{1}{3}} 27 = x, 27 = (\dfrac{1}{3})^x, 3^3 = 3^{-x}$로부터 $x = -3$이므로 $\log_{\frac{1}{3}} 27 = -3$.

로그의 정의에 의하여 다음을 안다.

$$\log_a a = 1,\ \log_a 1 = 0$$

로그와 관련된 연산을 효율적으로 계산하기 위해서 로그의 성질을 알아보자.

로그의 성질

$a > 0, a \neq 1$ 이고 $x > 0, y > 0$일 때

(1) $\log_a xy = \log_a x + \log_a y$

(2) $\log_a \dfrac{x}{y} = \log_a x - \log_a y$

(3) $\log_a x^k = k\log_a x$ (여기서 k는 임의의 실수)

로그의 성질에서 우변의 긴 식이 좌변으로 간단하게 표시되지만, 때로는 좌변의 식을 우변으로 표시하여 문제해결에 적용할 수도 있다.

로그의 성질을 이용하여 지수로 변형하지 않고 로그계산을 간단하게 할 수 있다.
예를 들어,

$$\begin{aligned} \log_2 18 + 2\log_2 \frac{4}{3} &= \log_2 2 \times 3^2 + 2(\log_2 2^2 - \log_2 3) \\ &= \log_2 2 + 2\log_2 3 + 4\log_2 2 - 2\log_2 3 \\ &= 5 \end{aligned}$$

로 계산이 된다.

예제 2 다음 식을 간단히 하라.

(1) $\log_3 15 - \log_3 \frac{5}{\sqrt{3}}$ (2) $\frac{\log_5 32}{\log_5 8}$

풀이 로그의 성질을 이용하여 식을 계산한다.

(1) $\log_3 15 - \log_3 \frac{5}{\sqrt{3}} = \log_3 3 + \log_3 5 - (\log_3 5 - \frac{1}{2}\log_3 3) = \frac{3}{2}$

(2) $\frac{\log_5 32}{\log_5 8} = \frac{\log_5 2^5}{\log_5 2^3} = \frac{5}{3}$

다음공식을 이용하여 계산과정을 간단하게 할 수 있다.

밑의 변환 공식

a, b, c가 양수이고 $a \neq 1, c \neq 1$일 때

$$\log_a b = \frac{\log_c b}{\log_c a}, \quad \log_a b = \frac{1}{\log_b a}, \quad \log_{a^k} b = \frac{1}{k}\log_a b$$

예를 들면, 동일한 문제를 다음과 같이 다른 성질을 이용하여 풀이 할 수 있다. 즉,

$$\log_8 2 = \frac{\log_2 2}{\log_2 8} = \frac{1}{\log_2 2^3} = \frac{1}{3},$$

$$\log_8 2 = \log_{2^3} 2 = \frac{1}{3}\log_2 2 = \frac{1}{3},$$

$$\log_8 2 = \frac{1}{\log_2 8} = \frac{1}{\log_2 2^3} = \frac{1}{3}$$

이다.

예제 3 다음 식을 간단히 하라.

(1) $(\log_2 3+\log_4 9)(\log_3 4+\log_9 2)$ (2) $(\log_2 a+2\log_4 b)\log_{\sqrt{ab}}8$

풀이 밑의 변환을 이용하여 간단히 하면 된다.

(1) $(\log_2 3+\log_4 9)(\log_3 4+\log_9 2)=(\log_2 3+\log_2 3)(2\log_3 2+\frac{1}{3}\log_3 2)$

$$=2\log_2 3\times\frac{7}{3}\log_3 2=\frac{14}{3}$$

(2) $(\log_2 a+2\log_4 b)\log_{\sqrt{ab}}8=(\log_2 a+\log_2 b)\,2\,\frac{\log_2 8}{\log_2 a+\log_2 b}$

$$=2\log_2 2^3=6$$

예제 4 $\log 8=a,\log 9=b$ 일 때, 다음을 a,b로 나타내라.

(1) $\log 6$ (2) $\log 5$ (3) $\log_2 3$

풀이 $a=3\log 2, b=2\log 3$ 임을 이용하여 주어진 주를 $\log 2, \log 3$으로 나타내면 된다.

(1) $\log 6=\log 2+\log 3=\frac{a}{3}+\frac{b}{2}$

(2) $\log 5=\log\frac{10}{2}=1-\log 2=1-\frac{a}{3}$

(3) $\log_2 3=\frac{\log 3}{\log 2}=\frac{3b}{2a}$

▸▸ 연습문제 3.3

1. 다음 값을 구하여라.

(1) $\log_9 27$ (2) $\log_2\frac{1}{4}$

(3) $\log_{\frac{1}{2}}16$ (4) $\log_{5^2}\frac{1}{5}$

(5) $\log_4 32$

(6) $\log_2 3 \times \log_3 4$

2. 다음 식을 간단히 하여라.

(1) $\log_3 18 + \log_3 \dfrac{3}{2}$

(2) $\log_2 \dfrac{\sqrt{3}}{4} - \dfrac{1}{2}\log_2 3$

(3) $2\log_2 \sqrt{2} + 3\log_2 \sqrt[3]{2}$

(4) $\log_5 45 - 4\log_5 \sqrt{3}$

3. 다음 식을 간단히 하여라.

(1) $\log_8 2 + \log_{16} 8$

(2) $\log_3 4 \times \log_2 3$

(3) $(\log_2 5 + \log_4 \dfrac{1}{5})(\log_{25} 0.5 + \log_5 2)$

(4) $(\log_3 5 + \log_9 \dfrac{1}{5})(\log_5 \dfrac{1}{3} + \log_{25} 27)$

4. 다음 식을 간단히 하라.

(1) $\left(\log_{\frac{1}{2}} 3 + \log_4 9\right)\left(\log_3 4 + \log_{\frac{1}{9}} 2\right)$

(2) $\left(\log_2 8 + 2\log_4 \sqrt[4]{2}\right)\log_{\sqrt{16}} 8$

5. $\log_5 2 = a, \log_5 3 = b$ 일 때, 다음을 a, b로 나타내라.

(1) $\log_5 \dfrac{27}{8}$

(2) $\log_5 4.5$

(3) $\log_5 \sqrt[3]{1.5}$

(4) $\log_5 \sqrt{150}$

3.4 로그방정식과 부등식

로그방정식

로그의 진수나 밑에 미지수를 포함하는 방정식을 **로그방정식**이라 하고, 다음 두 가지 형태의 기본 꼴로 정리되어 미지수를 구하게 된다.

$$\log_a x = b \iff x = a^b \qquad (a>0, a\neq 1)$$
$$\log_a x = \log_a y \iff x = y \qquad (x>0, y>0)$$

이때, 구한 해가 밑과 진수의 조건을 만족해야 한다.

예제 1 다음 방정식의 해를 구하라.

(1) $\log_x 2\sqrt{3} = \frac{1}{2}$ (2) $\log_3(x-2) = 2$

(3) $\log_2(x+5) = 1 + \log_2 x$ (4) $(\log x)^2 - \log x^2 - 8 = 0$

풀이 기본 꼴로 고치고, 기본 꼴은 지수법칙을 이용하여 해를 구한다.

(1) 지수 꼴로 고치면 $2\sqrt{3} = x^{\frac{1}{2}}$이고 양변을 제곱하여 $x=12$ 이다.

(2) $x-2=3^2$ 으로부터 $x=11$ 이고 이는 $x-2>0$, 즉 $x>2$ 만족한다. 따라서 구하는 해는 $x=11$이다.

(3) 우변을 변형하면

$$1+\log_2 x = \log_2 2 + \log_2 x = \log_2 2x$$

로부터, 좌변과 비교하여 $x+5=2x$ 이고 $x=5$이다. 이고 이것은 진수의 조건 $x>0, x>-5$ 를 만족한다. 따라서 구하는 해는 $x=5$이다.

(4) $\log x = t$ 로 치환하여 식을 정리하면 $t^2-2t-8=0$이고 $t=-2,4$이다. 따라서

$$t=4 \text{ 일 때, } \log x = 4 \text{ 로부터 } x=10^4$$
$$t=-2 \text{일 때, } \log x = -2 \text{ 로부터 } x = 10^{-2}$$

이고, 구하는 해는 $x=\frac{1}{100}$ 또는 10^4이다.

로그부등식

로그의 진수 또는 밑에 미지수를 포함하는 부등식을 **로그부등식**이라 한다. 로그부등식은 다음 두 가지 꼴로 축소가 되고, 이 성질을 이용하여 부등식의 풀이를 한다.

$a>1$ 일 때,	$\log_a x < \log_a y \Leftrightarrow x < y$
$0<a<1$ 일 때,	$\log_a x < \log_a y \Leftrightarrow x > y$

물론, 구한 해의 영역이 진수 또는 밑의 조건을 만족해야 한다.

예를 들어,

$$\log_2 x \le 3$$

의 해를 구하여 보자. 3을 밑이 2인 로그로 나타내면

$$\log_2 x \le \log_2 8$$

로부터 밑이 1보다 크므로

$$x \le 8$$

이고 진수의 조건이

$$x > 0$$

이므로 이 둘을 모두 만족하는 해는

$$0 < x \le 8$$

이다.

예제 2 다음 부등식의 해를 구하라.

(1) $\log_{\frac{1}{3}} x < 2$

(2) $\log_2(6-x) \ge 1 + \log_2 x$

(3) $\log_{\frac{1}{2}}(5-2x) < \log_{\frac{1}{2}}(x-1)$

(4) $(\log_2 x)^2 - \log_2 x^4 \ge 0$

풀이 로그부등식의 축약 꼴로 나타내고 부등식의 관계를 이용한다.

(1) 우변을 로그로 표현하면

$$\log_{\frac{1}{3}} x < \log_{\frac{1}{3}} \frac{1}{9}$$

이고 밑이 1보다 작으므로

$$x > \frac{1}{9}$$

이고 진수 $x > 0$ 이므로 이 둘을 모두 만족하는 미지수의 범위는

$$x > \frac{1}{9}$$

이다.

(2) 우변을 로그로 표현하면

$$\log_2(6-x) \ge \log_2 2x$$

이고 밑이 1보다 크므로

$$6 - x \ge 2x,$$
$$x \le 2$$

이다. 진수의 조건은

$$6 - x > 0, x > 0$$

이고, 이 모든 조건을 만족하는 미지수의 범위는 $0 < x \le 2$이다.

(3) 부등식이 기본 꼴로 표시되고 밑이 1보다 작으므로

$$5 - 2x > x - 1,$$
$$x < 2$$

이고 진수의 조건은

$$5-2x>0,\ x-1>0$$

으로부터, 이 모든 조건을 만족하는 미지수의 범위는 $1<x<2$이다.

(4) $\log_2 x = t$로 치환하여 방정식을 풀이하면

$$t^2-4t\geq 0,$$
$$t\leq 0,\ t\geq 4$$

이다.

$$t\leq 0 \text{ 일 때, } \log_2 x\leq 0 \text{ 으로부터 } 0<x\leq 1$$
$$t\geq 4 \text{ 일 때, } \log_2 x\geq 4 \text{ 로부터 } x\geq 16$$

이다. 따라서 구하는 해는

$$0<x\leq 1 \text{ 또는 } x\geq 16$$

이다.

▶▶ 연습문제 3.4

1. 다음에서 x값을 구하여라.

(1) $\log_{2\sqrt{3}}144=x$ (2) $\log_{\frac{1}{5}}125=x$

(3) $\log_{10}(\log_{32}x)=-1$ (4) $\log_2(\log_3 81)=x$

2. 다음 방정식의 해를 구하여라.

(1) $3\log_2 x=2$ (2) $\log_5(x+1)=2\log_5 7$

(3) $\log_{x-1}9=2$ (4) $(\log_2 x)^2=\log_2 x^3+10$

3. 다음 방정식의 해를 구하여라.

(1) $\log_{10}x^2=3-(\log_{10}x)^2$ (2) $\log_3(x-3)=\log_9(x-1)$

(3) $2\log_2 x-3\log_x 2+5=0$ (4) $\log_4 x=-1+\log_4\sqrt[3]{x}$

4. 다음 부등식의 해를 구하라.

(1) $\log_{27}x < \dfrac{1}{3}$

(2) $\log_2(x-1) > \log_2(3-x)$

(3) $\log_2(5-2x) < \log_2(x-1)$

(4) $\log_{0.5}(x-4)^2 > \log_{0.5}(x-2)$

5. 다음 부등식의 해를 구하여라.

(1) $\log_2 x + \log_2(x-1) < 1$

(2) $\log_{0.1}(x-1) - \log_{0.1}(3-x) > 0$

(3) $\log_3(2-x) \geq 2 + \log_3 x$

(4) $(\log_2 x)^2 - 2\log_2 x^2 \leq 0$

6. 다음 부등식의 해를 구하여라.

(1) $(\log x)^2 < \log x^2$

(2) $(\log_3 x)^2 < \log_3 x^4$

7. 다음 부등식의 해를 구하여라.

(1) $\log_{\frac{1}{2}}(2x^2-8) > \log_{\frac{1}{2}}(x^2-3x+2)$

(2) $\log_3(x^2-19) - \log_3(x-5) < \log_3 5$

CHAPTER

04 함수

4.1 함수의 정의

두 집합 X와 Y에서 X의 각 원소에 Y의 원소가 오직 하나만 대응하는 대응규칙을 X에서 Y로의 **함수**라 한다. 이 대응규칙을 f라 한다면 X에서 Y로의 함수는

$$X \xrightarrow{f} Y \quad \text{또는} \quad f : X \longrightarrow Y$$

로 나타낸다.

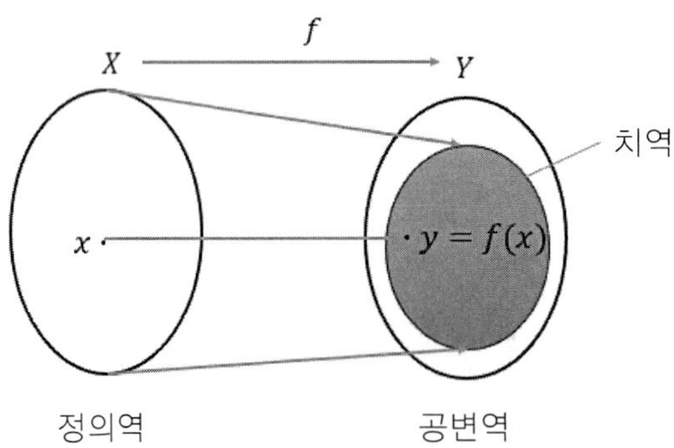

이때 집합 X 와 Y를 각각 함수 f의 **정의구역**, **공역**(또는 **공변역**)이라 한다. X의 대표원을 x라 하고 x에 대응하는 Y의 대표원을 y라 할 때, y를 f에 의한 x의 상 또는 함숫값이라 하고

$$y = f(x)$$

로 나타낸다. 정의역에 있는 모든 원소에 대응하는 함숫값들의 집합을 함수의 **치역**이라 한다. 즉,

$$f \text{ 의 치역} = \{ f(x) \mid x \in X \}$$

이다. **함수의 그래프**는 다음과 같이 정의되는 순서쌍들의 집합이다. 즉,

$$f\text{의 그래프} = \{(x, f(x)) \mid x \in X\}$$

이다. 함수의 그래프를 좌표평면에서 순서쌍의 점들로 나타내는 것을 "함수의 그래프를 그린다"라고 한다.

집합 Y의 원소 y에 대하여 함수의 값이 y가 되게 하는 집합X의 원소들의 집합을 f에 의한 y의 **역상**이라 하고 $f^{-1}(y)$ 로 나타낸다. 즉

$$f^{-1}(y) = \{x \in X \mid f(x) = y\}$$

예를 들어서, 두 집합 X와 Y에 다음과 같이 주어진 대응관계는 함수이다. 이 함수를 f라 하자.

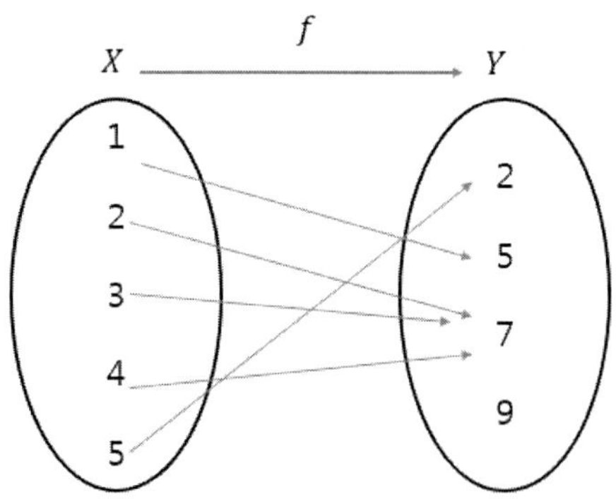

이때,

정의역은 $X = \{1,2,3,4,5\}$, 공변역은 $Y = \{2,5,7,9\}$,

f의 치역$= \{2,5,7\}$, $f^{-1}(2) = \{5\}$, $f^{-1}(7) = \{2,3,4\}$,

f의 그래프$= \{(1,5), (2,7), (3,7), (4,7), (5,2)\}$

이다. 이 함수의 그래프를 좌표평면에 나타내면 다음과 같다.

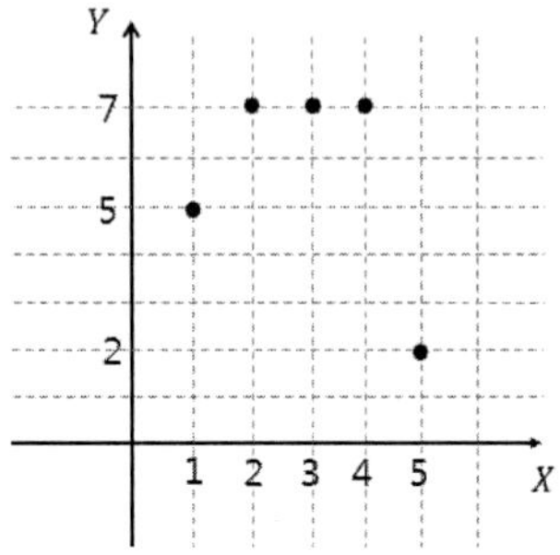

주어진 두 함수가 같은지 다른지를 구분하는 것으로부터 다양한 함수를 구성하도록 하자. 두 함수가 같다는 것은 두 함수의 정의역과 공역이 같고 모든 함수의 값이 같아야 하는 것을 의미하는데 이를 정의하면 다음과 같다.

함수의 상등

정의역과 공역이 각각 같은 두 함수 $f, g : X \to Y$ 에 대하여 "두 함수가 같다, 즉 $f = g$"는

$$\text{모든 } x \in X\text{에 대하여 } f(x) = g(x)$$

이다. 두 함수가 같지 않다, 즉 $f \neq g$, 는

$$\text{적어도 한 } x_0 \in X \text{ 가 존재하여 } f(x_0) \neq g(x_0)$$

이다.

예를 들면, 다음과 같이 정의된 두 함수 f와 g는

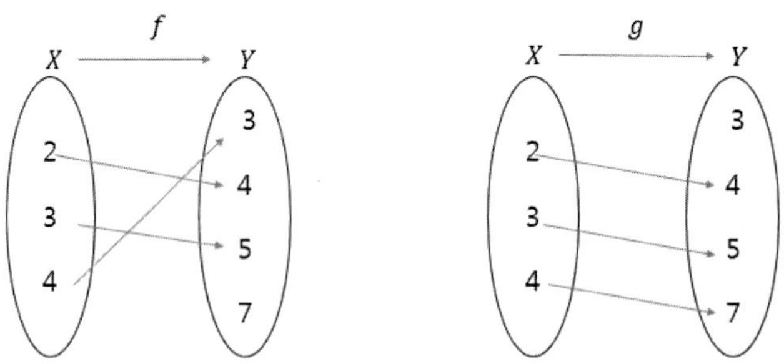

정의역과 공역은 같고, 4를 제외한 모든 점에서 함수의 값이 같으나 $f(4) \neq g(4)$이므로 같은 함수가 아니다. 따라서 $f \neq g$ 이다.

두 집합 사이에 서로 다른 함수는 정의역과 공역의 원소에 따라 많이 존재한다. 실제로 집합 X의 원소의 개수가 m, 집합 Y의 원소의 개수가 n일 때, X에서 Y로 서로 다른 함수의 개수는 n^m이다.

특수한 대응관계를 가지는 함수들의 유형을 분류하여 보자.

상수함수

$y_0 \in Y$ 일 때, 모든 $x \in X$에 대하여 $f(x) = y_0$ 인 함수를 **상수함수**라 한다.

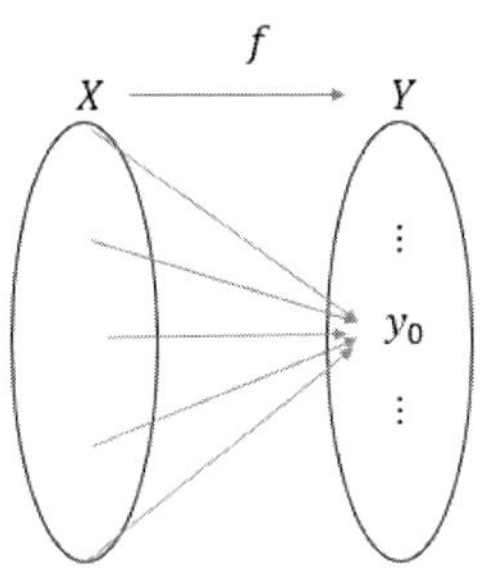

항등함수

$f: X \rightarrow X$ 에서 각 $x \in X$에 대하여 $f(x) = x$인 함수를 **항등함수**라 한다.

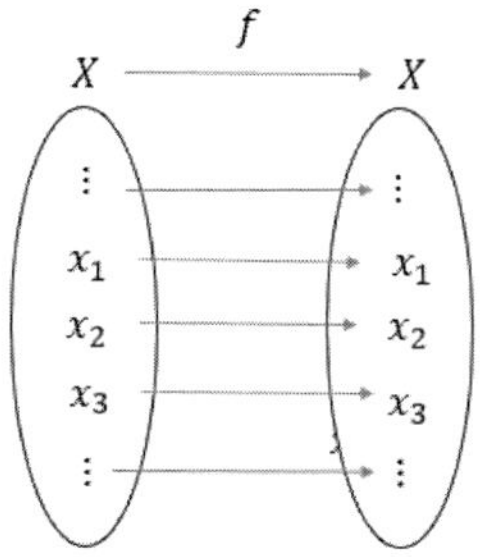

일대일 함수(단사함수)

정의역의 서로 다른 원소는 공역의 서로 다른 원소에 대응, 즉

$$x_1, x_2 \in X \text{ 일 때, } x_1 \neq x_2 \text{이면 } f(x_1) \neq f(x_2)$$

인 함수를 일대일 함수 또는 단사함수라 한다. 따라서 단사함수가 아니라 함은 $x_1 \neq x_2$ 이지만 $f(x_1) = f(x_2)$인 두 원소 $x_1, x_2 \in X$가 존재한다는 뜻이다.

예를 들면,

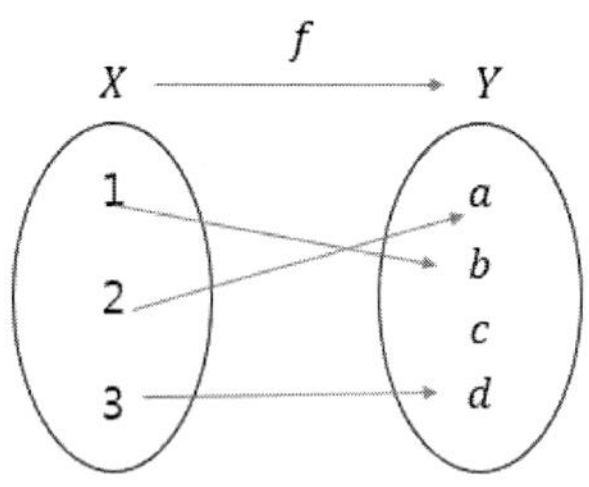

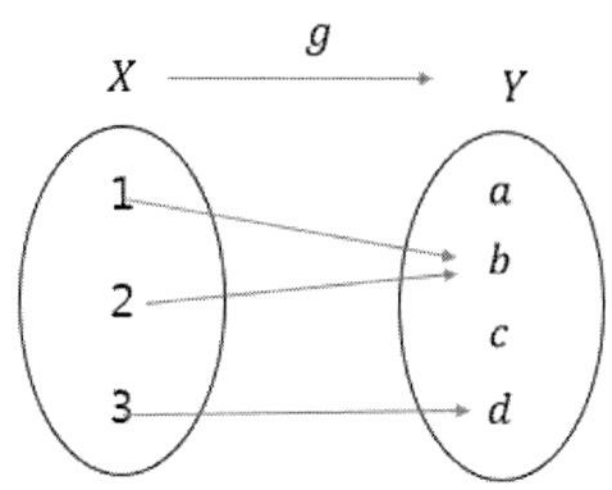

f는 일대일 함수이다. 하지만 g에서 $1 \neq 0$이지만 $g(1) = b = g(2)$이므로 g는 일대일 함수가 아니다.

예제 1 함수 $f(x) = 2x - 1$은 일대일 함수임을 정의를 이용하여 보여라.

풀이 임의의 두 실수 x_1, x_2에 대하여 $x_1 \neq x_2$일 때

$$2x_1 - 1 \neq 2x_2 - 1 \text{ 즉 } f(x_1) \neq f(x_2)$$

이다. 따라서 이 함수는 일대일 함수이다.

함수의 그래프를 이용하여 일대일 함수의 여부를 알 수 있다. 함수의 그래프가 평면상에 주어졌을 때, 그래프가 임의의 수평선과 한 점에서만 만난다면 이 그래프는 일대일 함수의 그래프이다. 어떤 수평선이 함수의 그래프와 두 점 이상에서 만난다면 이 그래프는 일대일 함수의 그래프가 아니다.

위로의 함수(전사함수)

치역이 공역과 같은 함수, 즉 공역의 임의의 원소 y에 대하여 $y=f(x)$ 인 정의역의 원소가 존재하는 함수를 **위로의 함수**라 한다.
따라서 함수가 위로의 함수가 아니라함은 "정의역의 모든 원소 x에 대하여 $f(x)\neq b$ 인 공역의 원소 b가 존재한다"는 뜻이다.

예를 들면, 다음과 같이 주어진 함수에서

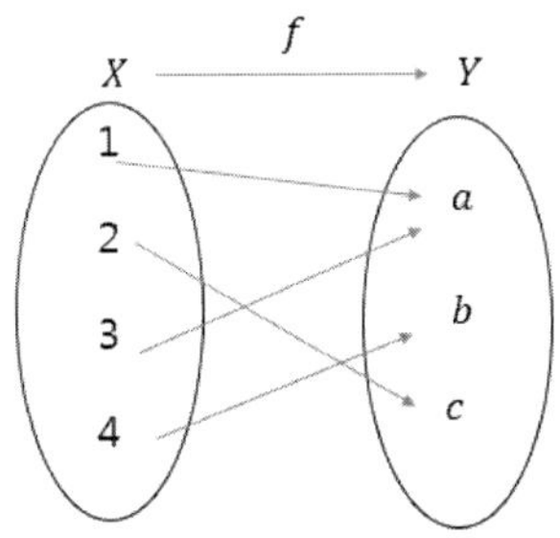

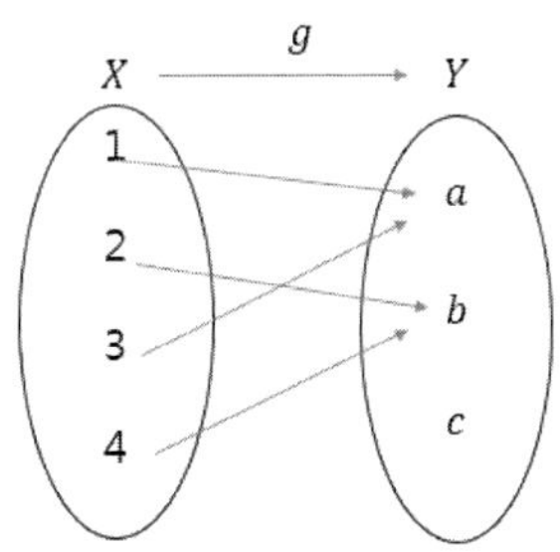

f는 위로의 함수이지만, g에서는 공역과 치역이 다르다. c에 대응하는 X의 원소가 없으므로 위로의 함수가 아니다. 다시 말하자면 모든 $x\in X$에서 $g(x)\neq c$이다.

일대일 대응함수(전단사함수)

단사이고 전사인 함수를 **전단사 함수**라 한다.

예를 들면, 다음 함수는 모두 일대일 대응함수이다.

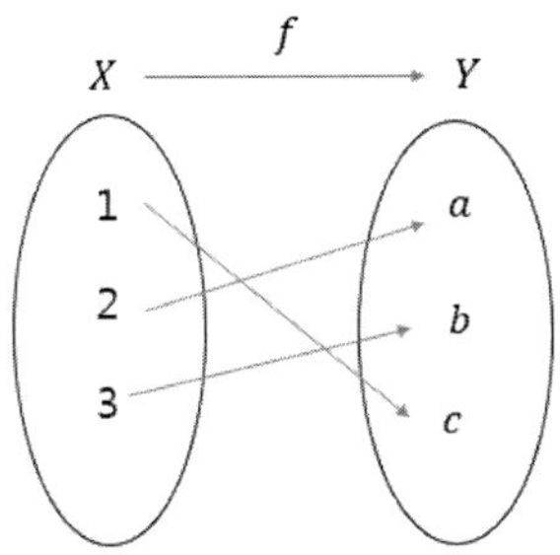

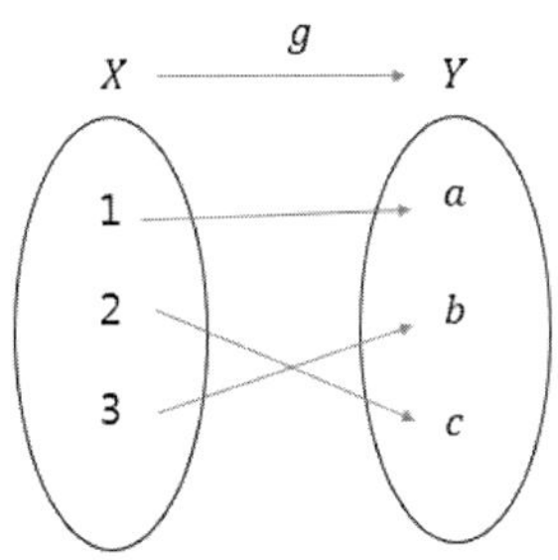

일대일대응함수는 정의역과 공역이 유한집합일 때, 두 집합의 원소의 개수가 같음을 알 수 있다.

새로운 함수의 생성

두 집합 사이에 새로운 함수를 만들 때, 주어진 함수들을 이용하여 만드는 경우를 생각하여 보자.

합성함수

두 함수 $f: X \to Y$, $g: Y \to Z$ 에 대하여

$$g \circ f: X \to Z \ , \ (g \circ f)(x) = g(f(x))$$

로 정의 되는 함수 $g \circ f$ 를 f와 g의 **합성함수**라 한다.

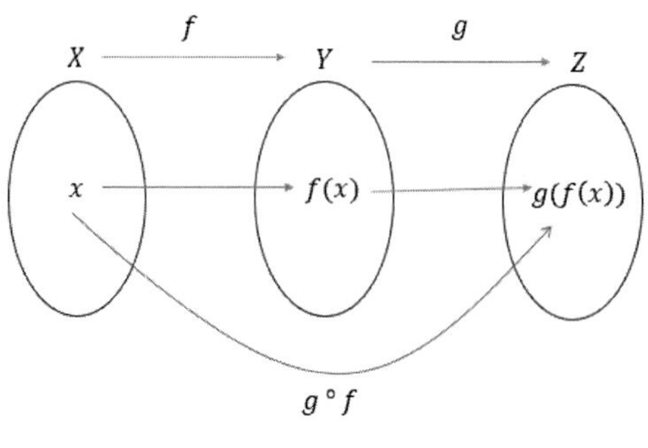

예를 들면, 다음과 같이 정의된 함수 f와 g에 대하여

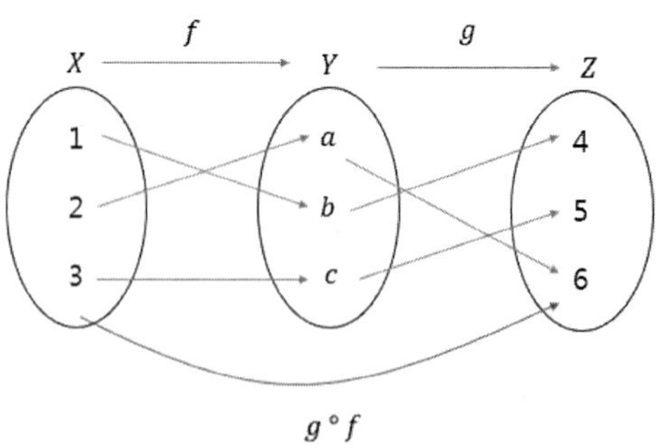

함수 $g \circ f : X \to Z$ 은 대응관계가

$$(g \circ f)(1) = g(f(1)) = g(b) = 4, \text{ 즉 } (g \circ f)(1) = 4$$

$$(g \circ f)(2) = g(f(2)) = g(a) = 6, \text{ 즉 } (g \circ f)(2) = 6$$

$$(g \circ f)(3) = g(f(3)) = g(c) = 5, \text{ 즉 } (g \circ f)(3) = 5$$

인 함수이다.

예제 2 $f(x) = 5x + 2,\ g(x) = x^2 + 2$ 일 때, 다음 값을 구하여라.

(1) $(f \circ f)(1)$ (2) $(g \circ f)(1)$

풀이 합성함수의 대응규칙의 정의를 기억하여야 한다.

(1) $(f \circ f)(1) = f(f(1)) = 5f(1) + 2 = 5 \times 7 + 2 = 37.$

(2) $(g \circ f)(1) = g(f(1)) = f(1)^2 + 2 = 7^2 + 2 = 51.$

예제 3 $f(x) = 3x - 1,\ g(x) = 2x + 1$일 때, $g \circ f$ 와 $f \circ g$를 구하여라.

풀이 합성함수에서 두 합성의 순서를 바꾸면 영향이 있는지를 살펴보자.

$$(g \circ f)(x) = g(f(x)) = 2f(x) + 1 = 2(3x - 1) + 1 = 6x - 1.$$

$$(f \circ g)(x) = f(g(x)) = 3g(x) - 1 = 3(2x + 1) - 1 = 6x + 2.$$

[주목] 일반적으로 $f \circ g \neq g \circ f$ 이다.

함수 $f : X \to Y$가 일대일 대응이면 Y의 원소 y에 대하여 $y = f(x)$인 X의 원소 x는 단 하나 존재하므로 $f^{-1}(y)$의 원소는 한 개다. 이 대응을 이용하여 Y에서 X로의 특별한 함수를 생각할 수 있다.

역함수

함수 $f: X \to Y$ 가 일대일 대응함수 일 때, $f^{-1}: Y \to X$

$$f^{-1}(y) = x, \text{ (단, } y = f(x))$$

로 정의되는 함수 f^{-1}를 f의 역함수라 한다.

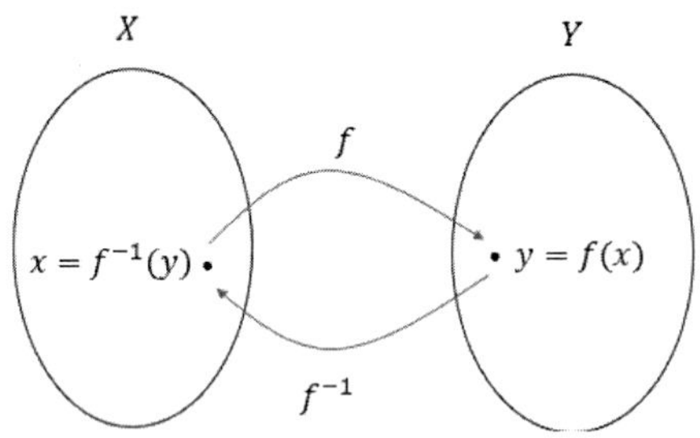

예를 들어, 다음과 같이 주어진 함수에서

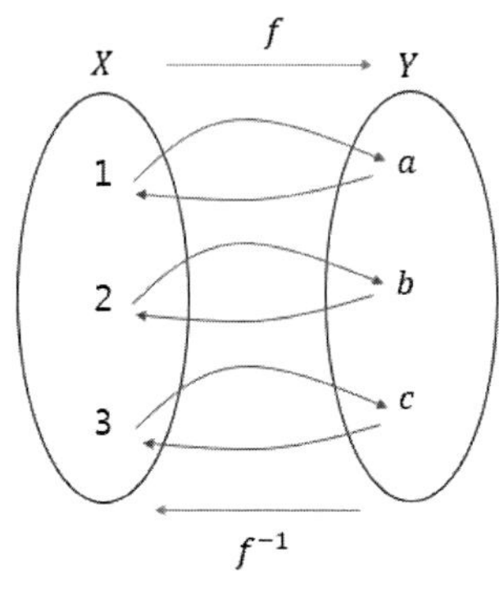

$$(f^{-1} \circ f)(2) = f^{-1}(f(2)) = f^{-1}(b) = 2,$$

$$(f \circ f^{-1})(c) = f(f^{-1}(c)) = f(3) = c$$

이다.

역함수 f^{-1}의 정의역, 치역, 그래프 등에 관한 내용은 함수 f의 성질을 이용하여 알 수가 있다. 다음은 함수 f와 f^{-1}에 관한 관계를 설명해준다.

역함수의 성질

함수 $f: X \to Y$ 가 일대일 대응일 때 역함수 $f^{-1}: Y \to X$ 에 대하여 다음이 성립한다.

(1) $y = f(x) \Leftrightarrow x = f^{-1}(y)$

(2) $(f^{-1} \circ f)(x) = x$, $(f \circ f^{-1})(y) = y$

(3) f^{-1} 의 정의역 $\equiv f$의 치역, f^{-1} 의 치역 $\equiv$ f의 정의역

(4) f의 그래프와 f^{-1} 의 그래프는 $y = x$ 에 대하여 선대칭

역함수 구하기

정의역과 치역이 실수의 부분집합에서 정의된 일대일 대응함수가 수식으로 주어졌을 때, 주어진 함수의 역함수를 구하는 방법은 다음과 같다. 첫째, $y = f(x)$에서 x와 y를 바꾼다. 둘째, x와 y를 바꾼 식에서 y를 x에 관하여 정리하면 $y = f^{-1}(x)$ 가 된다.

예를 들어, $f: R \to R$, $f(x) = 2x + 3$ 은 일대일 대응함수이다. 이 함수의 역함수 $f^{-1}(x)$를 구하여 보자. 주어진 함수를 $y = f(x)$라 하면 $y = 2x + 3$ 이고, x와 y를 바꾸면 $x = 2y + 3$ 이다. y를 x에 관하여 정리하면 $y = \dfrac{x-3}{2}$ 이다. 따라서 구하는 역함수는 $f^{-1}(x) = \dfrac{x-3}{2}$이다.

예제 4 함수 $f: R \to R$, $f(x) = \dfrac{3}{2}x - 5$가 일대일 대응 함수임을 알 때, 역함수 $f^{-1}(x)$ 를 구하라.

풀이 $y = f(x) = \dfrac{3}{2}x - 5$ 로부터 x와 y를 바꾸면 $x = \dfrac{3}{2}y - 5$이고 y를 x에 관하여 정리하면 $y = \dfrac{2x+10}{3}$이다. 따라서 구하는 역함수는 $f^{-1}(x) = \dfrac{2}{3}x + \dfrac{10}{3}$이다.

집합 X, Y가 실수의 부분집합 일 때, 주어진 두 함수 $f, g: X \to Y$을 이용하여 X에서 Y로의 새로운 함수를 정의한다.

상수의 곱 함수:

k가 상수일 때, $kf: X \to Y$ 는 다음과 같이 정의되는 함수이다.

$$kf: X \to Y \quad (kf)(x) = kf(x)$$

이때, kf의 정의역은 f의 정의역과 같다.

합 함수와 차 함수

합 함수 $f+g$와 차 함수 $f-g$는 각각 다음과 같이 정의되는 함수이다.

$$f+g: X \to Y, \quad (f+g)(x) = f(x)+g(x)$$

$$f-g: X \to Y, \quad (f-g)(x) = f(x)-g(x)$$

이때, $f+g$와 $f-g$의 정의역은 모두 f와 g의 정의역의 공통집합이다.

곱 함수, 나눗셈 함수

곱 함수 fg와 나눗셈 함수 $\frac{f}{g}$는 각각 다음과 같이 정의되는 함수이다.

$$fg: X \to Y, \quad (fg)(x) = f(x)g(x)$$

$$\frac{f}{g}: X \to Y, \quad (\frac{f}{g})(x) = \frac{f(x)}{g(x)}$$

이때, 함수 fg의 정의역은 f와 g의 정의역의 공통집합이고, $\frac{f}{g}$의 정의역은 fg의 정의역에서 $g(x)$의 값이 0이 되는 원소를 제외한 집합이다.

예를 들면, 두 함수 f와 g가 다음과 같이 정의되었을 때,

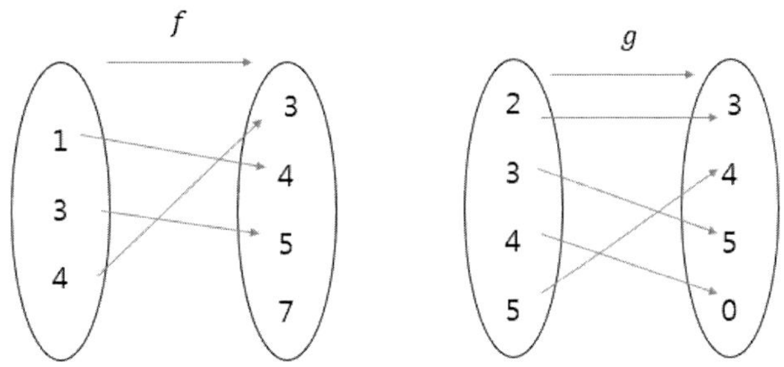

kf의 정의역은 $\{1, 3, 4\}$이고 $f+g, f-g, fg$의 정의역은 $\{3,4\}$이며, $\frac{f}{g}$의 정의역은 $\{3\}$ 이다. 또한,

$$(4f)(1) = 4\times 4 = 16,\ \ (f+g)(3) = f(3)+g(3) = 10,$$

$$(fg)(4) = f(4)g(4) = 0,\ \ (\frac{f}{g})(3) = \frac{f(3)}{g(3)} = 1$$

이다.

예제 5 $f(x) = 3x-1,\ g(x) = x^2+4$일 때, $2f,\ f-g,\ f+g,\ fg,\ \frac{f}{g}$를 식으로 나타내라.

풀이 새로운 함수의 생성에 의하여 x에 대응하는 규칙을 찾으면 된다.

$(2f)(x) = 2f(x) = 2(3x-1) = 6x-2$

$(f-g)(x) = f(x)-g(x) = (3x-1)-(x^2+4) =-x^2+3x-5$

$(f+g)(x) = f(x)+g(x) = x^2+3x+3$

$(fg)(x) = f(x)g(x) = (3x-1)(x^2+4) = 3x^3-x^2-12x-4$

$(\frac{f}{g})(x) = \frac{f(x)}{g(x)} = \frac{3x-1}{x^2+4}$

일반적으로 함숫값이 실수인 함수에서 정의역이 특별히 명시되지 않은 경우에는 함숫값이 실수가 되는 최대의 집합을 정의역으로 생각한다.

예제 6 다음은 실수의 부분집합에서 정의된 함수이다. 이때 각 함수의 정의역을 구하라.

(1) $f(x) = 2x+1$ (2) $f(x) = \dfrac{x+4}{2x-5}$

(3) $f(x) = \sqrt{x-2}$ (4) $f(x) = x^2 - 3$

풀이 실수는 "사칙연산에 관하여 닫혀있음", 즉 실수의 사칙연산의 결과는 실수임을 상기하면 된다.

(1) 실수의 곱에 1을 더한 것은 실수 이므로 정의역은 모든 실수이다.

(2) 분모와 분자는 모든 실수에 대하여 실수이다. 그러나 $x = \dfrac{5}{2}$이면 분모가 0이므로 $x \neq \dfrac{5}{2}$인 모든 실수가 정의역이다.

(3) $\sqrt{(\ )}$ 가 실수이기 위한 필요충분조건은 $(\ ) \geq 0$ 이다. 따라서 정의역은 $x \geq 2$인 모든 실수이다.

(4) 실수의 제곱은 실수 이고 여기에서 3을 빼도 실수이다. 따라서 정의역은 모든 실수이다.

▶▶ 연습문제 4.1

1. 집합 $X = \{-2, -1, 0, 1, 2\}$에서 실수 집합으로의 함수 $f(x) = 2x-3$에 대하여 다음에 답하여라.

(1) 함수 f의 정의역 (2) 함수 f의 공변역

(3) 함수 f의 치역 (4) 함수 f의 그래프

2. 다음은 실수의 부분집합에서 정의된 함수이다. 이때 각 함수의 정의역을 구하라.

(1) $f(x)=\dfrac{3x+2}{4}$　　(2) $f(x)=\dfrac{3x-5}{x+2}$

(3) $f(x)=\sqrt{x^2-2x-6}$　　(4) $f(x)=2^x+\dfrac{1}{\sqrt{3x-4}}$

3. 다음 주어진 함수가 단사함수인지를 말하여라.

(1) $f:[0,3]\to R,\ f(x)=\dfrac{3}{2x+1}$

(2) $f:[-2,4]\to R,\ f(x)=\dfrac{2}{3}x-5$

(3) $f:[0,3]\to[-4,12],\ f(x)=x^2+1$

(4) $f:[-2,4],\ f(x)=(x+1)^2-3$

4. 두 함수 $f(x)=\dfrac{x+3}{2}$와 $g(x)=\sqrt{4x+1}$에 대하여 다음 값을 구하여라.

(1) $(3f)(2)$　　(2) $(f+g)(3)$

(3) $(fg)(6)$　　(4) $(\dfrac{f}{g})(4)$

5. 두 함수 $f(x)=-3x+4,\ g(x)=\sqrt{x}+1$에 대하여 다음 함수를 구하여라.

(1) $f\circ g$　　(2) $g\circ f$

(3) $f\circ f$　　(4) $g\circ g$

6. 함수 $f,g:R\to R$ 가 다음과 같이 정의 되었을 때, 각 함수의 역함수를 구하여라. 또 역함수의 그래프를 대칭을 이용하여 그려라.

(1) $y=-2x+1$　　(2) $y=-\dfrac{1}{3}x+\dfrac{1}{2}$

7. 두 함수 $f(x)=x-1,\ g(x)=3x+2$일 때, 다음에 답하여라.

(1) $g^{-1}\circ f^{-1}$를 구하여라.　　(2) $(f\circ g)^{-1}$를 구하여라.

4.2 함숫값이 실수인 함수의 그래프

본 장에서는 정의역 X와 공역 Y가 실수의 부분집합에 대하여 정의된 함수

$$f: X \to Y$$

중에서 많이 잘 알려지고 자주 사용되는 함수들의 그래프를 알아보도록 한다.

일차함수

일차함수는 주어진 실수 $a(\neq 0), b$에 대하여 다음과 같이 주어진다.

$$f(x) = ax + b$$

이때, 정의역과 치역은 모든 실수이다.

일차함수의 그래프는 a의 부호에 따라 다음과 같다.

$y = ax + b$

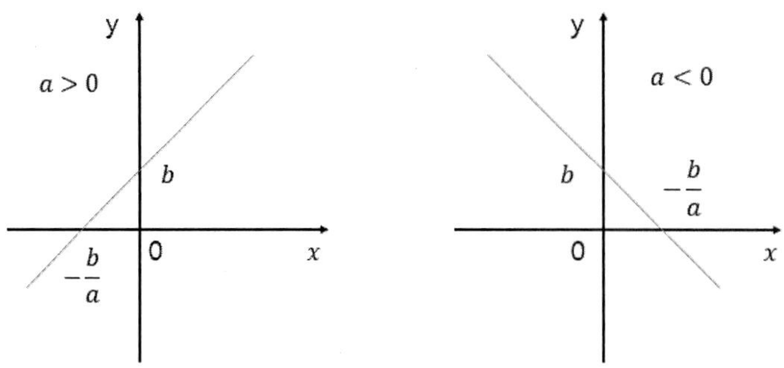

일차함수의 그래프는 직선이므로 그래프 위의 두 점을 찾아서 직선으로 연결하면 그래프가 완성된다. 이때, 특별한 두 점은 x-절편, $y-$절편이다.

예제 1 다음 일차함수의 그래프를 그려라.

(1) $y = -2x + 1$ (2) $\frac{x}{2} - \frac{y}{3} = 1$

풀이 직선의 그래프이므로 지나는 두 점을 찾아서 직선으로 연결하면 된다. 여기서는 x-절편과 y-절편을 구하여 그래프를 그려본다.

(1) $x-$절편: $(\frac{1}{2}, 0)$, $y-$절편: $(0,1)$. (2) $x-$절편: $(2,0)$, $y-$절편: $(0,-3)$.

$y = -2x+1$

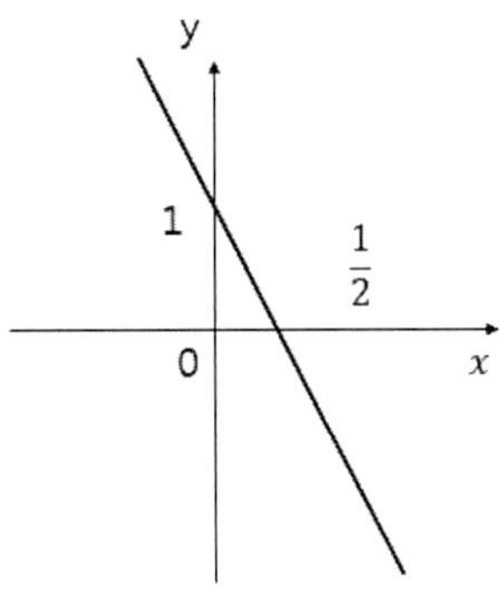

$\frac{x}{2} - \frac{y}{3} = 1$

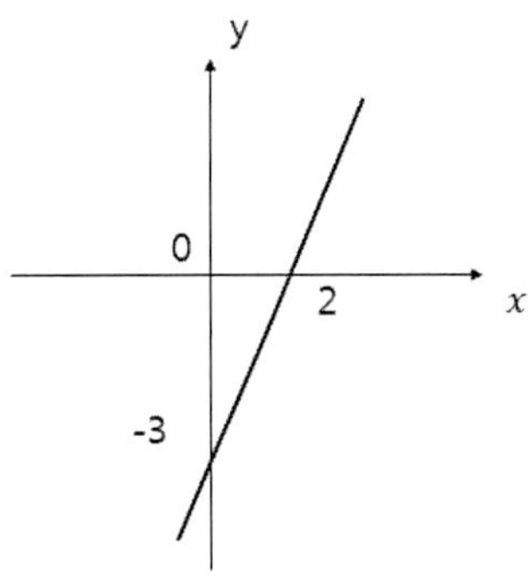

이차함수와 그래프

이차함수는 주어진 실수 $a(\neq 0), b, c$에 대하여 다음과 같이 주어지는 함수이다.

$$f(x) = ax^2 + bx + c$$

모든 실수 x에 대하여 대응하는 값은 실수이므로 특별한 제한이 없는 한 정의역은 모든 실수들의 집합이다.

이차함수의 그래프는 a의 부호에 따라 다음과 같은 모양을 갖는다.

$y = ax^2 + bx + c$의 개형

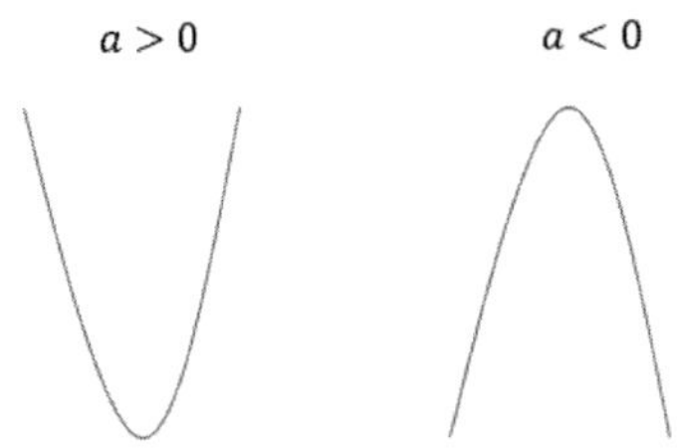

좌표평면에서 이차함수의 그래프를 그릴 때 y절편은 $(0, c)$이다. 꼭짓점의 좌표와 x절편을 구하여보자. 이차함수의 식을 아래와 같이 완전제곱형태로 바꾸면

$$\begin{aligned} y &= ax^2 + bx + c \\ &= a(x^2 + \frac{b}{a}x + \left(\frac{b}{2a}\right)^2) + c - \frac{b^2}{4a} \\ &= a(x + \frac{b}{2a})^2 + \frac{4ac - b^2}{4a} \end{aligned}$$

이제 $D = b^2 - 4ac$ 라 하자. 이를 **판별식**이라 한다. 그러면

$$\text{꼭짓점의 좌표 : } (-\frac{b}{2a}, -\frac{D}{4a})$$

$$x\text{축과의 교점: } (\frac{-b \pm \sqrt{D}}{2a}, 0)$$

이다. 함수의 그래프는 a의 부호와 판별식 D의 값에 따라 다음과 같은 모양이 된다.

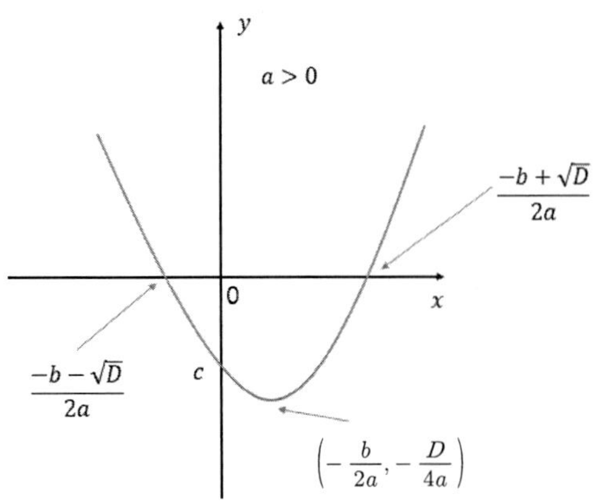

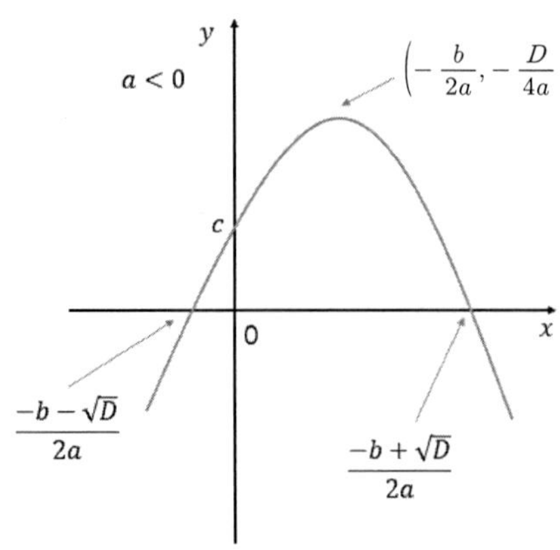

이차함수의 그래프로부터 이차함수의 치역은

$$a > 0 \text{ 일 때, } y \geq -\frac{D}{4a} \text{ 인 모든 실수,}$$

$$a < 0 \text{ 일 때, } y \leq -\frac{D}{4a} \text{ 인 모든 실수}$$

이다.

이차함수는 정의역에 제한조건이 없으면 함수의 최댓값 또는 최솟값은 꼭짓점에서 발생하고 그 값은 꼭짓점의 y좌표의 값이다. 따라서 정의역이 제한되어 있는 상태에서 함수의 최댓값 또는 최솟값을 구하는 경우에는 꼭짓점의 x좌표가 제한된 영역에 포함되어있는지의 여부를 확인하는 것이 중요하다.

예제 2 다음 주어진 구간에서 정의된 함수의 최댓값과 최솟값을 구하라.

(1) $f(x) = x^2 - 2x,\ (0 \leq x \leq 4)$

(2) $f(x) = -x^2 - 4x + 2,\ (-1 \leq x \leq 2)$

풀이 꼭짓점의 x좌표가 정의구역에 포함되는지 확인하고, 구간의 끝점에서의 함숫값을 구하여 비교하면 된다.

(1) 꼭짓점의 x좌표는 $x = -\frac{b}{2a} = -\frac{-2}{2} = 1$ 이고 정의역에 포함된다.

이제 $x = 0, 1, 4$에서 함숫값을 구하면 $f(0) = 0, f(1) = -1, f(4) = 8$이 되어 최댓값은 8, 최솟값은 -1이다.

(2) 꼭짓점의 x좌표는 $x = -\frac{b}{2a} = -\frac{-4}{2(-1)} = -2$ 이고 정의역에 포함되지 않는다.

이제 $x = -1, 2$에서 함숫값을 구하면 $f(-1) = 5, f(2) = -10$ 이 되어 최댓값은 5, 최솟값은 -10이다.

함수의 그래프가 x축과의 만남의 유무는 판별식에 의하여 다음과 같이 결정된다.

$D>0$ 일 때, x축과 두 점에서 만남.
$D=0$ 일 때, x축과 한 점에서 만남 (x축에 접함).
$D<0$ 일 때, x축과 두 점에서 만남.

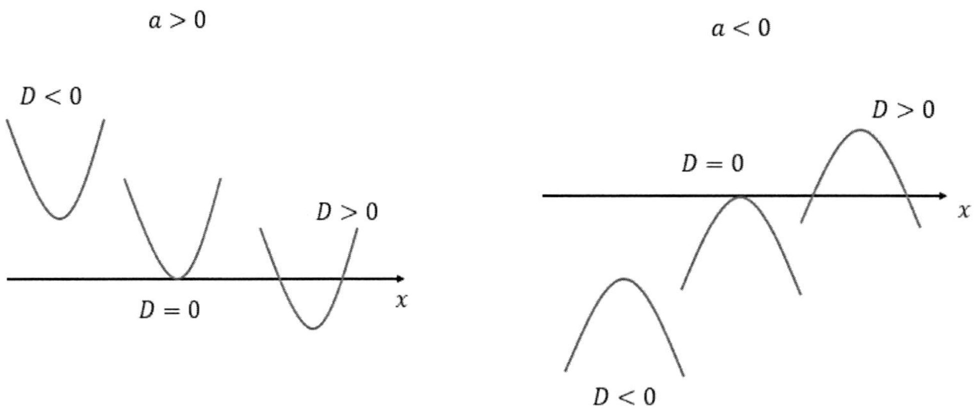

예제 3 이차함수 $y=x^2-2kx+1$의 그래프가 x축과 다음과 같은 조건에서 만난다고 할 때, k의 값 또는 범위를 구하라.

(1) 두 점 (2) 한 점 (3) 만나지 않음

풀이 판별식 $D=b^2-4ac$ 의 부호 또는 값에 따라 결정된다.

(1) $D=(-2k)^2-4>0$ 으로부터 $k^2-1>0$ 이고 부등식의 해를 구하면 다음과 같다.

$$k<-1 \text{ 또는 } k>1$$

(2) $D=0$으로부터 $k^2=1$ 이므로 $k=-1,1$ 이다.

(3) $D<0$으로부터 $k^2-1<0$ 이고 부등식의 해는 $-1<k<1$ 이다.

예제 4 일차함수 $y=3x-3$의 그래프와 이차함수 $y=-2x^2+x-4$의 그래프가 몇 개의 점에서 만나는지를 결정하라.

풀이 두 함수의 교점을 (x,y)라 하고 직선의 y값을 이차함수의 y값에 대입하여 정리하면 $-2x^2-2x-1=0$ 이다. 방정식의 우변을 이차함수로 보고 판별식을 생각하면

$$D=(-2)^2-4(-2)(-1)=-5<0$$

이 되어 이차함수의 그래프는 x축과 만나지 않는다. 따라서 두 함수의 그래프는 교점이 없다.

이차함수와 부등식

이차부등식의 문제는 인수분해를 하지 않고 판별식과 근의 공식을 이용하여 해결할 수 있다. 이제 이차부등식의 문제를 이차함수의 그래프와 관련시켜서 풀이해보자. 이차부등식은 $a(\neq 0)$에 대하여 다음과 같이 주어진다.

$$(1)\ ax^2+bx+c\geq 0 \quad \text{또는} \quad (2)\ ax^2+bx+c<0.$$

주어진 부등식의 좌변에 있는 식을 이차함수로 생각하고, 판별식 D와 x축과의 교점관계를 생각하여 다음과 같이 해를 구할 수 있다.

(1)에서 $a>0$인 경우

$D<0$이면 해는 모든 실수이다.

$D=0$이면 해는 모든 실수이다.

$D>0$이면 $x\leq \dfrac{-b-\sqrt{D}}{2a}$ 또는 $x\geq \dfrac{-b+\sqrt{D}}{2a}$ 인 실수이다.

(1)에서 $a<0$인 경우

$D<0$이면 해는 해가 없다.

$D=0$이면 해는 $x=-\dfrac{b}{2a}$이다.

$D>0$이면 해는 $\dfrac{-b-\sqrt{D}}{2a}\leq x\leq \dfrac{-b+\sqrt{D}}{2a}$ 인 실수이다.

(2)의 경우에도 같은 원리를 이용하여 주어진 부등식의 해를 구할 수 있다.

예제 5 다음 이차부등식의 해를 판별식과 근의 공식을 이용하여 구하라.

(1) $-x^2+4x+5 \le 0$　　(2) $x^2-2x+4>0$　　(3) $-x^2+2x-3>0$

풀이 부등식의 좌변을 이차함수로 보고 a에 해당하는 계수의 부호에 따른 그래프의 형태, 판별식을 이용한 x축과의 교점의 개수, 교점의 x좌표를 구하여 합당한 x의 범위를 구하면 된다.

(1) 부등식 좌변의 이차함수의 판별식을 구하면 $D=4^2-4(-1)5=36>0$ 이므로 그래프는 x축과 두 점에서 만난다. 교점의 x좌표는 $x=\dfrac{-b\pm\sqrt{D}}{2a}=\dfrac{-4\pm6}{-2}=-1,5$ 이다.

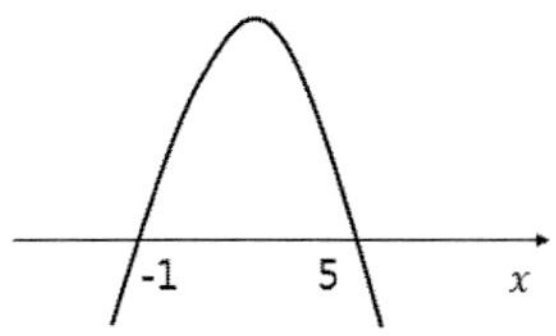

그래프로부터 구하는 영역은 $x \le -1, x \ge 5$ 이다.

(2) 부등식 좌변의 이차함수의 판별식을 구하면 $D=(-2)^2-4(1)(4)=-12<0$ 이므로 그래프는 x축과 만나지 않는다.

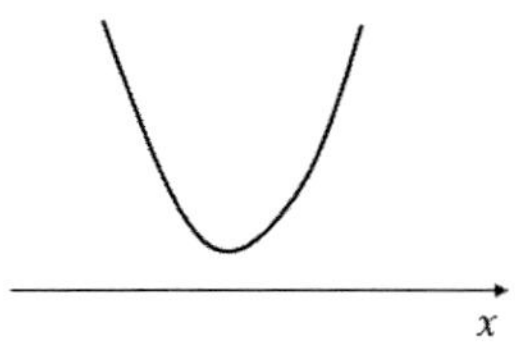

그래프로부터 구하는 x의 영역은 모든 실수이다.

(3) 부등식 좌변의 이차함수의 판별식을 구하면 $D=2^2-4(-1)(-3)=-8<0$ 이므로 그래프는 x축과 만나지 않는다.

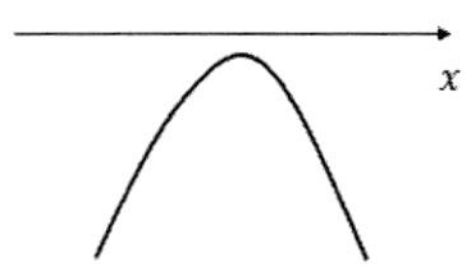

그래프로부터 구하는 x의 영역은 없다. 따라서 해는 존재하지 않는다.

유리함수와 그래프

주어진 실수 $a_n \neq 0, a_{n-1}, \cdots, a_1, a_0$ 에 대하여

$$f(x) = a_n x^n + a_{n-1} x^{n-1} + \cdots + a_1 x + a_0$$

를 n차 다항함수라 한다.

다항함수의 분수 꼴로 표시되는 함수를 **유리함수**라 한다. 예를 들면,

$$y = \frac{1}{x+2},\ y = \frac{2x-3}{x^2+x-1},\ y = \frac{x^2-2x+4}{x-5}, \cdots$$

등은 유리함수 이다.

본 절에서는 주어진 실수 a, b, c, d 에 대하여 다음 형태의 함수에 대하여 알아본다.

$$f(x) = \frac{ax+b}{cx+d}$$

우선 가장 간단한 형태인 다음 모양으로 주어지는 유리함수의 그래프를 알아보자.

$y = \dfrac{k}{x}$ 의 그래프

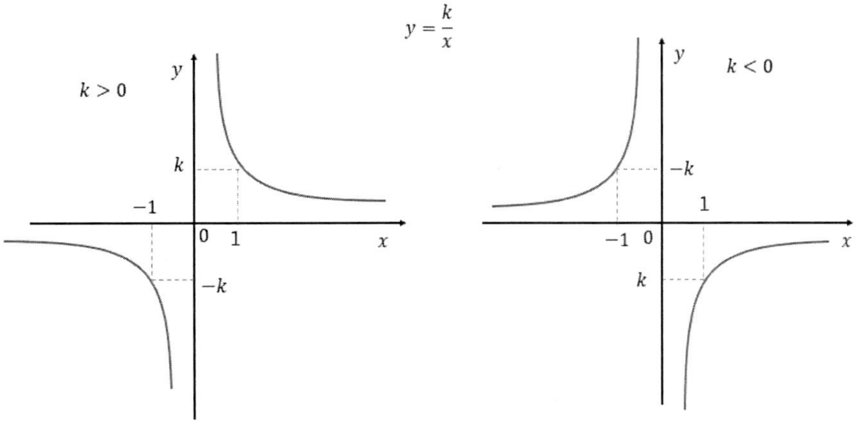

함수의 그래프가 만나지는 않으면서 가까이 접근하는 일정한 직선을 **점근선**이라 한다. 따라서 이 그래프의 점근선은 x축$(y=0)$ 과 y축$(x=0)$이다. 정의역은 $x \neq 0$인 모든 실수이고, 치역은 $y \neq 0$인 모든 실수이다.

예를 들면, $y=\dfrac{3}{x}$ 와 $y=-\dfrac{2}{x}$의 그래프는 다음과 같다. 여기서 $y=-\dfrac{2}{x}=\dfrac{-2}{x}$ 이고 $k=-2$이다.

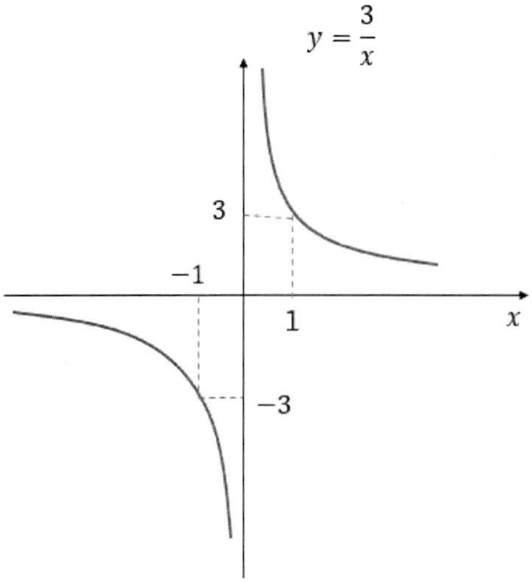

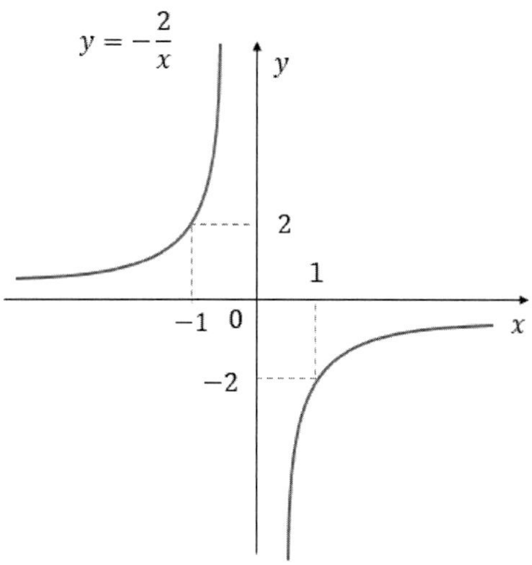

$y=\dfrac{ax+b}{cx+d}$ 의 그래프

주어진 함수는 다항식의 나눗셈 또는 적당한 변형에 의하여

$$y-q=\frac{k}{x-p}$$

로 변형할 수 있고, 이 함수의 그래프는 $y=\dfrac{k}{x}$ 의 그래프를

$$x\text{축으로 } p,\ y\text{축으로 } q$$

만큼 평행 이동한 것이다. 이때 점근선은 $x=p,\ y=q$ 이다. 정의역은 $x \neq p$인 모든 실수이고, 치역은 $y \neq q$인 모든 실수이다. 그래프는 점근선을 먼저 표시하고 스케치하면 편리하다.

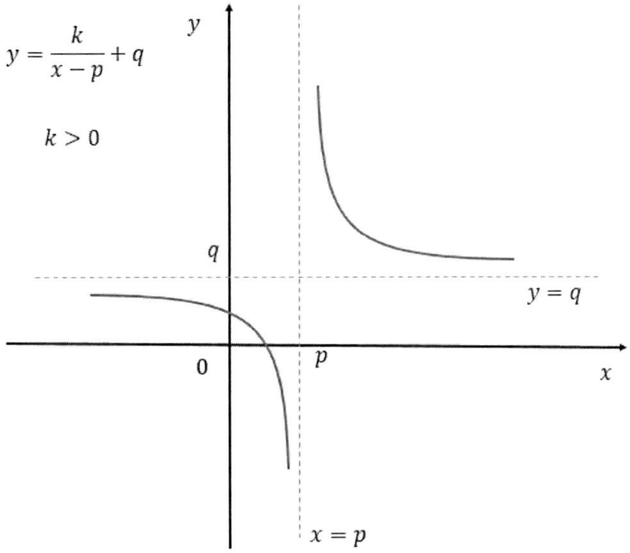

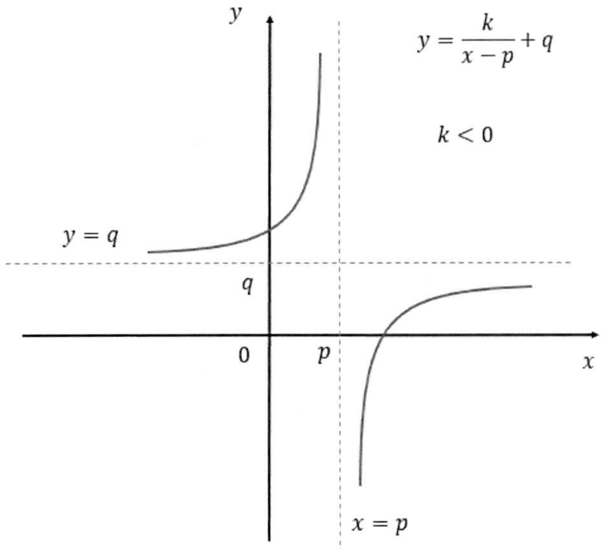

예를 들어, $y=\dfrac{3}{x-2}+3$와 $y=-\dfrac{3}{x+2}+3$ 그래프는 다음과 같다. $x+2=x-(-2)$ 임에 유의하자.

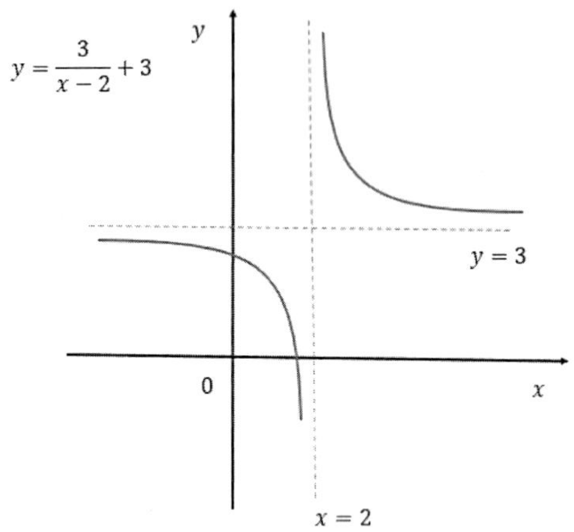

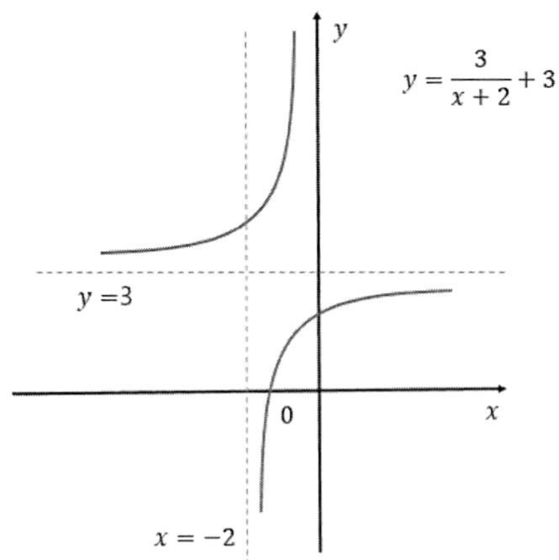

예제 6 다음 주어진 함수의 원형 $y=\dfrac{k}{x}$를 말하고, 점근선, 정의역, 치역을 말하라.

(1) $y=\dfrac{2x+3}{x-2}$　　(2) $y=\dfrac{3x+1}{1-x}$　　(3) $y+4=\dfrac{3}{2x+1}$

풀이 분모와 분자의 차수가 같으므로 다항식의 나눗셈으로 몫과 나머지로 나타내면 된다.

(1) 분자를 분모로 나누어도 되지만 이 경우에는 다음 방법이 더 효율적이다. 즉,

$$y=\frac{2x+3}{x-2}=\frac{2(x-2)+7}{x-2}=2+\frac{7}{x-2}$$

로부터 $y=\dfrac{7}{x}$의 그래프를 평행 이동한 그래프이다. 점근선은 $x=2, y=2$ 이고, 정의역은 $x\neq 2$ 인 모든 실수, 치역은 $y\neq 2$인 모든 실수이다.

(2) 다항식의 나눗셈을 하면 몫이 -3, 나머지가 4이므로

$$y=\frac{3x+1}{1-x}=-3+\frac{4}{-x+1}=-3+\frac{-4}{x-1}$$

가 되어 $y=\dfrac{-4}{x}$의 그래프를 평행 이동한 그래프이다. 점근선은 $x=1, y=-3$ 이고, 정의역은 $x\neq 1$ 인 모든 실수, 치역은 $y\neq -3$인 모든 실수이다.

(3) $\frac{3}{2x+1}=\frac{3}{2(x-(-\frac{1}{2}))}=\frac{3/2}{x-(-\frac{1}{2})}$ 로부터 주어진 함수는 $y=\frac{3/2}{x-(-\frac{1}{2})}+(-4)$ 로 변형이되어 $y=\frac{3/2}{x}$ 의 그래프를 평행 이동한 그래프이다. 점근선은 $x=-\frac{1}{2}$, $y=-4$이고, 정의역은 $x\neq-\frac{1}{2}$인 모든 실수, 치역은 $y\neq-4$인 모든 실수이다.

무리함수의 그래프

주어진 실수 $k(\neq 0), b$에 대하여

$$f(x)=\sqrt{kx}$$

로 주어진 함수의 그래프에 대하여 알아보자. 이 함수의 정의역은 근호 안의 값이 음이 아닌 실수 x의 집합이고, 치역은 음이 아닌 실수의 집합이다. 그래프는 k의 부호에 따라 다음과 같이 그려진다.

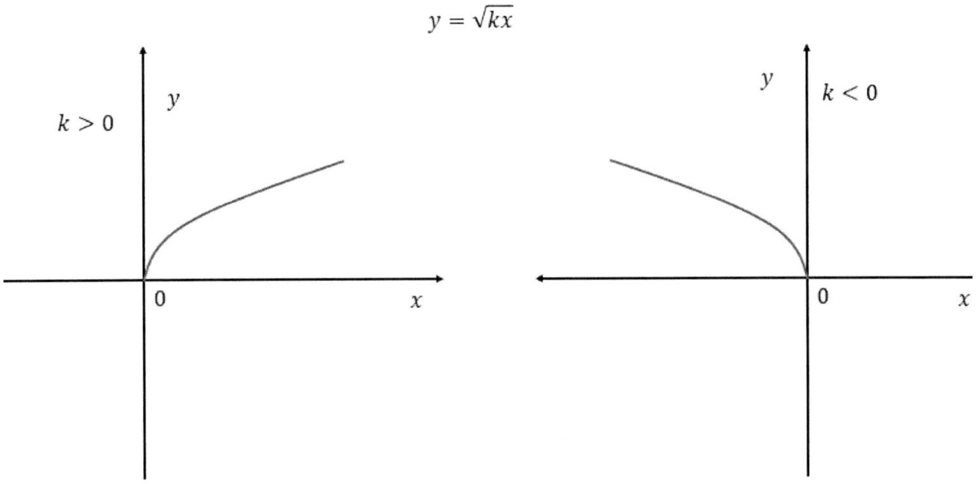

예를 들어, $y=\sqrt{2x}$ 의 그래프와 $y=\sqrt{-2x}$ 의 그래프는 각각 다음과 같다.

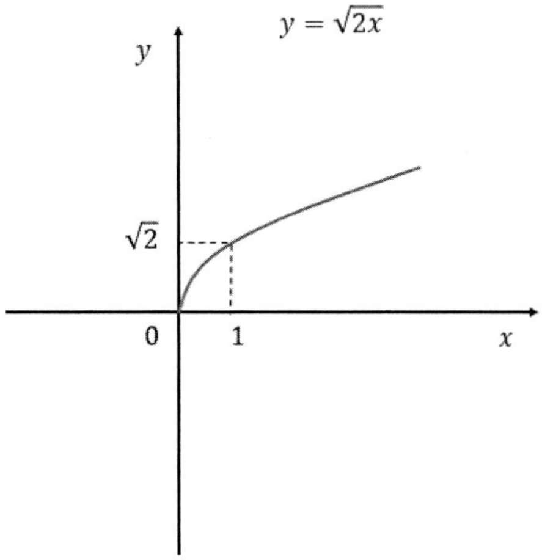

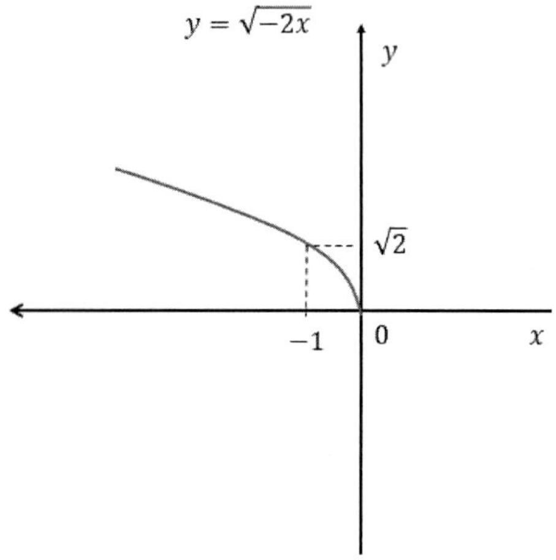

참고로 $y=-\sqrt{kx}$ 의 그래프는 $y=\sqrt{kx}$ 의 그래프와 x축에 선대칭인 그래프이다.

$y=\sqrt{k(x-p)}+q$ 의 그래프

이 함수의 그래프는 $y=\sqrt{kx}$ 그래프를 x축으로 p만큼, y축으로 q만큼 평행이동을 한 것이다.

$y=\sqrt{k(x-p)}+q$

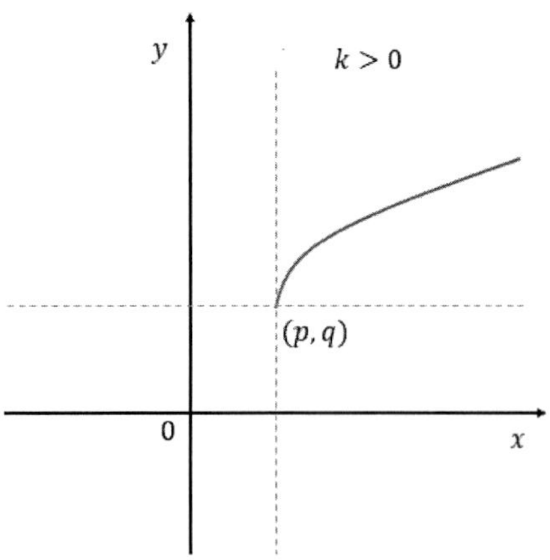

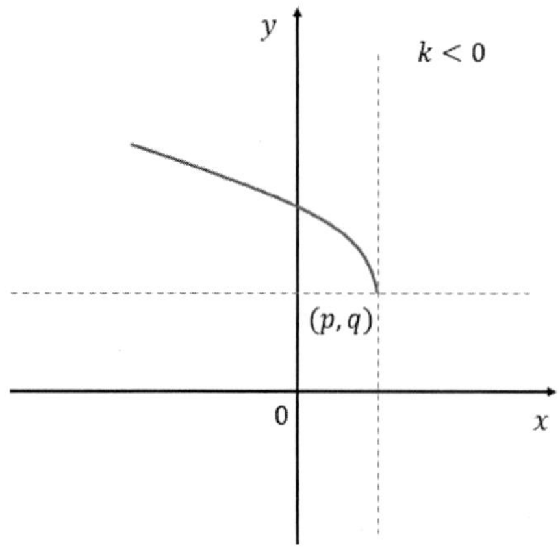

예를 들어, 함수 $y=\sqrt{2(x-1)}+2$의 그래프는 $y=\sqrt{2x}$의 그래프를 x축으로 1, y축으로 2 평행이동을 한 것이다. 정의역은 $x\geq 1$, 치역은 $y\geq 2$이다.

함수 $y=\sqrt{-2(x-1)}+2$의 그래프는 $y=\sqrt{-2x}$의 그래프를 x축으로 1, y축으로 2 평행이동을 한 것이다. 정의역은 $x\leq 1$, 치역은 $y\geq 2$이다. 그래프는 각각 다음과 같다.

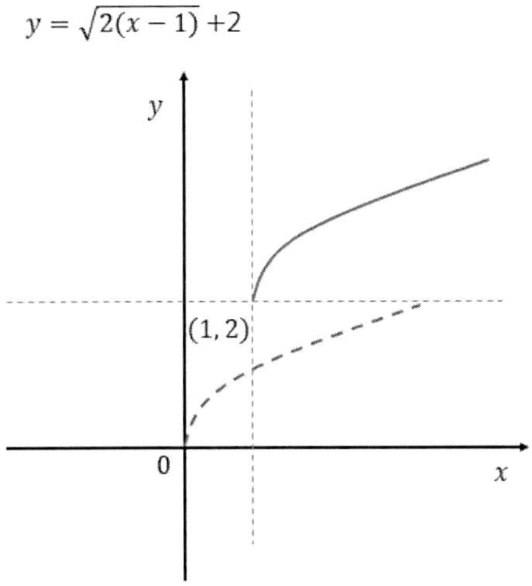

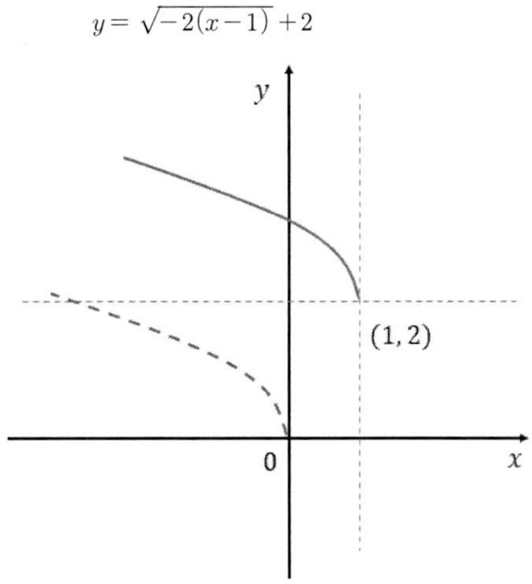

참고로 $y=-\sqrt{k(x-p)}+q$의 그래프는 $y=\sqrt{k(x-p)}+q$의 그래프와 x축에 선대칭인 그래프이다.

예제 7 다음 함수의 그래프는 어떤 함수의 그래프의 변형인가를 말하라.

(1) $y=-\sqrt{x+4}$ (2) $y=\sqrt{-2x+4}-3$

풀이 기본형을 생각하고 기본형에 대한 변화가 무엇인지를 밝히면 된다.

(1) $y=-\sqrt{x+4}=-\sqrt{x-(-4)}$ 이므로 $y=\sqrt{x}$ 의 그래프를 x축으로 -4 평행 이동하고 x축에 선대칭인 그래프이다.

(2) $y=\sqrt{-2x+4}-3=\sqrt{-2(x-2)}-3$ 이므로 $y=\sqrt{-2x}$의 그래프를 x축으로 2, y축으로 -3 만큼 평행 이동한 그래프이다.

지수함수와 그래프

지수함수는 $a>0$, $a \neq 1$인 실수에 대하여 다음과 같이 정의되는 함수이다.

$$f(x)=a^x$$

정의역은 모든 실수이고 치역은 양의 실수이다. 그래프는 a의 영역에 따라 다음과 같다.

$y=a^x$

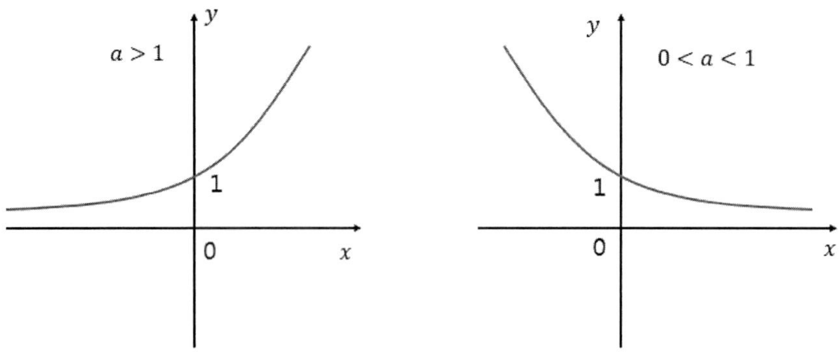

그래프로부터 지수함수의 점근선은 x축, 즉 $y=0$ 이다.

예를 들어, $y=2^x$와 $y=2^{-x}$의 그래프는 다음과 같다. 여기서 $y=2^{-x}=\left(\frac{1}{2}\right)^x$임에 유의하자.

$y=2^x$ $y=2^{-x}$

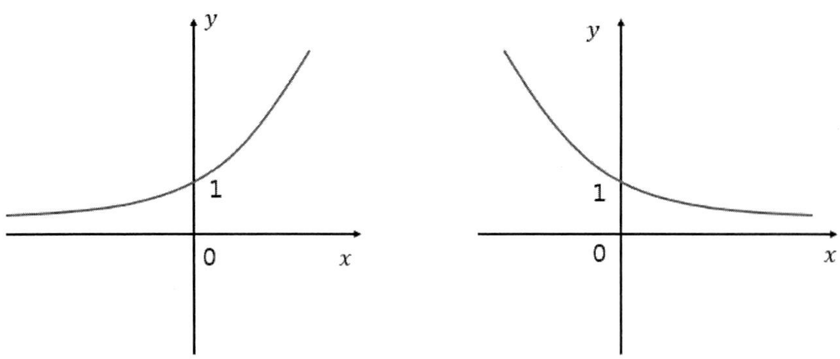

$y=a^{x-p}+q$의 그래프는 $y=a^{x}$의 그래프를 x축으로 p, y축으로 q 만큼 평행 이동한 것이다. 정의역은 모든 실수, 치역은 $y>q$인 실수이고, 점근선은 $y=q$이다.

$$y=a^{x-p}+q$$

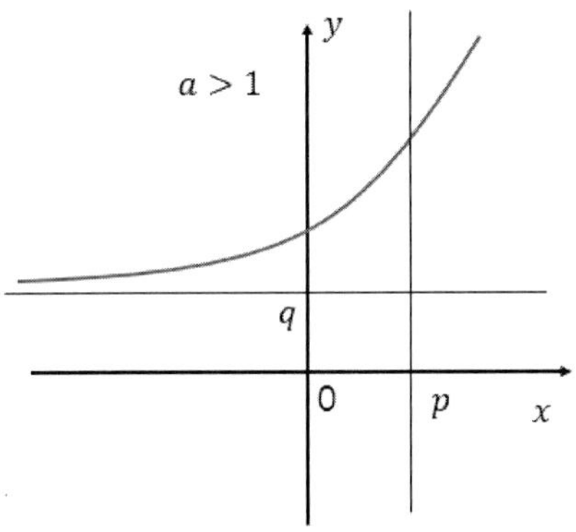

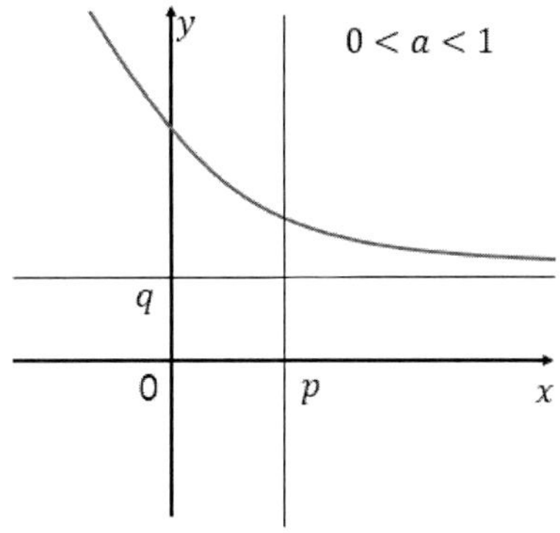

예를 들면, $y=2^{x-2}+1$과 $y=2^{-x+2}+1$의 그래프는 다음과 같다. 이때,

$$2^{-x+2}=2^{-(x-2)}=\left(\frac{1}{2}\right)^{x-2}$$

임을 유의하자.

$y=2^{x-2}+1$

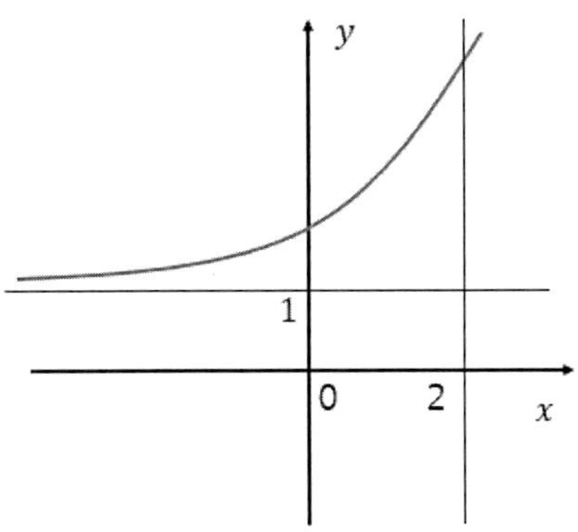

$y=2^{-x+2}+1$

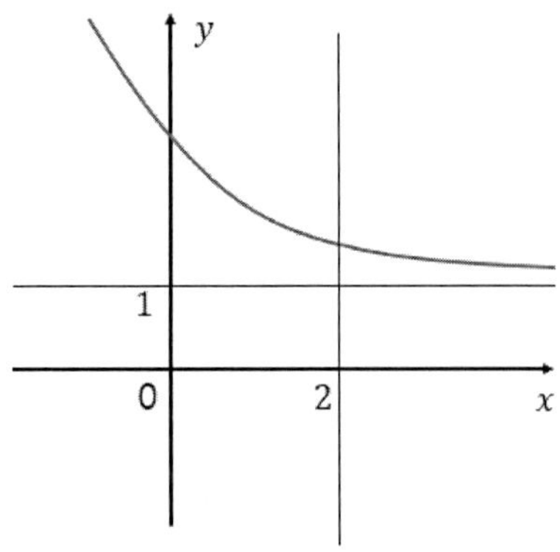

예제 8 다음 함수 $y = 3^{-x-2} - 4$는 기본형으로부터 어떻게 이동하였는지를 설명하고 점근선, 정의역, 치역을 말하라.

풀이 주어진 함수의 식을 변형하면

$$y = 3^{-x-2} - 4 = 3^{-(x+2)} - 4 = (3^{-1})^{x-(-2)} - 4$$

으로부터 기본형 $y = \left(\frac{1}{3}\right)^x$을 x축으로 -2, y축으로 -4 평행 이동한 그래프이다. 점근선은 $x = -2, y = -4$이고, 정의역은 $x \neq -2$인 모든 실수, 치역은 $y \neq -4$인 모든 실수이다.

로그함수와 그래프

실수 $a \neq 1, a > 0$에 대하여 a를 밑으로 하는 로그함수는 다음과 같이 정의되는 함수이다.

$$f(x) = \log_a x$$

밑 a의 범위에 따라 함수의 그래프는 다음과 같다.

$y = \log_a x$

$a > 1$ $\qquad$ $0 < a < 1$

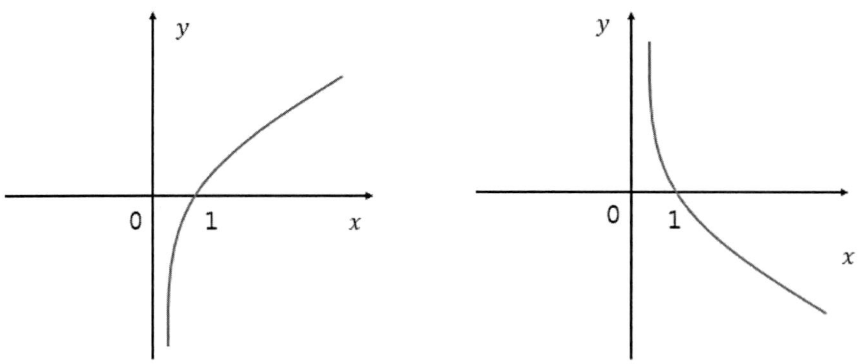

그래프에서 알 수 있듯이, 정의역은 양의실수, 치역은 모든 실수 이고 점근선은 y축 또는 $x=0$이다.

예를 들면, $y=\log_2 x$와 $y=\log_{\frac{1}{2}} x$의 그래프는 다음과 같다.

$y=\log_2 x$

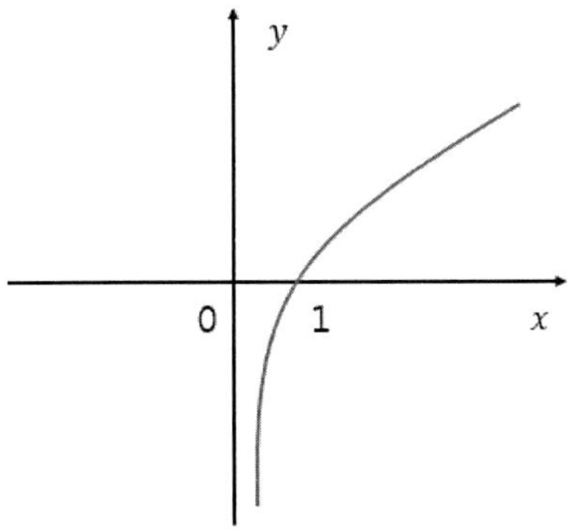

$y=\log_{\frac{1}{2}} x$

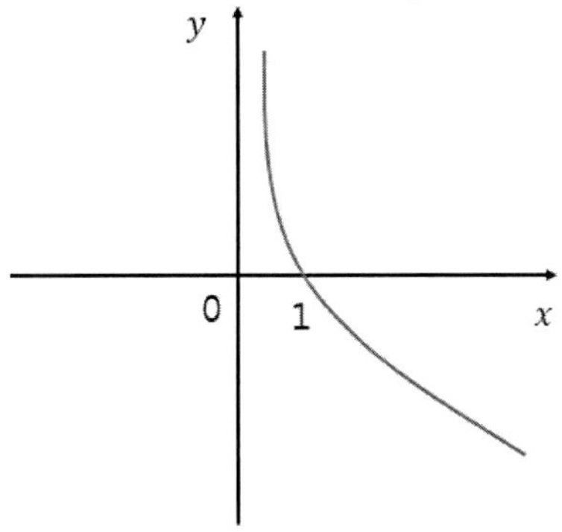

함수 $y=\log_a(x-\alpha)+\beta$의 그래프는 $y=\log_a x$의 그래프를 x축으로 α, y축으로 β만큼 평행 이동한 것이다.

$y=\log_a(x-p)+q$

$a>1$

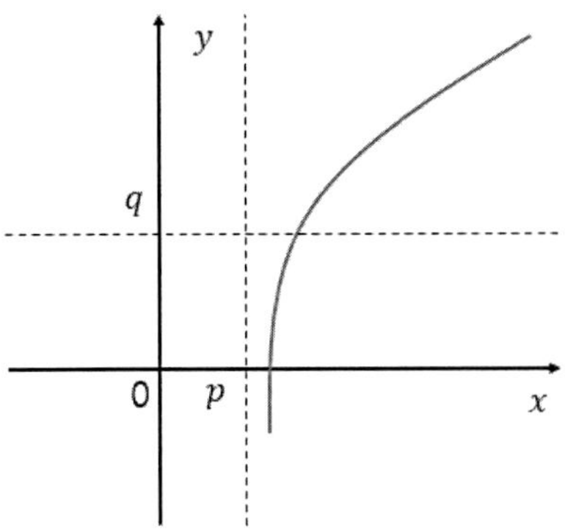

$0<a<1$

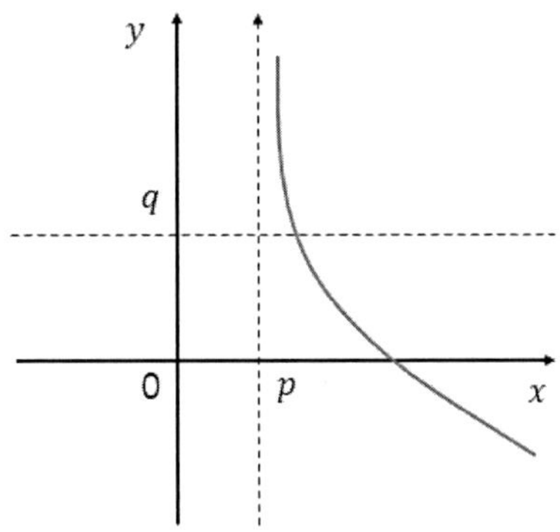

예를 들어, $y=\log_2(x-1)+2$와 $y=\log_{\frac{1}{2}}(x-1)+2$의 그래프는 다음과 같다.

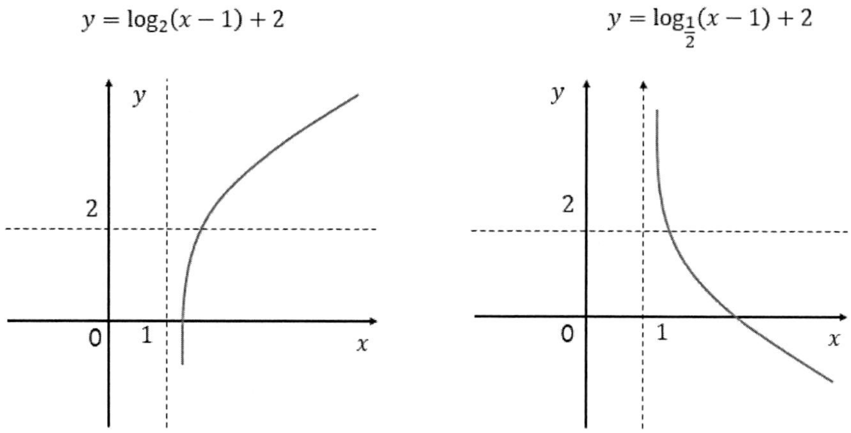

참고로 지수를 로그로 표현하는 정의를 이용하면

$$y=a^x \Leftrightarrow x=\log_a y$$

로부터 함수 $f(x)=a^x$와 함수 $g(x)=\log_a x$는 서로 역함수임을 알 수 있다. 따라서 두 함수의 그래프는 $y=x$에 선대칭이고, 지수함수의 치역이 로그함수의 정의역, 지수함수의 정의역이 로그함수의 치역임을 알 수 있다.

그래프의 이동에 대하여는 다음과 같이 요약할 수 있다.

주어진 함수 $y=f(x)$에 대하여

(1) $y=-f(x)$의 그래프는 $y=f(x)$ 의 그래프를 $y=0$, 즉 x축에 선대칭.
(2) $y=f(-x)$의 그래프는 $y=f(x)$ 의 그래프를 $x=0$, 즉 y축에 선대칭.
(3) $y-q=f(x-p)$의 그래프는 $y=f(x)$의 그래프를 x축으로 p, y축으로 q만큼 평행 이동.
(4) $-y=f(-x)$ 또는 $y=-f(-x)$의 그래프는 $y=f(x)$의 그래프를 원점을 중심으로 180° 회전.

▶▶ 연습문제 4.2

1. 다음 일차함수의 x절편과 y절편을 구하여라.

(1) $y=-2x+1$ (2) $\frac{x}{2}-\frac{y}{3}=1$

2. 다음 주어진 구간에서 정의된 함수의 최댓값과 최솟값을 구하여라.

(1) $f(x)=-x^2+2x, (0 \leq x \leq 3)$

(2) $f(x)=x^2+2x+2, (0 \leq x \leq 1)$

3. 다음 이차함수의 그래프와 x축과의 교점의 수를 조사하여라.

(1) $y=3x^2-2x-2$ (2) $y=-x^2+6x-9$

4. 이차함수 $y=x^2-2kx+4$의 그래프가 x축과 서로 다른 두 점에서 만나도록 k의 값 또는 범위를 구하여라.

5. 일차함수 $y=-x+3$의 그래프와 이차함수 $y=-2x^2+x+4$의 그래프가 몇 개의 점에서 만나는지를 결정하여라.

6. 모든 실수 x에 대하여 $x^2-x+k>0$이 성립하도록 k의 값의 범위를 정하여라.

7. 다음 이차부등식의 해를 이차함수의 그래프를 이용하여 구하여라.

(1) $2x^2-x-1>0$ (2) $-x^2+3x-4 \geq 0$

8. 다음 주어진 함수의 원형 $y=\frac{k}{x}$를 말하고, 점근선, 정의역, 치역을 말하여라.

(1) $y=\frac{2x+1}{x+1}$ (2) $y=\frac{3x+1}{2-x}$

9. 다음 주어진 함수의 원형 $y=\sqrt{kx}$ 에 변형을 말하고, 점근선, 정의역, 치역을 말하여라.

(1) $y=-\sqrt{2x-4}$ (2) $y=\sqrt{9-3x}+2$

10. 함수 $y=3^{x+2}+3$ 는 기본형으로부터 어떻게 이동하였는지를 말하고 점근선, 정의역, 치역을 말하여라.

11. 함수 $y=\log_3(-x+2)$는 기본형으로부터 어떻게 이동하였는지를 말하고 점근선, 정의역, 치역을 말하여라.

CHAPTER 05 삼각함수

5.1 호도법과 삼각비

호도법과 각의 측정

원의 중심을 중심으로 원을 360 등분하여 나온 한 조각의 부채꼴의 중심각을 1°(도)라 한다. 각의 크기를 이와 같이 측정하는 것을 육십분법이라 한다. 반지름이 r인 원에서 호의 길이가 r인 부채꼴의 중심각을 $1rd$(radian)이라 한다. 각을 이와 같이 측정하는 것을 **호도법**이라 한다.

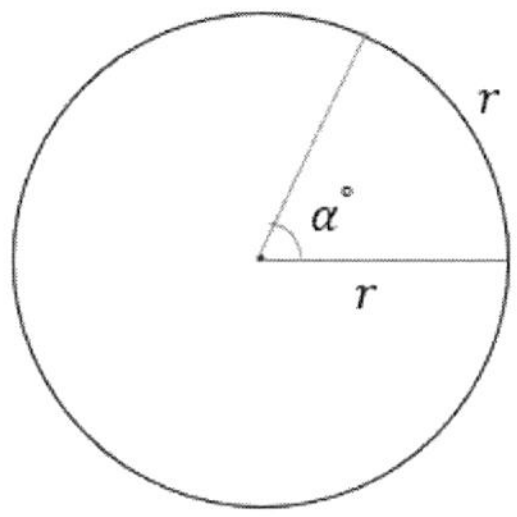

반지름이 r인 원에서 $1rd$에 해당하는 각을 α° 라고 하자. 그러면 중심각과 호의 길이의 비에 의하여

$$360^\circ : 2\pi r = \alpha^\circ : r$$

$$\alpha = \frac{180}{\pi}$$

가 되어 두 측정 단위의 관계를 다음과 같음을 안다. 즉,

$$1rd = \frac{180}{\pi}(^\circ)$$

$$1^\circ = \frac{\pi}{180}rd$$

이다. 예를 들어,

$$60^\circ = 60 \times \frac{\pi}{180} rd = \frac{\pi}{3} rd,$$

$$\frac{\pi}{4}(rd) = \frac{\pi}{4} \times \frac{180}{\pi}(^\circ) = 45^\circ$$

참고 이제부터 호도법인 경우에는 rd를 생략하기로 한다. 따라서 $^\circ$(도) 표시가 없는 각은 라디안 각으로 생각한다.

예제 1 다음에서 라디안은 $^\circ$(도)로, $^\circ$(도) 는 라디안으로 나타내라.

(1) 15°

(2) 135°

(3) $\frac{\pi}{3}$

(4) $\frac{5}{3}\pi$

풀이 $1rd$에 상응하는 $^\circ$(도)와 1°에 상응하는 라디안의 관계를 곱하여주면 된다.

(1) $15^\circ = 15 \times \frac{\pi}{180} = \frac{\pi}{12}$

(2) $135^\circ = 135 \times \frac{\pi}{180} = \frac{3}{4}\pi$

(3) $\frac{\pi}{3} = \frac{\pi}{3} \times \frac{180}{\pi}(^\circ) = 60^\circ$

(4) $\frac{5}{3}\pi = \frac{5}{3}\pi \times \frac{180}{\pi}(^\circ) = 300^\circ$

각의 측정

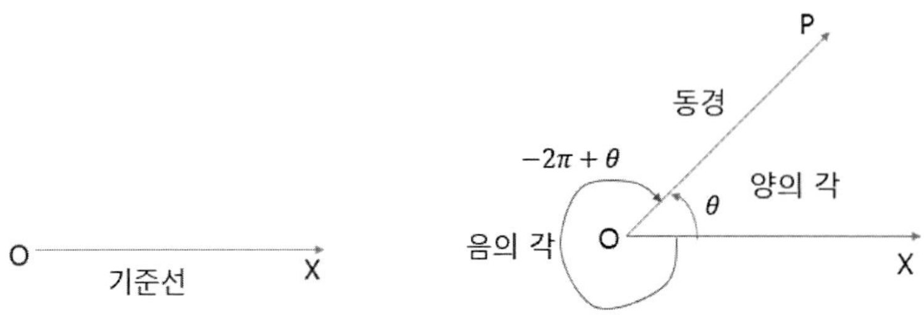

각을 측정할 때는 기준선인 반직선 OX를 시초선으로 하여 점 O를 중심으로 회전하여 반직선 OP가 되었을 때, 반직선 OP를 **동경**이라 하고, 회전량 θ를 동경의 크기라 한다. 이때 동경의 크기는 $\angle POX$ 이다. 기준선을 시초선으로 동경까지 각의 크기를 측정할 때, 반시계 방향으로 측정한 각의 크기를 **양의 각**이라 하고, 시계방향으로 측정한 각을 **음의 각**이라 한다. 음의 각은 각의 크기에 음의 부호 "−"를 붙이고, 양의 각은 양의 부호 "+"를 붙이지만 일반적으로 양의 각에서는 양의 부호를 생략한다.

예를 들어, $30^\circ, 120^\circ, -60^\circ, -210^\circ$ 에 대한 동경을 그리면 다음과 같다.

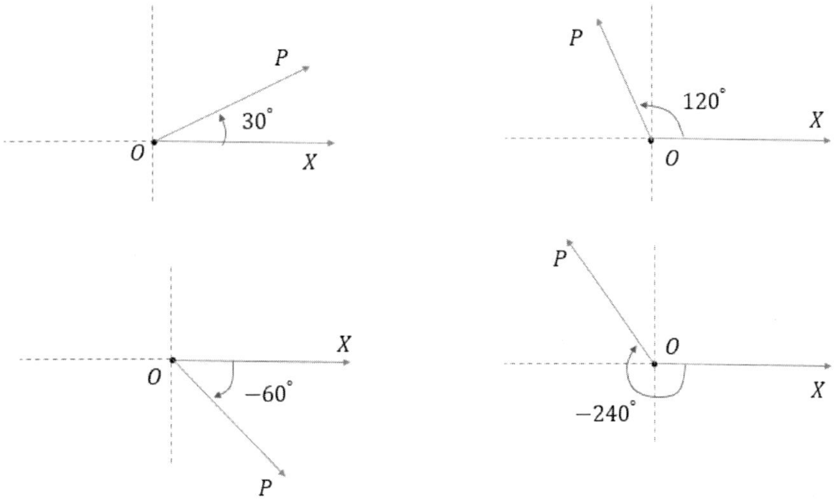

일반각의 표시

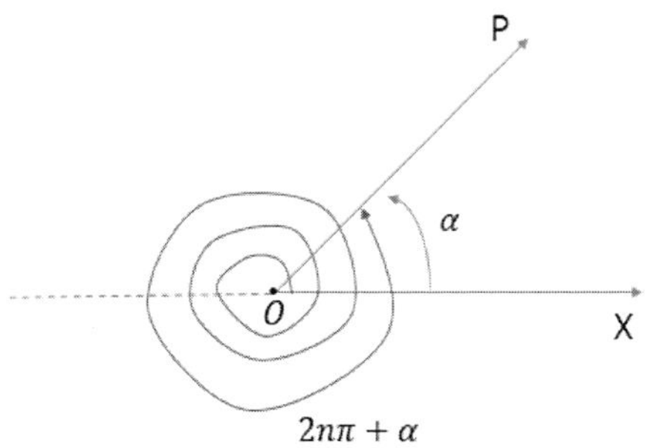

하나의 동경에 대한 각의 크기가 α일 때, 임의의 정수 n에 대하여 각의 크기 $2n\pi+\alpha$가 나타내는 동경은 α가 나타내는 동경과 일치 한다. 이때, $2n\pi+\alpha$를 동경 α에 대한 **일반각**이라 한다.

삼각비

직각삼각형에서 직각이 아닌 한 각을 중심으로 서로 다른 두 변에 대한 비를 다음과 같이 정의한다.

$$\sin\theta = \frac{b}{c} \qquad \cos\theta = \frac{a}{c} \qquad \tan\theta = \frac{b}{a}$$

$$\csc\theta = \frac{c}{b} \qquad \sec\theta = \frac{c}{a} \qquad \cot\theta = \frac{a}{b}$$

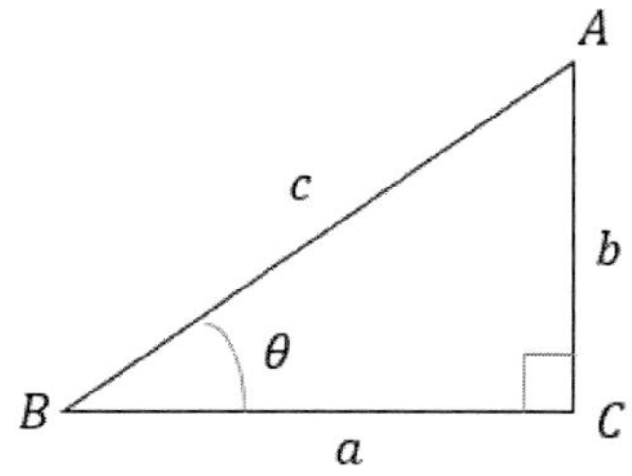

자주 사용되는 특수 각에 대한 삼각비를 구하여 보자. 특수 각은 다음과 같이 변의 길이가 2인 정삼각형과 변의 길이가 1인 정사각형에서 생각할 수 있다.

θ	30°	45°	60°
$\sin\theta$	$\frac{1}{2}$	$\frac{1}{\sqrt{2}}$	$\frac{\sqrt{3}}{2}$
$\cos\theta$	$\frac{\sqrt{3}}{2}$	$\frac{1}{\sqrt{2}}$	$\frac{1}{2}$
$\tan\theta$	$\frac{1}{\sqrt{3}}$	1	$\sqrt{3}$

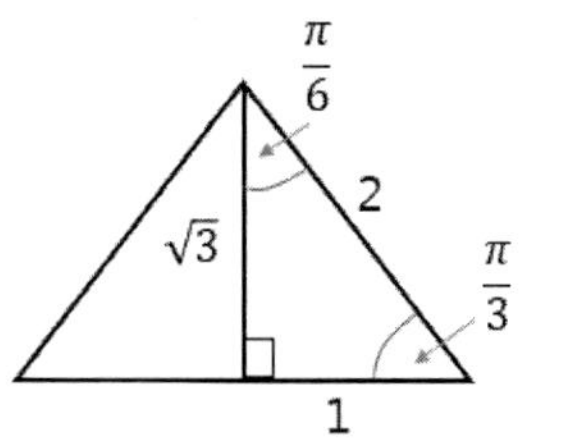

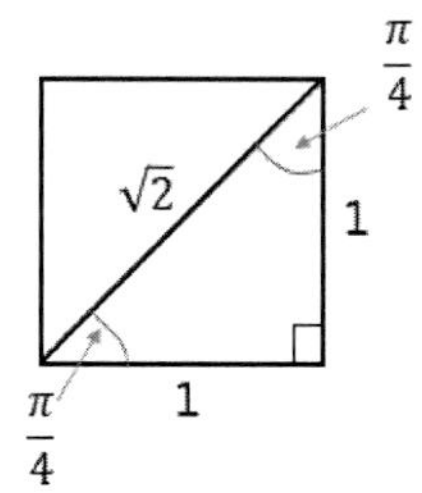

동경에 대한 삼각비

직교좌표평면에서 원점 O에서 x축의 양의 방향으로의 반직선을 기준선으로 하여 동경을 생각하고 동경에서 x축으로 수직선을 내려서 만들어 지는 직각삼각형을 생각한다. 이때 동경의 크기 θ를 중심각으로 하여 삼각비를 생각하는 것을 동경에 대한 삼각비라고 한다.

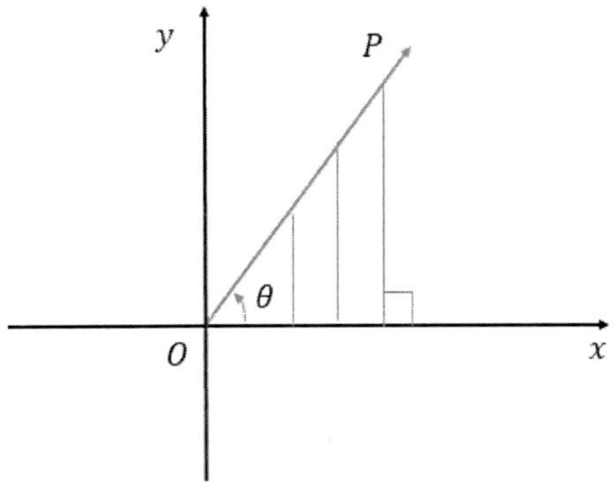

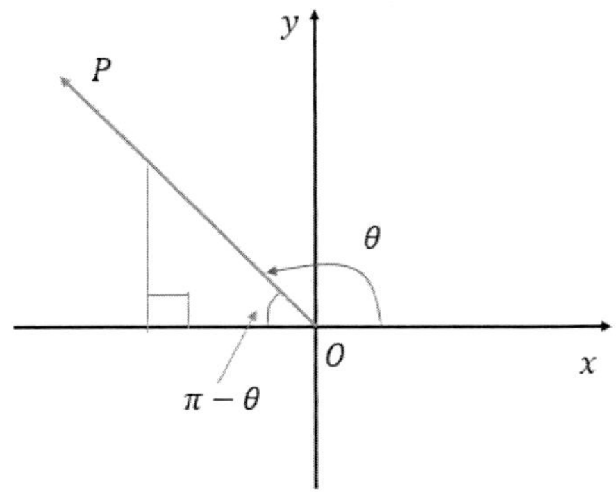

동경에 대한 삼각비를 생각할 때, 중심각이 같은 직각삼각형은 모두 닮음이므로 동경위의 임의의 점에서 x축에 수직선을 내려서 직각삼각형을 만들어도 관계가 없다. 또한 동경에서의 삼각비는 직각삼각형의 길이에서 밑변과 높이는 부호까지도 고려해야한다. 이때 빗변의 길이는 항상 양수이다.

예를 들어, 좌표평면에서 원점 O에서 각각 점 $A(3,4)$, 점 $B(-4,3)$를 지나는 동경을 생각하자. 각각의 동경이 만드는 각의 크기를 각각 α, β라 하고 삼각비를 구하여 보자.

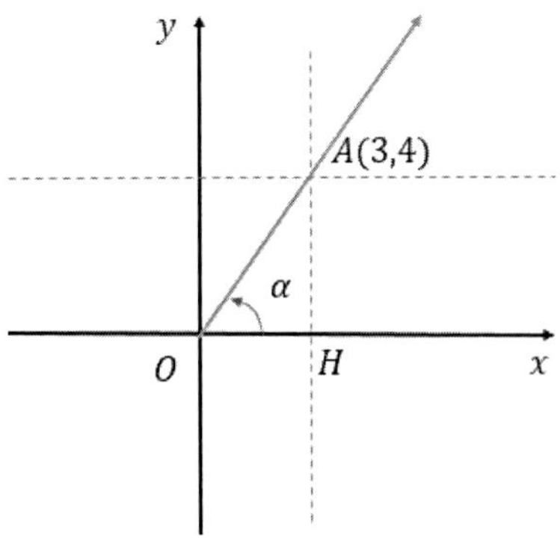

그림(a)

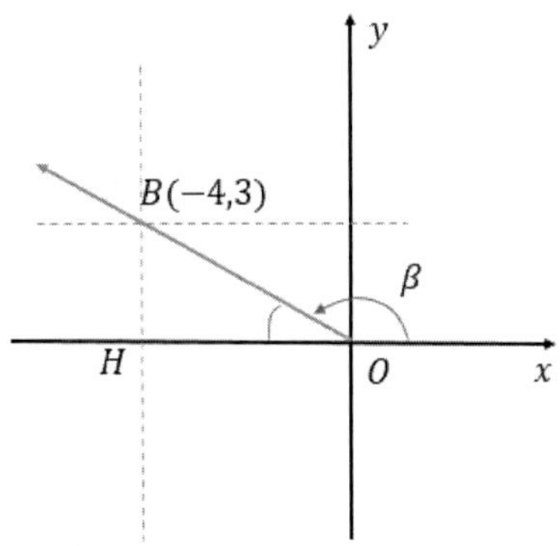

그림(b)

그림(a)에서 $\overline{OH}=3$, $\overline{AH}=4$ 이고 $\overline{OA}=\sqrt{3^3+4^2}=5$ 이다. 따라서

$$\sin\alpha=\frac{4}{5},\ \cos\alpha=\frac{3}{5},\ \tan\alpha=\frac{4}{3}$$

이고, 그림(b)에서 $\overline{OH}=-4$, $\overline{BH}=3$ 이고 $\overline{OB}=5$ 이다. 따라서 구하는 삼각비는

$$\sin\beta=\frac{3}{5},\ \cos\beta=\frac{-4}{5}=-\frac{4}{5},\ \tan\alpha=\frac{3}{-4}=-\frac{3}{4}$$

이다.

예제 2 원점과 주어진 점을 연결하는 반직선이 x축과 이루는 동경의 크기를 θ라 할 때, 각 동경에 대한 $\sin\theta, \cos\theta, \tan\theta$ 를 구하라.

(1) (-2, -3) (2) (1, -2)

풀이 좌표에 이르는 대각선의 길이를 구한다음 중심각에 대한 삼각비를 구하면 된다.

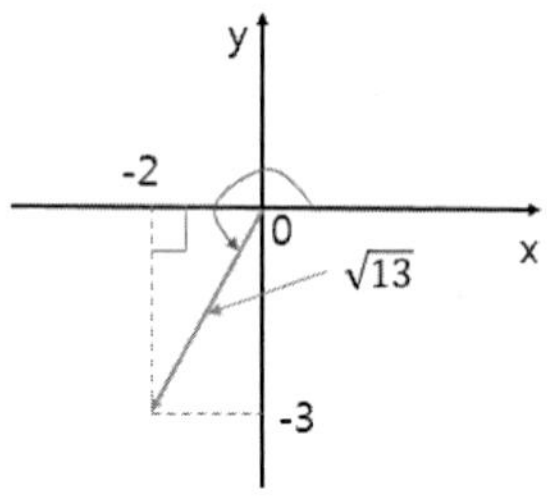

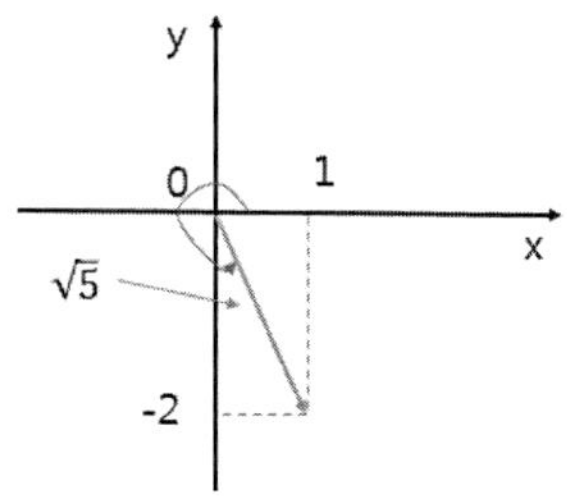

(1) $\sin\theta=-\frac{3}{\sqrt{13}},\ \cos\theta=-\frac{2}{\sqrt{13}},\ \tan\theta=\frac{3}{2}$

(2) $\sin\theta=-\frac{2}{\sqrt{5}},\ \cos\theta=\frac{1}{\sqrt{5}},\ \tan\theta=-2$

예제 3 특수 각에 대한 삼각비를 이용하여 다음 값을 구하라.

(1) $\sin\frac{2\pi}{3}$ (2) $\cos240^\circ$

(3) $\tan(-\frac{5\pi}{4})$ (4) $\sec(-\frac{13\pi}{6})$

풀이 각각의 동경을 그려서 직각삼각형을 그리면 다음과 같다. 대응하는 삼각형에 상응하는 삼각비를 변의 부호에 유의하여 구하면 된다. 대각선의 길이는 모두 양수 2 이다.

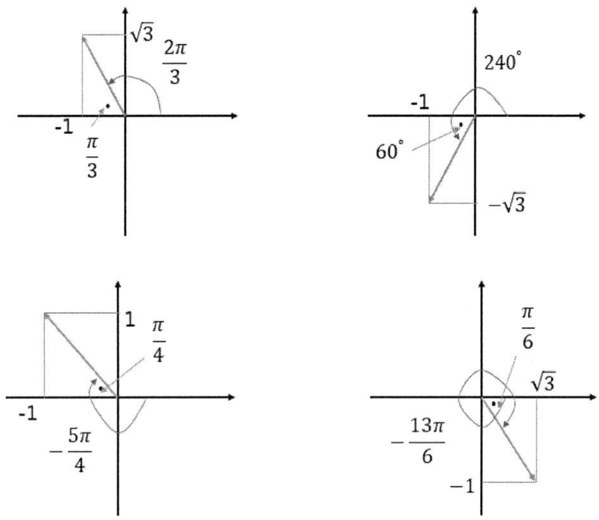

(1) $\sin\frac{2\pi}{3}=\frac{\sqrt{3}}{2}$ (2) $\cos 240^\circ=-\frac{1}{2}$ (3) $\tan(-\frac{5\pi}{4})=-1$

(4) $\cos(-\frac{13\pi}{6})=\frac{\sqrt{3}}{2}$ 이므로 $\sec(-\frac{13\pi}{6})=\frac{2}{\sqrt{3}}$.

삼각함수

삼각함수는 원점에서 x축의 양의 방향으로의 반직선을 시초선으로 하여 반지름이 r인 원위를 움직이는 동경의 크기 θ에 대하여 삼각비를 대응시키는 함수이다.

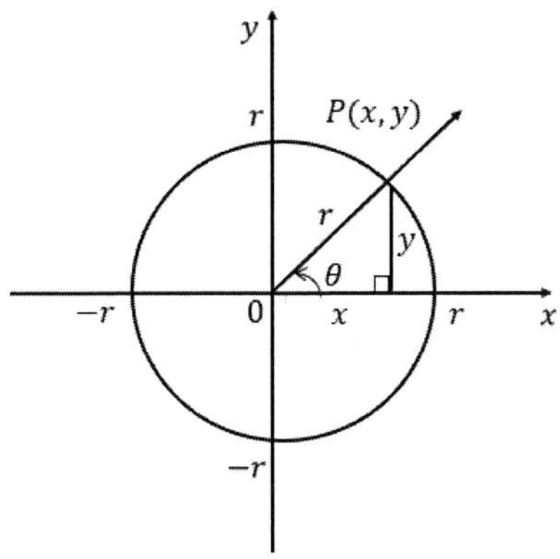

일반적으로 삼각함수에는 사인(sine)함수, 코사인(cosine)함수, 탄젠트(tangent)함수, 코시켄트(cosecant)함수, 시켄트(secant)함수, 코탄젠트(cotangent)함수가 있는데 각각 다음과 같이 정의되는 함수이다

$$\sin\theta = \frac{y}{r},\quad \cos\theta = \frac{x}{r},\quad \tan\theta = \frac{y}{x}$$

$$\csc\theta = \frac{r}{y},\quad \sec\theta = \frac{r}{x},\quad \cot\theta = \frac{x}{y}$$

이때, 중심각 0과 $\frac{\pi}{2}$에 대해 구할 수 없었던 삼각비의 값을 삼각함수의 값으로 다음과 같이 알게 된다. 즉,

$$\sin 0 = 0,\ \cos 0 = 1,\ \tan 0 = 0,\ \sin\frac{\pi}{2} = 1,\ \cos\frac{\pi}{2} = 0.$$

본 장에서는 사인함수, 코사인함수, 탄젠트함수에 관하여 알아보도록 한다. 우선 각 함수의 그래프를 그리고 정의역과 치역에 대하여 알아보자.
삼각함수의 그래프를 평면좌표에 나타내면 다음과 같다. 동경의 크기를 θ대신에 x로 하여 함수를 표현하여 그래프를 그려보자.

사인함수의 그래프

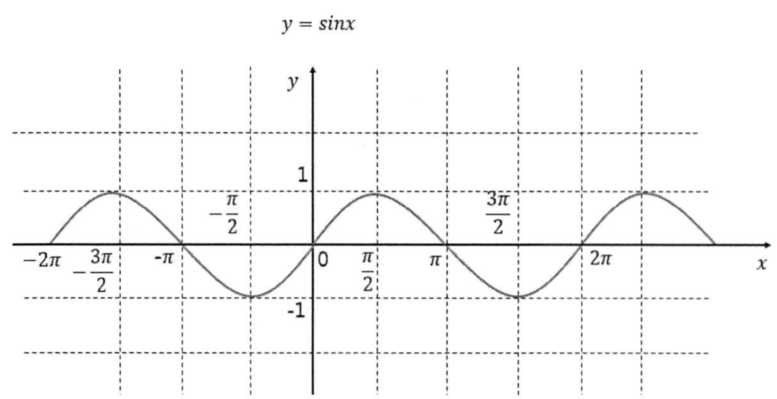

함수의 그래프를 보면 같은 모양이 반복되는 것을 알 수 있다. 모양이 반복되는 가장

짧은 구간의 길이를 주기라 한다. 따라서 다음을 안다.

정의역: 모든 실수, 치역: $[-1,1]$, 주기: 2π

코사인함수의 그래프

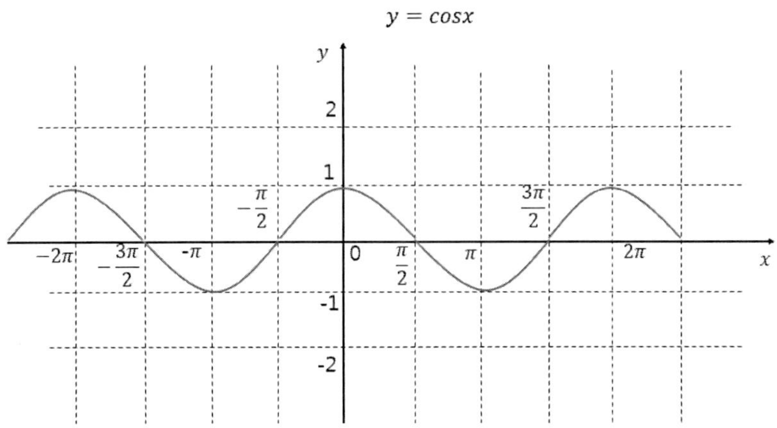

정의역: 모든 실수, 치역: $[-1,1]$, 주기: 2π

탄젠트함수의 그래프

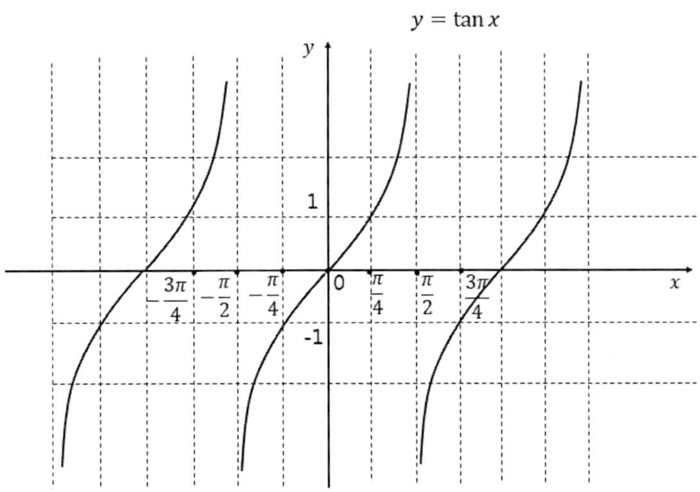

정의역: $\theta \neq (2n-1)\frac{\pi}{2}$인 실수 ($n$은 정수), 치역: 모든 실수, 주기: π

그래프의 이동

우선 사인함수의 변형에 대하여 논의한다. 다른 삼각함수도 똑같이 적용이 된다.

(1) $y-\beta=\sin(x-\alpha)$ 의 그래프는 $y=\sin x$ 의 그래프를 x축으로 α, y축으로 β 만큼 평행 이동한 것이다.

(2) $y=-\sin x$ 의 그래프는 $y=\sin x$ 의 그래프를 x축을 중심으로 선대칭이다.

(3) $y=a\sin x$의 그래프는 $y=\sin x$의 그래프의 값을 a배 한 것이다.

(4) $y=\sin ax$의 그래프는 $y=\sin x$와 모양은 같고 주기가 $\frac{2\pi}{|a|}$ 인 그래프이다.

주의 $y=\tan ax$의 주기는 $\frac{\pi}{|a|}$이다.

$y=\sin(x-\frac{\pi}{2})$ 와 $y=\sin(x-\frac{\pi}{2})+1$의 그래프는 각각 다음가 같다.

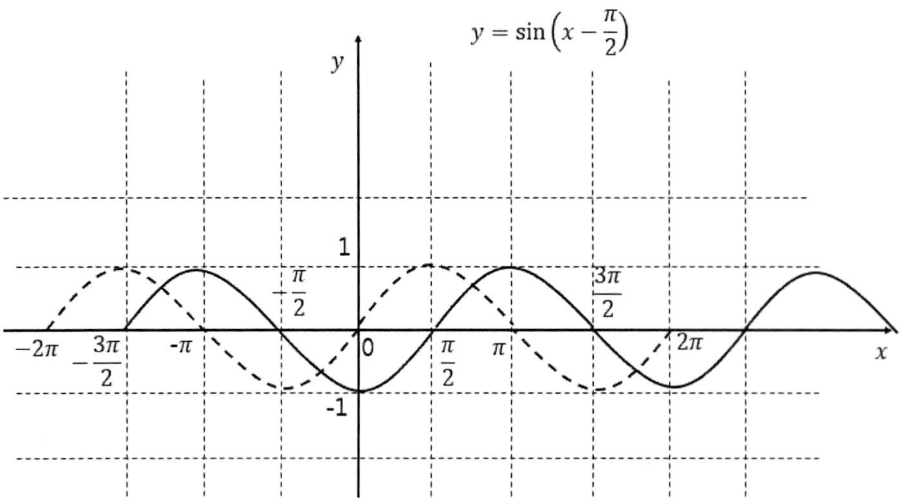

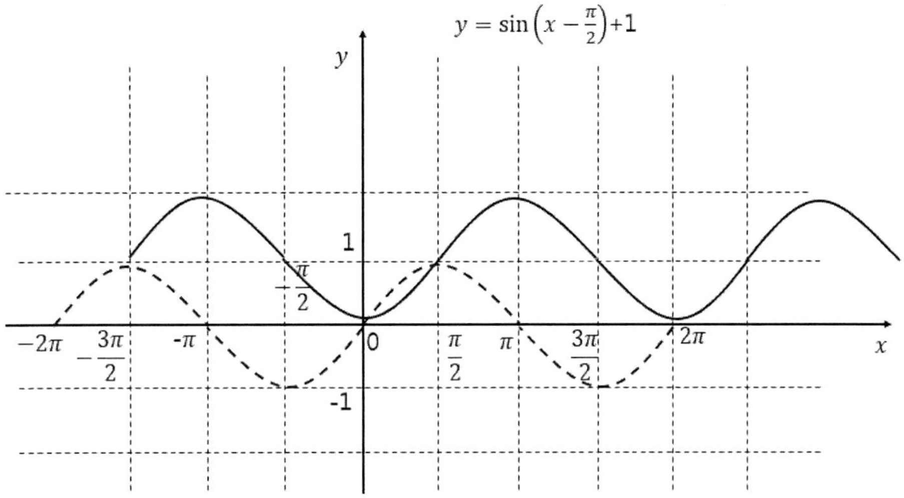

$y=2\sin x$ 와 $y=2\sin(x-\frac{\pi}{2})+1$ 의 그래프는 각각 다음과 같다.

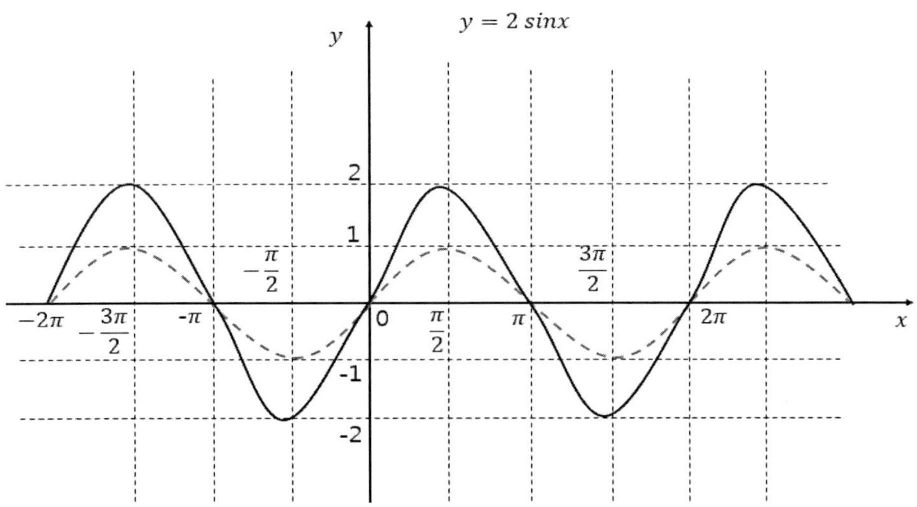

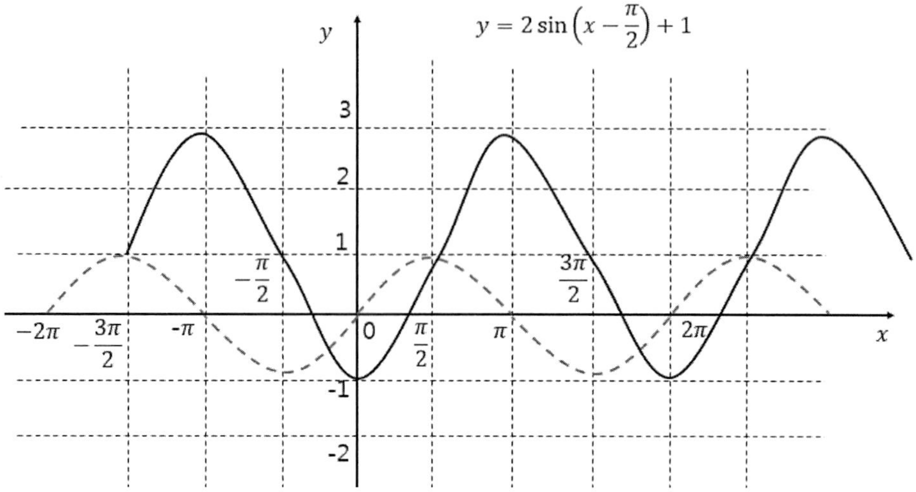

$y=\sin 2x$ 와 $y=\sin 2(x-\frac{\pi}{2})-1$ 의 그래프는 각각 다음과 같다. $y=\sin 2x$의 그래프에는 한 주기 2π안에 $y=\sin x$그래프의 파형이 2개 나타나는 것을 알 수 있다.

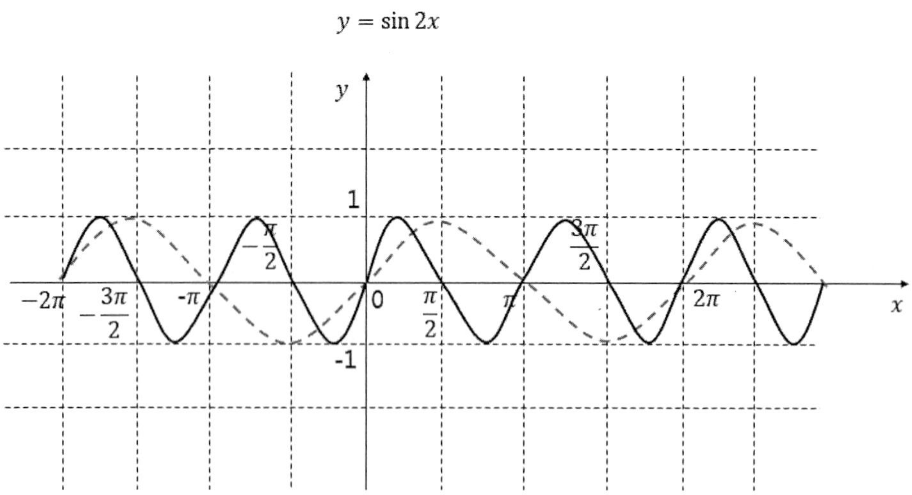

$y = \sin 2\left(x - \frac{\pi}{2}\right) + 1$

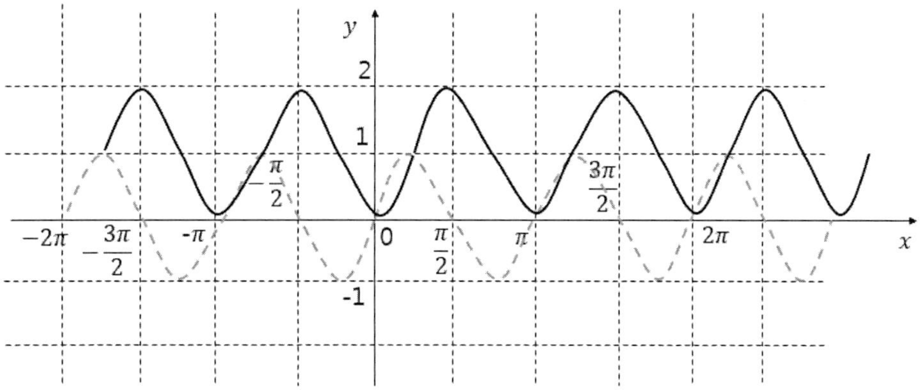

코사인함수와 탄젠트함수의 그래프에 관한 변형도 사인함수의 그래프와 같은 방식으로 하면 된다.

예제 4 다음 함수의 그래프는 $y = \cos x$ 의 그래프에 대하여 어떤 변화인지를 말하고 그래프를 그려라.

(1) $y = \cos\left(x - \frac{\pi}{2}\right)$

(2) $y = -\cos x + 1$

(3) $y = \cos(2x + \pi)$

풀이

(1) $y = \cos\left(x - \frac{\pi}{2}\right)$ 의 그래프는 $y = \cos x$ 의 그래프를 x축으로 $\frac{\pi}{2}$ 평행 이동한 것이다.

(2) $y = -\cos x + 1$ 의 그래프는 $y = \cos x$ 의 그래프를 y축으로 1 평행 이동한 그래프를 x축에 선대칭한 것이다.

(3) $y = \cos(2x + \pi)$ 의 그래프는 $y = \cos(2x + \pi) = \cos 2\left(x - \left(-\frac{\pi}{2}\right)\right)$ 로부터 $y = \cos 2x$ 의 그래프를 x축으로 $-\frac{\pi}{2}$ 평행 이동한 것이다.

이제 그래프를 그려보면 각각 다음과 같다.

$y = \cos(x - \frac{\pi}{2})$

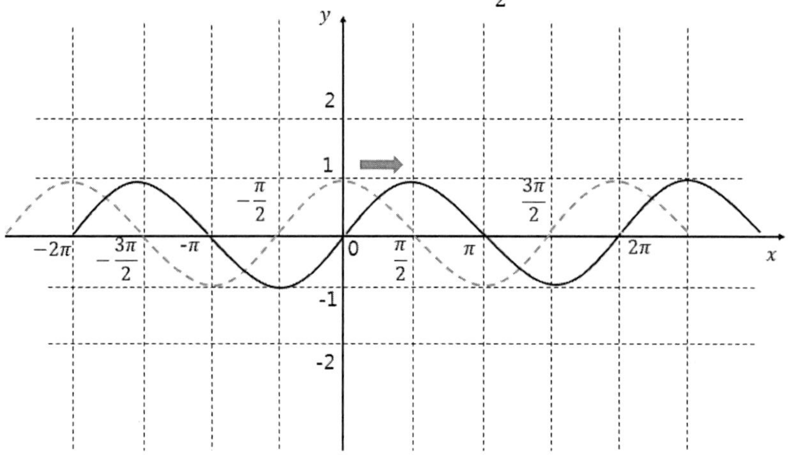

$y = -\cos x + 1$

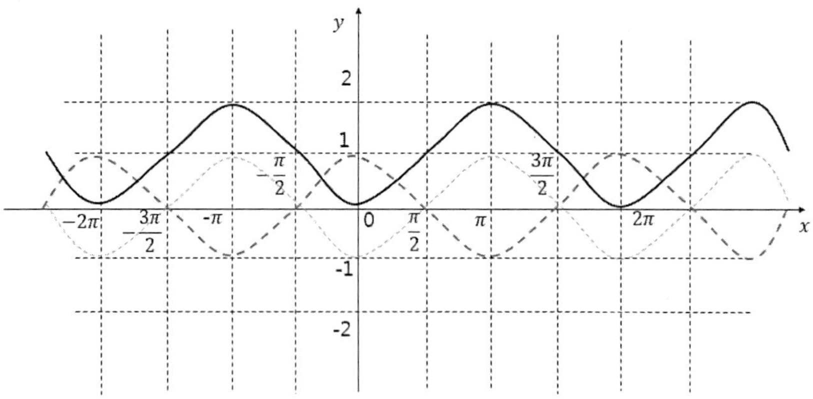

$y = \cos(2x + \pi)$

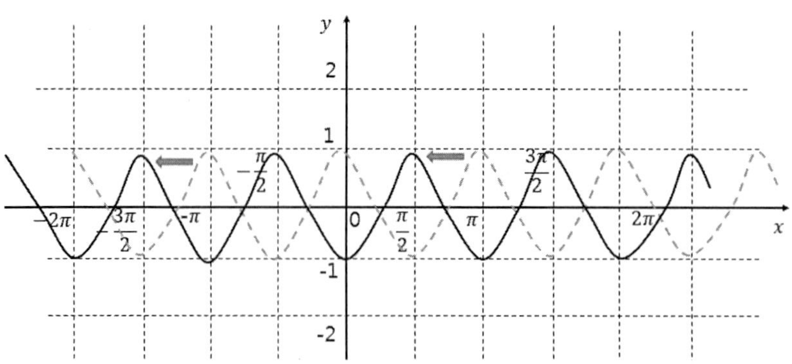

예제 5 다음 함수의 그래프는 $y=\tan x$ 의 그래프에 대하여 어떤 변화인지를 말하고 그래프를 그려라.

(1) $y=2\tan x$　　(2) $y=\tan 2x$　　(3) $y=\tan\left(2x+\frac{\pi}{2}\right)$

풀이 (1) $y=2\tan x$ 의 그래프는 $y=\tan x$의 함수의 값을 2배한 그래프이다.

(2) $y=\tan 2x$의 그래프는 $y=\tan x$의 주기가 $\frac{\pi}{2}$로 변한 그래프이다.

(3) $y=\tan\left(2x+\frac{\pi}{2}\right)$의 그래프는 $y=\tan\left(2x+\frac{\pi}{2}\right)=\tan 2\left(x-\left(-\frac{\pi}{4}\right)\right)$로부터

$y=\tan 2x$의 그래프를 x축으로 $-\frac{\pi}{4}$ 평행 이동한 그래프이다.

이 그래프를 그려보면 각각 다음과 같다.

$y=2\tan x$

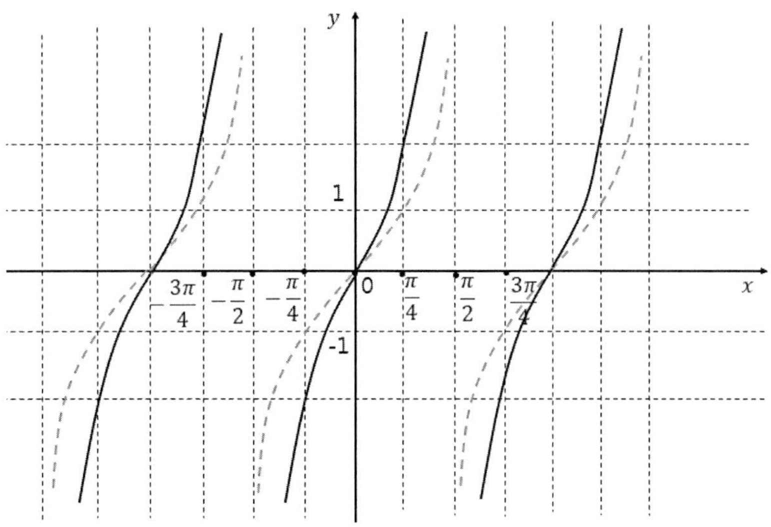

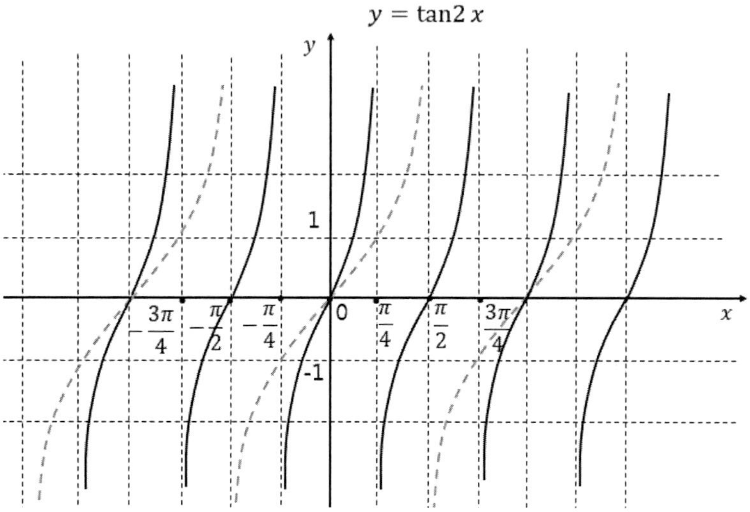

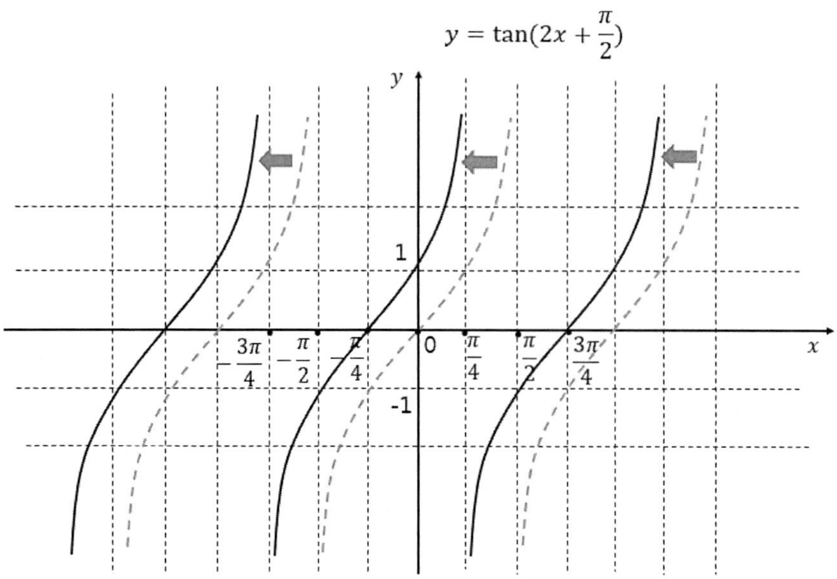

$y=\tan 2x$의 그래프에서는 π주기 구간에 $y=\tan x$ 그래프의 파형이 2개 나타나는 것을 알 수 있다.

삼각함수의 성질

삼각함수는 같은 내용을 가지면서 표현은 다양한 특징을 가지고 있다. 함수값과 관련한 성질은 대부분 삼각비과 관련한 함수의 정으로부터 쉽게 증명할 수 있다. 다음은 삼각비의 정의에 의하여 성립하는 성질이다.

성질 1

(1) $\tan\theta = \dfrac{\sin\theta}{\cos\theta}$

(2) $\sin^2\theta + \cos^2\theta = 1$

(3) $\tan^2\theta + 1 = \sec^2\theta$

예제 6 $\sin\theta + \cos\theta = \dfrac{\sqrt{3}}{2}$ 일 때 $\sin\theta\cos\theta$의 값을 구하라.

풀이 주어진 문제의 양변을 제곱하고 두 번째 성질을 이용하면

$$1+2\sin\theta\cos\theta = \frac{3}{4},$$

$$\sin\theta\cos\theta = -\frac{1}{8}$$

이다.

동경의 크기에 대한 일반각의 성질을 이용하면 같은 동경에 대한 삼각비는 같다는 것을 알 수 있다. 그 이유는 x축에 만들어지는 직각삼각형이 같기 때문이다. 따라서 임의의 정수 n에 대하여 다음 성질이 성립한다.

성질 2

$$\sin(2n\pi + \theta) = \sin\theta \ , \ \cos(2n\pi + \theta) = \cos\theta, \ \tan(2n\pi + \theta) = \tan\theta$$

예제 7 다음 값을 구하라.

(1) $\sin(-\frac{7\pi}{3})$ (2) $\cos\frac{25}{6}\pi$ (3) $\tan\frac{17}{4}\pi$

풀이 성질2를 이용하여 풀이하면

(1) $\sin(-\frac{5\pi}{3}) = \sin(-2\pi + \frac{\pi}{3}) = \sin\frac{\pi}{3} = \frac{\sqrt{3}}{2}$

(2) $\cos\frac{25}{6}\pi = \cos(4\pi + \frac{\pi}{6}) = \cos\frac{\pi}{6} = \frac{\sqrt{3}}{2}$

(3) $\tan\frac{17}{4}\pi = \tan(4\pi + \frac{\pi}{4}) = \tan\frac{\pi}{4} = 1$

함수 $y = f(x)$에서 $f(-x) = f(x)$ 이면 함수를 **우함수**라 하고, $f(-x) = -f(x)$ 이면 함수를 **기함수**라 한다. 우함수의 그래프는 y축을 중심으로 선대칭이고 기함수의 그래프는 원점을 축으로 $180°$ 회전대칭이다. 아래 성질로부터 코사인함수는 우함수이고, 사인함수와 탄젠트함수는 기함수이다.

성질 3

$\sin(-\theta) = -\sin\theta$ $\cos(-\theta) = \cos\theta$ $\tan(-\theta) = -\tan\theta$

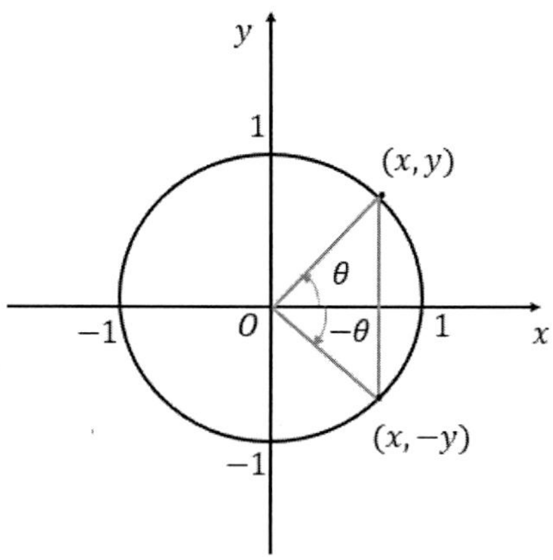

예제 8 다음 값을 구하라.

(1) $\sin\left(-\frac{\pi}{3}\right)$ (2) $\cos\left(-\frac{7}{3}\pi\right)$ (3) $\tan\left(-\frac{4}{3}\pi\right)$

풀이 동경의 부호를 관찰하고 성질3을 이용하면 구하는 답을 얻는다.

(1) $\sin\left(-\frac{\pi}{3}\right)=-\sin\frac{\pi}{3}=-\frac{\sqrt{3}}{2}$

(2) $\cos\left(-\frac{7}{3}\pi\right)=\cos\frac{7}{3}\pi=\cos\frac{\pi}{3}=\frac{1}{2}$

(3) $\tan\left(-\frac{4}{3}\pi\right)=-\tan\frac{4\pi}{3}=-\sqrt{3}$

주어진 동경의 크기 θ를 π만큼 증가시켜서 $\pi+\theta$에 대응하는 직각삼각형을 x축에 만들면, 처음에 주어진 동경의 크기 θ에 해당하는 직각삼각형과 비교하여 x축에 있지 않는 꼭짓점의 좌표는 원점에 대한 회전이동이 되어 $(x,y)\to(-x,-y)$가 되는 것을 알 수 있다. 따라서 삼각비의 값이 처음 동경과 비교하여 부호만 바뀌게 된다.

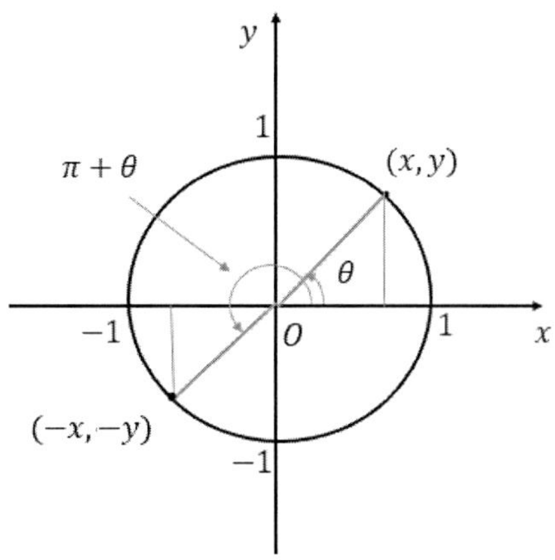

따라서 다음 성질을 알게 된다.

성질 4

$\sin(\pi+\theta)=-\sin\theta$ $\cos(\pi+\theta)=-\cos\theta$ $\tan(\pi+\theta)=\tan\theta$

예제 9 다음 삼각함수의 값을 구하라.

(1) $\sin\frac{4}{3}\pi$ (2) $\cos\frac{7}{6}\pi$ (3) $\tan\frac{5}{4}\pi$

풀이 동경의 크기를 $\pi+\theta$ 나타내어 공식을 적용하면 된다.

(1) $\sin\frac{4}{3}\pi=\sin\left(\pi+\frac{\pi}{3}\right)=-\sin\frac{\pi}{3}=-\frac{\sqrt{3}}{2}$

(2) $\cos\frac{7}{6}\pi=\cos(\pi+\frac{\pi}{6})=-\cos\frac{\pi}{6}=-\frac{\sqrt{3}}{2}$

(3) $\tan\frac{5}{4}\pi=\tan(\pi+\frac{\pi}{4})=\tan\frac{\pi}{4}=1$

주어진 동경의 크기 θ를 π에서 θ만큼 감한 동경의 크기 $\pi-\theta$에 대응하는 직각삼각형을 만들면, 처음 삼각형과 비교하여 x축에 있지 않는 꼭짓점의 좌표는 y축에 대하여 선대칭이 되어 좌표가 $(x,y)\rightarrow(-x,y)$로 변하는 것을 알 수 있다.

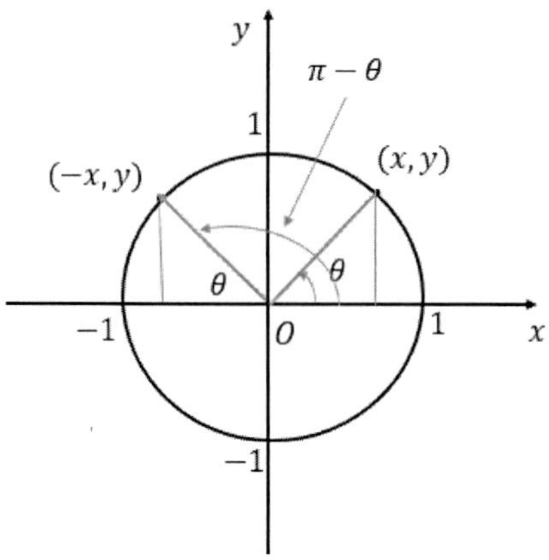

따라서 다음 성질을 알게 된다.

성질 5

$\sin(\pi-\theta)=\sin\theta$ $\cos(\pi-\theta)=-\cos\theta$ $\tan(\pi-\theta)=-\tan\theta$

예제 10 다음 삼각함수의 값을 구하라.

(1) $\sin\frac{5}{6}\pi$ (2) $\cos\frac{4}{3}\pi$ (3) $\tan\frac{3}{4}\pi$

풀이 동경을 π의 합 또는 차로 표현하여 풀이하면 된다.

(1) $\sin\frac{5}{6}\pi=\sin(\pi-\frac{\pi}{6})=\sin\frac{\pi}{6}=\frac{1}{2}$

(2) $\cos\frac{4}{3}\pi=\cos(\pi+\frac{\pi}{3})=-\cos\frac{\pi}{3}=-\frac{1}{2}$

(3) $\tan\frac{3}{4}\pi=\tan(\pi-\frac{\pi}{4})=-\tan\frac{\pi}{4}=-1$

주어진 동경의 크기 θ를 $\frac{\pi}{2}$에서 θ만큼 감소한 동경의 크기 $\frac{\pi}{2}-\theta$에 대응하는 직각삼각형을 x축에 만들면, 처음에 주어진 동경의 크기 θ에 해당하는 직각삼각형과 비교하여 x축에 있지 않는 꼭짓점의 좌표는 $(x,y)\to(-y,x)$ 가되는 것을 알 수 있다. 따라서 삼각비의 값이 처음 동경과 비교하여 사인비는 코사인비로, 코사인비는 -사인비로, 탄젠트비는 -코탄젠트비로 바뀌게 된다.

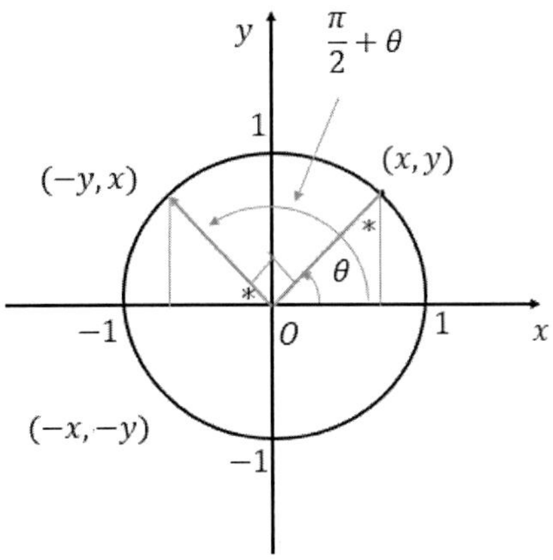

따라서 다음 성질을 가진다.

성질 6

$\sin\left(\frac{\pi}{2}+\theta\right)=\cos\theta$ $\cos\left(\frac{\pi}{2}+\theta\right)=-\sin\theta$ $\tan\left(\frac{\pi}{2}+\theta\right)=-\cot\theta$

예제 11 다음 삼각함수의 값을 구하라.

(1) $\sin\frac{5}{6}\pi$ (2) $\cos\frac{2}{3}\pi$ (3) $\tan\frac{3}{4}\pi$

풀이 동경의 크기를 $\frac{\pi}{2}+\theta$ 나타내어 공식을 적용하면 된다.

(1) $\sin\frac{5}{6}\pi=\sin\left(\frac{\pi}{2}+\frac{\pi}{3}\right)=\cos\frac{\pi}{3}=\frac{1}{2}$

(2) $\cos\frac{2}{3}\pi=\cos\left(\frac{\pi}{2}+\frac{\pi}{6}\right)=-\sin\frac{\pi}{6}=-\frac{1}{2}$

(3) $\tan\frac{3}{4}\pi=\tan\left(\frac{\pi}{2}+\frac{\pi}{4}\right)=-\cot\frac{\pi}{4}=-1$

주어진 동경의 크기 θ를 $\frac{\pi}{2}$만큼 증가시켜서 $\frac{\pi}{2}+\theta$에 대응하는 직각삼각형을 x축에 만들면, 처음에 주어진 동경의 크기 θ에 해당하는 직각삼각형과 비교하여 x축에 있지 않는 꼭짓점의 좌표는 $(x, y)\to(y, x)$가 되는 것을 알 수 있다. 따라서 삼각비의 값이 처음 동경과 비교하여 사인비는 코사인비로, 코사인비는 사인비로, 탄젠트비는 코탄젠트비로 바뀌게 된다.

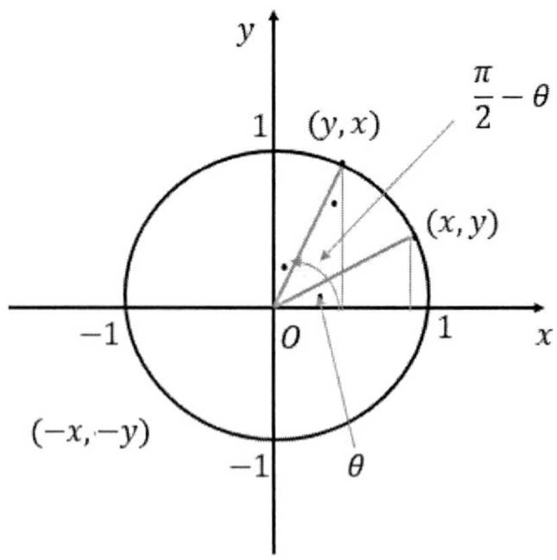

따라서 다음 성질을 가진다.

성질 7

$\sin\left(\frac{\pi}{2}-\theta\right)=\cos\theta$ $\cos\left(\frac{\pi}{2}-\theta\right)=\sin\theta$ $\tan\left(\frac{\pi}{2}-\theta\right)=\cot\theta$

지금까지 나열한 삼각함수의 성질을 요약하면 모든 삼각함수의 값은 그 동경의 크기가 어떠하든지 제1사분면에 있는 동경의 크기에 관한 삼각비로 나타낼 수 있다는 것을 의미한다.

▸▸ 연습문제 5.1

1. 다음에서 육십분법은 호도법으로, 호도법은 육십분법으로 나타내어라.

(1) 90° (2) 60°

(3) 30° (4) $\frac{2}{3}\pi$

(5) $\frac{3}{4}\pi$ (6) $\frac{3}{2}\pi$

2. 원점 O와 점 $P(-2,-3)$을 잇는 선분 OP를 동경으로 하는 각의 크기를 θ라고 할 때, $\sin\theta$, $\cos\theta$, $\tan\theta$의 값을 구하여라.

3. 다음 각 θ에 대한 동경의 위치를 찾고 이를 이용하여 $\sin\theta$, $\cos\theta$, $\tan\theta$의 값을 각각 구하여라.

(1) 45° (2) 150°

(3) $-\frac{2}{3}\pi$ (4) $-\frac{\pi}{6}$

4. $\sin\theta = \frac{12}{13}\left(\frac{\pi}{2} < \theta < \pi\right)$일 때, $\cos\theta$, $\tan\theta$의 값을 각각 구하여라.

5. 다음 삼각함수의 값을 구하여라.

(1) $\sin\frac{13}{6}\pi$

(2) $\cos\frac{13}{6}\pi$

(3) $\tan\left(-\frac{7}{4}\pi\right)$

(4) $\sin\left(-\frac{\pi}{3}\right)$

(5) $\cos\left(-\frac{9}{4}\pi\right)$

(6) $\tan\left(-\frac{4}{3}\pi\right)$

(7) $\sin\frac{5}{6}\pi$

(8) $\cos\left(-\frac{14}{3}\pi\right)$

6. 다음 함수의 치역과 주기를 구하고 기본형으로부터 어떻게 변했는지를 설명하라.

(1) $y = \sin\frac{x}{2}$

(2) $y = 2\sin\left(x + \frac{\pi}{3}\right)$

(3) $y = \frac{1}{2}\cos 3x$

(4) $y = 3\cos\left(x - \frac{\pi}{4}\right)$

(5) $y = \frac{1}{2}\tan\frac{x}{2}$

(6) $y = \tan\left(2x - \frac{\pi}{4}\right)$

5.2 삼각방정식과 부등식

삼각방정식

삼각방정식은 삼각함수에 미지수를 포함하는 방정식으로 함수의 그래프를 이용하여 해를 구할 수 있다.

예를 들어, $0 \le x \le 2\pi$ 에서 $\cos x = \frac{1}{2}$의 해를 구하여 보자.

우선 제1사분면에서 $\cos x = \frac{1}{2}$이 되는 직각삼각형의 중심각은 $\frac{\pi}{3}$이다. 따라서 동경의 크기는 $\frac{\pi}{3}$이다. 주어진 범위에서 그래프를 그려 $y = \frac{1}{2}$과 만나는 다른 점을 찾으면 4사분면의 점이다. 4사분면에서 코사인비가 $\frac{1}{2}$이 되는 직각삼각형의 중심각은 $\frac{\pi}{3}$이다. 이에 대응하는 동경의 크기는 $2\pi - \frac{\pi}{3} = \frac{5}{3}\pi$이다. 따라서 구하는 방정식의 해는 $x = \frac{\pi}{3}$, $\frac{5}{3}\pi$이다.

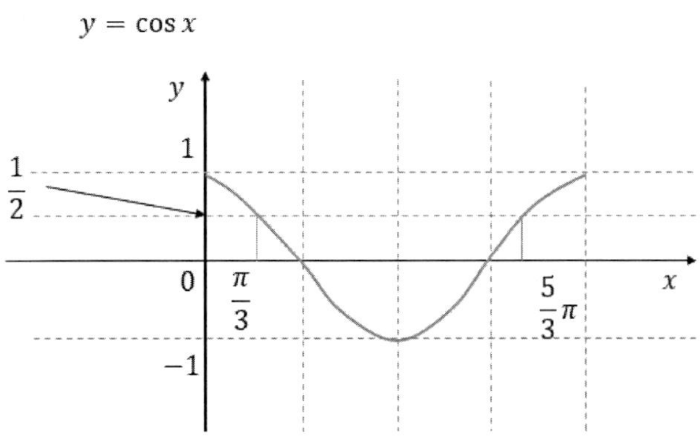

예제 1 다음 삼각방정식의 해를 구하여라. (단, $0 \le x \le 2\pi$)

(1) $2\sin x - \sqrt{3} = 0$　　(2) $2\sin x = -1$

(3) $2\cos x + \sqrt{3} = 0$　　(4) $3\tan x - \sqrt{3} = 0$

풀이

(1) $\sin x = \frac{\sqrt{3}}{2}$이 되는 동경에 대한 직각삼각형의 중심각은 x축과 $\frac{\pi}{3}$이다. 따라서 동경의 크기는 $\frac{\pi}{3}$이다. 이제 사인함수의 그래프를 그려서 $y = \frac{1}{2}$와 만나는 다른 점을 찾으면 2사분면의 점이다. 2사분면에서 사인비가 $\frac{\sqrt{3}}{2}$인 직각삼각형은 x축과 이루는 중심각이 $\frac{\pi}{3}$이다. 이에 대응하는 동경의 크기는 $\pi - \frac{\pi}{3} = \frac{2}{3}\pi$이다. 따라서 구하는 해는 $x = \frac{\pi}{3}, \frac{2}{3}\pi$이다.

$y = \sin x$

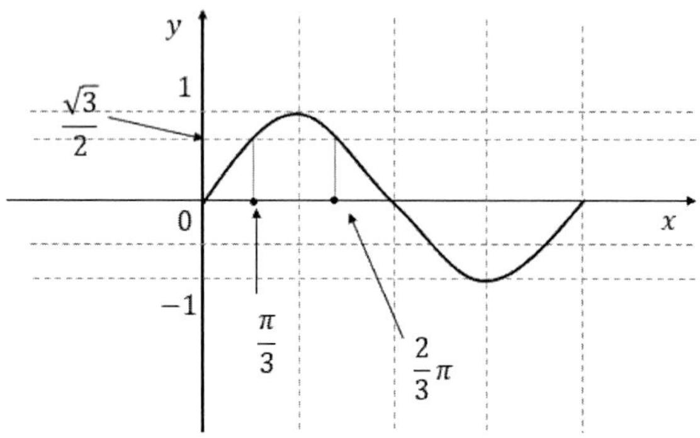

(2) $\sin x = -\frac{1}{2}$ 가 되는 동경에 대한 직각삼각형의 중심각은 3사분면에서 x축과 $\frac{\pi}{6}$이다. 따라서 동경의 크기는 $\frac{7}{6}\pi$이다. 이제 사인함수의 그래프를 그려서 다른 교점을 찾으면 4사분면의 점이다. 4사분면에서 사인비가 $-\frac{1}{2}$인 직각삼각형이 x축과 이루는 중심각이 $\frac{\pi}{6}$이므로 이에 대응하는 동경의 크기는 $2\pi - \frac{\pi}{6} = \frac{11}{6}\pi$이다. 따라서 구하는 해는 $x = \frac{7}{6}\pi, \frac{11}{6}\pi$이다.

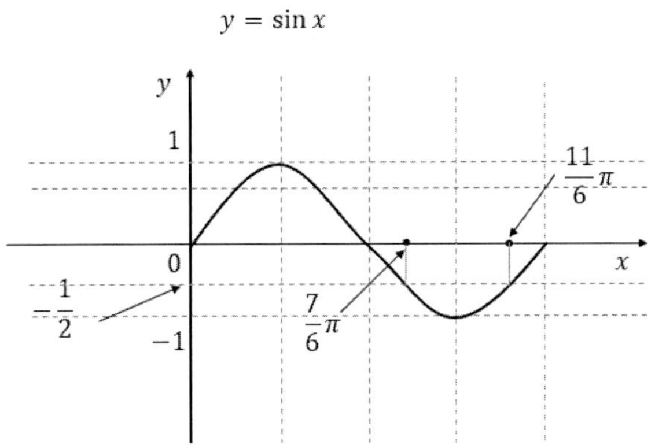

(3) $\cos x = -\frac{\sqrt{3}}{2}$ 이 되는 동경에 대한 직각삼각형의 중심각은 2사분면에서 x축과 $\frac{\pi}{6}$ 이다. 따라서 동경의 크기는 $\pi - \frac{\pi}{6} = \frac{5}{6}\pi$이다. 이제 코사인함수의 그래프를 그려서 다른 교점을 찾으면 3사분면의 점이다. 3사분면에서 코사인비가 $-\frac{\sqrt{3}}{2}$인 직각삼각형이 x축과 이루는 중심각은 $\frac{\pi}{6}$이므로 이에 대응하는 동경의 크기는 $\pi + \frac{\pi}{6} = \frac{7}{6}\pi$이다. 따라서 구하는 해는 $x = \frac{5}{6}\pi, \frac{7}{6}\pi$이다.

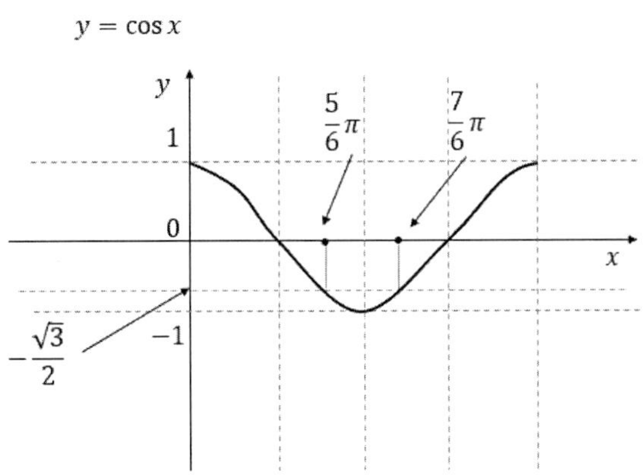

(4) $\tan x = \frac{1}{\sqrt{3}}$ 이 되는 동경에 대한 직각삼가형의 중심각은 1사분면에서 x축과 $\frac{\pi}{6}$이다. 따라서 동경의 크기는 $\frac{\pi}{6}$이다. 그래프를 그려보면 주기인 $[0, \pi]$구간에서는 다른

해는 없다. 구간 $[\pi, 2\pi]$에서 다른 해는 주기에 $\frac{\pi}{6}$를 더한 $\pi+\frac{\pi}{6}=\frac{7}{6}\pi$이다. 따라서 구하는 해는 $x=\frac{\pi}{6}, \frac{7}{6}\pi$이다.

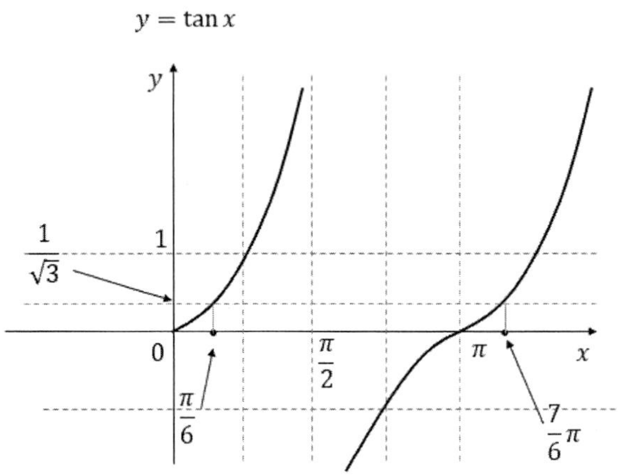

삼각부등식

삼각부등식은 삼각함수가 미지수를 포함하는 부등식이다. 삼각부등식의 해법은 다음과 같다.

첫째, 부등식에 대응하는 삼각함수의 방정식에서 해를 구한다.

둘째, 합당한 삼각함수의 그래프를 그려서 부등식을 만족하는 영역을 결정한다.

예를 들어, $0 \le x \le 2\pi$에서 $\cos x \le \frac{1}{2}$의 해를 구하여보자.

우선 $\cos x=\frac{1}{2}$의 해를 구하면 $x=\frac{\pi}{3}$, $\frac{5}{3}\pi$이다. 주어진 범위에서 그래프를 그려서 함수의 값이 주어진 조건을 만족하는 영역을 택하면 된다. 그림에서 보는 바와 같이 부등식의 해는 $\frac{\pi}{3} \le x \le \frac{5}{3}\pi$이다.

$y = \cos x$

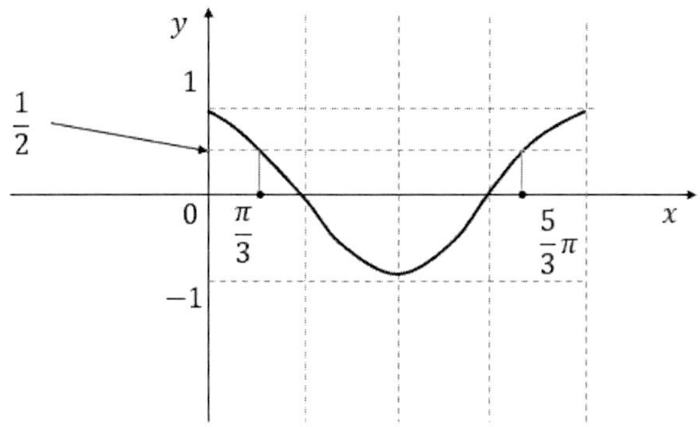

예제 2 다음 삼각부등식의 해를 구하여라. (단, $0 \le x \le 2\pi$)

(1) $\sqrt{2}\sin x + 1 < 0$ (2) $-\frac{1}{2} \le \cos x \le \frac{1}{2}$ (3) $\tan x - 1 < 0$

풀이 삼각방정식의 해를 구하고 그래프를 이용하여 해당 영역을 찾으면 된다.

(1) 사인함수의 그래프는

$y = \sin x$

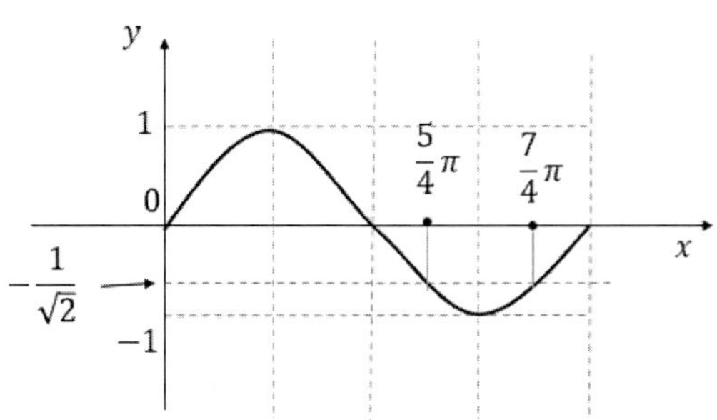

이고, $\sin x = -\frac{1}{\sqrt{2}}$의 해는 $x = \frac{5}{4}\pi, \frac{7}{4}\pi$이고, 구하는 영역은

$$\frac{5}{4}\pi < x < \frac{7}{4}\pi$$

이다.

(2) 코사인함수의 그래프는

$y = \cos x$

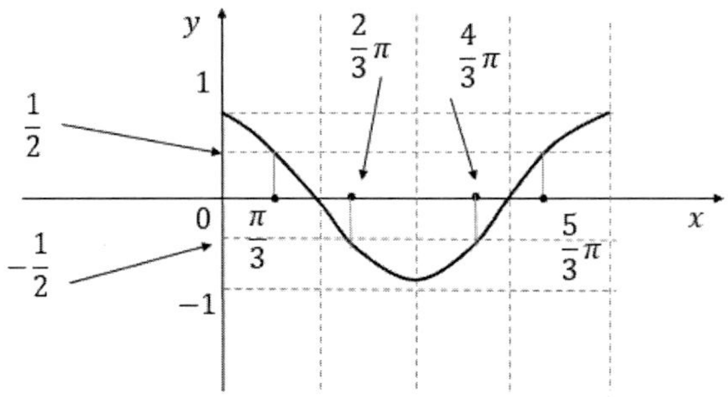

이고, $\cos x = \frac{1}{2}$의 해는 $x = \frac{\pi}{3}, \frac{5}{3}\pi$, $\cos x = -\frac{1}{2}$의 해는 $x = \frac{2}{3}\pi, \frac{4}{3}\pi$이다.

따라서 구하는 영역은

$$\frac{\pi}{3} \le x \le \frac{2}{3}\pi,\ \frac{4}{3}\pi \le x \le \frac{5}{3}\pi$$

이다.

(3) 탄젠트함수의 그래프는

$y = \tan x$

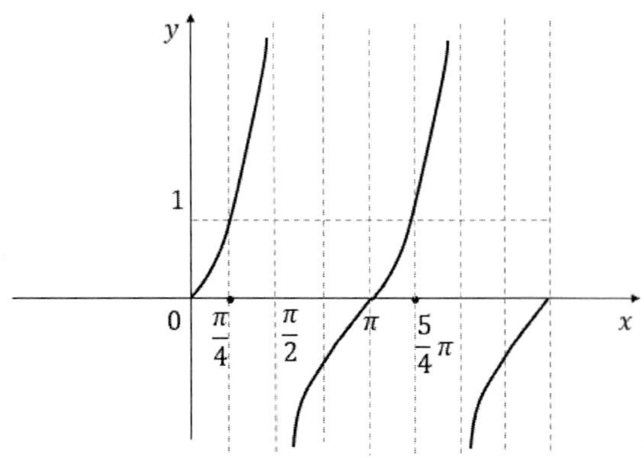

이고, $\tan x = 1$의 해는 $x = \frac{\pi}{4}, \frac{5}{4}\pi$이다. 따라서 구하는 영역은

$$0 < x < \frac{\pi}{4},\ \frac{\pi}{2} < x < \frac{5}{4}\pi,\ \frac{3}{2}\pi < x < 2\pi$$

이다.

▶▶ 연습문제 5.2

1. 다음 삼각방정식의 해를 구하여라. (단, $0 \le x \le 2\pi$)

(1) $\sin x + \dfrac{\sqrt{3}}{2} = 0$

(2) $2\cos x - \sqrt{3} = 0$

(3) $\tan x + \dfrac{1}{\sqrt{3}} = 0$

(4) $\sin x + \dfrac{1}{2} = 0$

(5) $2\cos x + 1 = 0$

(6) $3\tan x - \sqrt{3} = 0$

2. 다음 삼각방정식의 해를 구하여라. (단, $0 \le x \le 2\pi$)

(1) $2\sin^2 x + \sin x - 1 = 0$

(2) $2\cos^2 x - 3\cos x + 1 = 0$

3. 다음 삼각방정식의 해를 구하여라. (단, $0 \le x \le 2\pi$)

(1) $2\sin^2 x + 3\cos x = 0$

(2) $\tan x + \cot x = 2$

4. 다음 삼각부등식의 해를 구하여라. (단, $0 \le x \le 2\pi$)

(1) $\sqrt{2}\cos x - 1 < 0$

(2) $\tan x - 1 < 0$

(3) $2\sin x + 1 > 0$

(4) $-\dfrac{1}{2} \le \sin x \le \dfrac{1}{2}$

5. 다음 삼각부등식의 해를 구하여라. (단, $0 \le x \le 2\pi$)

(1) $\sin^2 x - \sin x < 0$

(2) $2\cos^2 x + 3\cos x - 2 \le 0$

6. 다음 삼각부등식의 해를 구하여라. (단, $0 \le x \le 2\pi$)

(1) $\sin^2 x > 1 - \cos x$

(2) $2\cos^2 x - 3\sin x \le 0$

CHAPTER 06 행렬

6.1 행렬

수나 문자를 직사각형 모양으로 배열하여 괄호로 묶은 것을 **행렬**이라 하고, 배열의 가로줄을 행, 배열의 세로줄을 열이라 한다.

1렬 j렬

1행 →, i행 →

$$\begin{pmatrix} a_{11} & a_{12} & \cdots & a_{1j} & \cdots & a_{1n} \\ a_{21} & a_{22} & \cdots & a_{2j} & \cdots & a_{2n} \\ \vdots & \vdots & \vdots & \vdots & \vdots & \vdots \\ a_{i1} & a_{i2} & \cdots & a_{ij} & \cdots & a_{in} \\ \vdots & \vdots & \vdots & \vdots & \vdots & \vdots \\ a_{m1} & a_{m2} & \cdots & a_{mj} & \cdots & a_{mn} \end{pmatrix}$$

행의 개수가 m이고 열의 개수가 n인 행렬을 $m \times n$ 행렬이라 하고 **행렬의 크기**라 한다. 행렬은 보통 영문 대문자 $A, B, \cdots$ 등을 사용하여

$$A = (a_{ij}), 1 \le i \le m, 1 \le j \le n$$

또는

$$A = (a_{ij})_{m \times n} \ , \quad A = (a_{ij}) : m \times n$$

으로 나타내는데, a_{ij} 를 i행j열의 원소 또는 "ij-원소"라 한다. 본 장에서는 행렬의 원소 a_{ij}가 실수인 경우에 대해서 다룬다. 예를 들어,

$$B = \begin{pmatrix} -2 & 0 & 3 \\ 4 & 1 & -8 \\ 6 & -7 & 5 \end{pmatrix} = (b_{ij})$$

라 하면, B의 크기는 3×3 이고 $b_{23} = -8$, $b_{31} = 6$, $b_{12} = 0$ 이다.

모든 요소가 0인 행렬을 **영행렬**이라 하고 O 또는 $O_{m\times n}$으로 나타낸다. 행의 개수와 열의 개수가 같은 행렬을 **정방행렬**이라 하고, 행과 열의 개수가 n개인 행렬을 n정방행렬이라 한다. 정방행렬에서 a_{ii}를 주 대각요소라 하고, 대각요소 외의 모든 원소가 0인 행렬을 대각행렬이라 한다. 대각 행렬 중에서 대각요소가 모두 1인 행렬을 **단위행렬**이라 부르며 I_n으로 나타낸다. 예를 들면 다음과 같다.

영행렬 $\begin{pmatrix} 0&0&0\\0&0&0\\0&0&0 \end{pmatrix}$, $\begin{pmatrix} 0&0\\0&0\\0&0 \end{pmatrix}$

대각행렬 $\begin{pmatrix} 4&0\\0&0 \end{pmatrix}$, $\begin{pmatrix} 0&0\\0&0 \end{pmatrix}$, $\begin{pmatrix} 2&0&0\\0&0&0\\0&0&1 \end{pmatrix}$, $\begin{pmatrix} -3&0&0\\0&5&0\\0&0&4 \end{pmatrix}$

단위행렬 $I_2=\begin{pmatrix} 1&0\\0&1 \end{pmatrix}$, $I_3=\begin{pmatrix} 1&0&0\\0&1&0\\0&0&1 \end{pmatrix}$

행렬 A에서 행과 열의 원소의 위치를 바꾼 행렬을 A의 **전치행렬**이라 하고 A^t 로 나타낸다.
예를 들어,

$$A=\begin{pmatrix} 2&4&7\\3&5&8 \end{pmatrix} \text{일 때} \quad A^t=\begin{pmatrix} 2&3\\4&5\\7&8 \end{pmatrix}$$

이다. 따라서

$$A=(a_{ij})_{m\times n} \text{ 일 때,} \quad A^t=(a_{ij}^t)_{n\times m} \text{이고} \quad a_{ij}^t=a_{ji}$$

이다.

행렬의 상등

크기가 같은 두 행렬 $A=(a_{ij})$, $B=(b_{ij})$에 대하여 두 행렬의 모든 요소가 같으면 두 행렬은 "같다" 라 하고 $A=B$ 로 나타낸다. 즉

$$A = B \Leftrightarrow \text{모든 } i,j\text{에서 } a_{ij} = b_{ij}$$

예를 들어,

$$A = \begin{pmatrix} 3 & 1 & -2 \\ -2 & x & 4 \\ 0 & -6 & 8 \end{pmatrix}, B = \begin{pmatrix} 3 & y & -2 \\ -2 & 5 & 4 \\ 0 & -6 & w \end{pmatrix}$$

에서 $A = B$일 때, $x = 5, y = 1, w = 8$ 이다.

상수의 곱

행렬 $A = (a_{ij})$ 와 실수 r에 대하여 rA는 ij요소에는 a_{ij}에 r를 곱한 행렬

$$rA = (ra_{ij})$$

이다. 이때 $-A = (-1)A$ 이다.

예를 들어,

$$A = \begin{pmatrix} 2 & -5 \\ -3 & 4 \end{pmatrix}\text{일 때, } 3A = \begin{pmatrix} 6 & -15 \\ -9 & 12 \end{pmatrix}$$

이다.

합과 차

크기가 같은 두 행렬 $A = (a_{ij})$, $B = (b_{ij})$에 대하여 합과 차는 각각

$$A + B = (a_{ij} + b_{ij})$$

$$A - B = A + (-1)B$$

이다.

참고 행렬의 상수 곱과 행렬의 합의 정의에 두 행렬의 차 $A - B$는 다음과 같다.

$$A - B = (a_{ij} - b_{ij})$$

예를 들어,

$$A=\begin{pmatrix} 2 & -5 \\ -3 & 4 \end{pmatrix}, \quad B=\begin{pmatrix} -1 & 3 \\ 5 & -4 \end{pmatrix}$$

일 때,

$$A+B=\begin{pmatrix} 1 & -2 \\ 2 & 0 \end{pmatrix}, \ A-B=\begin{pmatrix} 3 & -8 \\ -8 & 8 \end{pmatrix}$$

이다.

예제 1 두 행렬 $A=\begin{pmatrix} -2 & 1 & 3 \\ 4 & -5 & 0 \end{pmatrix}$와 $B=\begin{pmatrix} 3 & 2 & -4 \\ -7 & 6 & 1 \end{pmatrix}$ 에 대하여 다음을 구하라.

(1) $3A$

(2) $2A-3B$

풀이 행렬에 상수를 곱하는 것에 대한 정의 및 두 행렬의 차에 대한 정의를 상기하면 된다.

(1) $3A=\begin{pmatrix} 3\times(-2) & 3\times 1 & 3\times 3 \\ 3\times 4 & 3\times(-5) & 3\times 0 \end{pmatrix}=\begin{pmatrix} -6 & 3 & 9 \\ 12 & -15 & 0 \end{pmatrix}$

(2) $2A-3B=2A+(-3)B=\begin{pmatrix} -4-9 & 2-6 & 6+12 \\ 8+21 & -10-18 & 0-3 \end{pmatrix}=\begin{pmatrix} -13 & -4 & 18 \\ 29 & -28 & -3 \end{pmatrix}$

행렬연산의 성질

행렬 A, B, C 의 크기가 모두 같고 α, β가 실수 일 때, 다음이 성립한다.

(1) $A+B=B+A$

(2) $(A+B)+C=A+(B+C)$

(3) $A+O=O+A=A$

(4) $A-A=O$

(5) $(\alpha+\beta)A=\alpha A+\beta A$

(6) $(\alpha\beta)A=\alpha(\beta A)$

(7) $\alpha(A+B)=\alpha A+\alpha B$

예제 2 두 행렬 $A=\begin{pmatrix}0&-2\\3&1\end{pmatrix}$와 $B=\begin{pmatrix}2&-4\\3&5\end{pmatrix}$ 일 때, $A+2X=B$를 만족하는 행렬 X를 구하라.

풀이 행렬연산의 성질로부터

$$-A+A+2X=-A+B$$

$$O+2X=-A+B,\quad 2X=-A+B$$

$$X=\frac{1}{2}(-A+B)$$

이고, 따라서

$$X=\frac{1}{2}\begin{pmatrix}2&-2\\0&4\end{pmatrix}=\begin{pmatrix}1&-1\\0&2\end{pmatrix}.$$

예제 3 두 행렬 $A=\begin{pmatrix}2&-3\\1&5\end{pmatrix}$와 $B=\begin{pmatrix}-4&1\\3&-3\end{pmatrix}$에 대하여 다음을 만족하는 행렬 X와 Y를 구하라.

$$X+Y=A,\ X-Y=B$$

풀이 두 행렬식을 더하면 $2X=A+B$ 가 되어

$$\begin{aligned}X&=\frac{1}{2}(A+B)\\&=\frac{1}{2}\begin{pmatrix}-2&-2\\2&2\end{pmatrix}=\begin{pmatrix}-1&-1\\1&1\end{pmatrix}\end{aligned}$$

이고

$$\begin{aligned}Y&=A-X\\&=\begin{pmatrix}2-(-1)&-3-(-1)\\1-1&5-1\end{pmatrix}=\begin{pmatrix}3&-2\\0&4\end{pmatrix}.\end{aligned}$$

행렬의 곱

두 행렬 $A=(a_{ij})_{m\times l}$, $B=(b_{ij})_{l\times n}$ 에 대하여 두 행렬의 곱 AB 는 다음과 같이 정의된다.

$$AB=(c_{ij})_{m\times n}\ ,$$

$$c_{ij}=\sum_{k=1}^{l}a_{ik}b_{kj}=a_{i1}b_{1j}+a_{i2}b_{2j}+\cdots+a_{il}b_{lj}$$

정방행렬 A와 자연수 n에 대하여 $A^n=AA\cdots A$ 는 A를 n번 곱한 것이다.

주의 AB가 정의되었다고 해서 BA가 정의되는 것은 아니며, 일반적으로 $AB\neq BA$이다.

예를 들어,

$$A=\begin{pmatrix}2&-5\\-3&4\end{pmatrix},\qquad B=\begin{pmatrix}-1&3\\5&-4\end{pmatrix}$$

일 때,

$$A^2=AA=\begin{pmatrix}4+15&-10-20\\-6-12&15+16\end{pmatrix}=\begin{pmatrix}19&-30\\-18&31\end{pmatrix}$$

$$AB=\begin{pmatrix}-2-25&6+20\\3+20&-9-16\end{pmatrix}=\begin{pmatrix}-27&26\\23&-25\end{pmatrix}$$

$$BA=\begin{pmatrix}-2-9&5+12\\10+12&-25-16\end{pmatrix}=\begin{pmatrix}-11&17\\22&-41\end{pmatrix}$$

이다.

행렬에 관한 연산을 효율적으로 실시하기 위하여 행렬의 곱과 덧셈에 관한 다음 성질을 알면 편리하다.

행렬의 곱셈의 성질

곱과 합이 정의되는 행렬 A, B, C 와 실수 k에 대하여 다음이 성립한다.

(1) $(AB)C = A(BC)$ (결합법칙)

(2) $A(B+C) = AB + AC$ (분배법칙)

$(A+B)C = AB + AC$

(3) $k(AB) = (kA)B = A(kB)$

예제 4 $A = \begin{pmatrix} -1 & 2 \\ 1 & 1 \end{pmatrix}, B = \begin{pmatrix} 1 & 1 \\ 3 & -1 \end{pmatrix}, C = \begin{pmatrix} 4 & 0 \\ -1 & 3 \end{pmatrix}$ 일 때 다음을 구하고 결과를 비교하라.

(1) $A(BC)$ (2) $(AB)C$

(3) $(AB)^t$ (4) B^tA^t

풀이 연산의 순서는 괄호로 묶은 것을 우선하여 연산한다.

(1) $BC = \begin{pmatrix} 3 & 3 \\ 13 & -3 \end{pmatrix}$이므로

$$A(BC) = \begin{pmatrix} -1 & 2 \\ 1 & 1 \end{pmatrix}\begin{pmatrix} 3 & 3 \\ 13 & -3 \end{pmatrix} = \begin{pmatrix} 23 & -9 \\ 16 & 0 \end{pmatrix}.$$

(2) $AB = \begin{pmatrix} 5 & -3 \\ 4 & 0 \end{pmatrix}$ 이므로

$$(AB)C = \begin{pmatrix} 5 & -3 \\ 4 & 0 \end{pmatrix}\begin{pmatrix} 4 & 0 \\ -1 & 3 \end{pmatrix} = \begin{pmatrix} 23 & -9 \\ 16 & 0 \end{pmatrix}$$

이고 두 연산의 결과는 같다.

(3) (2)로부터 $AB = \begin{pmatrix} 5 & -3 \\ 4 & 0 \end{pmatrix}$이므로

$$(AB)^t = \begin{pmatrix} 5 & 4 \\ -3 & 0 \end{pmatrix}.$$

(4) $B^tA^t = \begin{pmatrix} 1 & 3 \\ 1 & -1 \end{pmatrix}\begin{pmatrix} -1 & 1 \\ 2 & 1 \end{pmatrix} = \begin{pmatrix} 5 & 4 \\ -3 & 0 \end{pmatrix}.$

▶▶ 연습문제 6.1

1. $A=\begin{pmatrix} 2 & 3 & 1 \\ 3 & 2 & 1 \end{pmatrix}$, $B=\begin{pmatrix} -1 & 2 & 0 \\ 3 & -2 & 4 \end{pmatrix}$ 에 대하여 다음을 구하여라.

(1) $A+B$　　(2) $A-B$　　(3) $2A-3B$

2. $A=\begin{pmatrix} 3 & -1 \\ -4 & 0 \end{pmatrix}$, $B=\begin{pmatrix} -1 & 2 \\ 4 & 3 \end{pmatrix}$ 에 대하여 $2A+2X=B$ 를 만족하는 행렬 X를 구하여라.

3. $A=\begin{pmatrix} 1 & -6 \\ 3 & -2 \end{pmatrix}$, $B=\begin{pmatrix} 3 & -4 \\ 1 & 2 \end{pmatrix}$ 에 대하여 다음을 만족하는 X, Y를 구하여라.

$$\begin{cases} X+Y=A \\ X-Y=B \end{cases}$$

4. $A=\begin{pmatrix} 2 & 1 \\ 7 & 4 \end{pmatrix}$, $B=\begin{pmatrix} 1 & -2 \\ 5 & 3 \end{pmatrix}$ 일 때, 다음을 구하여라.

(1) AB　　(2) BA

(3) B^tA^t　　(4) $(AB)^t$

5. A,B는 5×4행렬, C,D,E는 각각 4×3, 3×5, 5×3 행렬이라 할 때, 다음 중 정의되는 것을 판단하고, 그 결과에 대한 행렬의 크기를 말하여라.

(1) $AC+E$　　(2) $(A+B)C$

(3) $(BC)D$　　(4) $CD-AC$

(5) $DE-C$　　(6) $D(A-B)$

6. $A=\begin{pmatrix} 2 & -2 \\ 1 & 0 \end{pmatrix}$, $B=\begin{pmatrix} a & -2 \\ 1 & 1 \end{pmatrix}$ 에 대하여 $AB=BA$가 성립하도록 a의 값을 구하여라.

6.2 행렬과 연립일차방정식

연립일차방정식을 행렬을 이용하여 나타내고, 나타난 행렬을 이용하여 해를 구하는 방법에 대하여 알아보자.

예를 들어, 두 개의 미지수와 두 개의 방정식을 포함하는 다음 연립일차방정식

$$\begin{cases} 2x+3y=5 \\ -x+7y=-1 \end{cases}$$

은 행렬의 곱, 행렬의 상등에 관한 정의에 의하여

$$A=\begin{pmatrix} 2 & 3 \\ -1 & 7 \end{pmatrix},\ X=\begin{pmatrix} x \\ y \end{pmatrix},\ B=\begin{pmatrix} 5 \\ -1 \end{pmatrix}$$

일 때, 행렬방정식

$$AX=B$$

로 표현된다. 이때 A는 계수행렬, X는 미지수 행렬, B는 상수행렬이라 한다.

일반적으로 m개의 방정식과 n개의 미지수를 포함하는 연립일차방정식, 즉

$$\begin{cases} a_{11}x_1 + a_{12}x_2 + \cdots + a_{1j}x_j + \cdots + a_{1n}x_n = b_1 \\ a_{21}x_1 + a_{22}x_2 + \cdots + a_{2j}x_j + \cdots + a_{2n}x_n = b_2 \\ \vdots \qquad \vdots \qquad \qquad \vdots \qquad \vdots \\ a_{i1}x_1 + a_{i2}x_2 + \cdots + a_{ij}x_j + \cdots + a_{in}x_n = b_i \\ \vdots \qquad \vdots \qquad \qquad \vdots \qquad \vdots \\ a_{m1}x_1 + a_{m2}x_2 + \cdots + a_{mj}x_j + \cdots + a_{mn}x_n = b_n \end{cases}$$

은 다음 행렬

$$A=(a_{ij})_{m\times n},\ X=\begin{pmatrix} x_1 \\ \vdots \\ x_m \end{pmatrix},\ B=\begin{pmatrix} b_1 \\ \vdots \\ b_m \end{pmatrix}$$

에 대하여

$$AX = B$$

로 표현된다. 역으로 연립일차방정식이 행렬식방정식 $AX = B$로 나타내어지고

$$A = (a_{ij})_{m \times n}$$

이면 이 연립일차방정식의 미지수와 방정식의 개수는 각각 행의 개수 m, 열의 개수 n 이다.

m개의 방정식을 만족하는 n개의 미지수 $x_1, x_2, \cdots, x_n$을 찾는 것을 **연립방정식의 해**를 구한다고 한다. 미지수가 n개인 연립일차방정식을 n원 일차연립방정식이라 하는데, $n \geq 4$인 경우에는 해를 구하는 원리는 간단하지만 과정은 시간이 매우 소요된다. 따라서 그 원리를 컴퓨터프로그램에 적용하여 기계적인 계산으로 풀이를 한다. 본 장에서는 해를 구하는 원리를 설명하고 $n \leq 3$인 경우에 대하여 해를 구해보도록 한다.

기본 행 연산

주어진 행렬에서 행에 대한 다음 작용을 기본 행 연산이라 한다.

(1) 두 행을 서로 교환한다.
(2) 한 행 전체를 상수 배 한다.
(3) 한 행 전체에 상수를 곱하여 다른 행에 더한다.

기본 행 연산은 그 작용이 어디에서 왔는지를 알면 그 작용의 의미를 쉽게 이해할 수 있다. 예를 들어, 연립일차방정식

$$\begin{cases} 2x + y = 4 \\ x - 3y = -5 \end{cases}$$

에 다음과 같은 작용을 가해도 구하는 해는 같다. 즉, 두 연립방정식의 순서를 교환해도 연립방정식의 해에는 변함이 없다. 주어진 연립방정식의 한 방정식에 0이 아닌 상수를 곱하여도 구하는 해는 같다. 미지수 x를 소거하기 위해서 두 번째 식에 -2를 곱하여 다른 방정식에 더한 식의 결과

$$\begin{cases} \quad 7y = 14 \\ x - 3y = -5 \end{cases}$$

는 주어진 연립방정식의 해와 같다. 물론 처음 주어진 연립방정식에서 y를 소거하기 위해서 첫 방정식에 3을 곱하여 두 번째 방정식에 더해도 된다. 기본 행 연산은 지금까지 언급한 연립일차방정식의 해를 구하는 과정을 상기하면 된다. 단 빼는 연산이 없다는 점과 나누는 연산이 없다는 것에 주의해야 한다. 빼는 연산은 "-1을 곱하여 더하는 것"이고, 나누는 연산은 "역수를 곱하는 것"으로 한다.

축소행렬

주어진 행렬에서 각 행에서 처음으로 0이 아닌 원소를 그 행의 **선두요소**라 한다. 주어진 행렬 A가 기본 행 연산을 이용하여 다음 꼴로 만들어지면 A의 **축소행렬**이라 하고 A_R로 나타낸다. 즉,

(1) 각 행의 선두요소는 1이다.

(2) 위행의 선두요소는 아래행의 선두요소 보다 앞쪽(왼쪽)에 위치한다.

(3) 각 행의 선두요소의 위에 있는 요소와 아래에 있는 요소는 모두 0 이다.

예를 들면,

$$A = \begin{pmatrix} 2 & 1 \\ -1 & 3 \end{pmatrix}$$

에서 1행의 선두요소는 2이고 이것을 1로 만들기 위해 1행에 $\frac{1}{2}$을 곱하면

$$\begin{pmatrix} 1 & \frac{1}{2} \\ -1 & 3 \end{pmatrix}$$

이다. 1행 선두요소 1아래에 있는 요소를 0으로 만들기 위해 1행을 2행에 더하면

$$\begin{pmatrix} 1 & \frac{1}{2} \\ 0 & \frac{7}{2} \end{pmatrix}$$

이다. 2행의 선두요소를 1로 만들기 위해 2행에 $\frac{2}{7}$를 곱하면

$$\begin{pmatrix} 1 & \frac{1}{2} \\ 0 & 1 \end{pmatrix}$$

이다. 2행의 선두요소가 1이 되었으므로 위에 있는 요소를 0으로 만들기 위해 2행에 $-\frac{1}{2}$을 곱하여 1행에 더하면

$$\begin{pmatrix} 1 & 0 \\ 0 & 1 \end{pmatrix}$$

이다. 축소행렬의 모든 요건을 만족하므로 이것이 행렬 A의 축소행렬 A_R 이다. 즉,

$$A_R = \begin{pmatrix} 1 & 0 \\ 0 & 1 \end{pmatrix}$$

기본 행 연산을 행할 때 말로 설명하는 대신에 다음 기호를 사용하도록 한다. 즉,

- $R_1 \leftrightarrow R_2$: 1행과 2행을 교환한다. 이때, 다른 행에는 변함이 없다.
- kR_1 : 1행에 상수 k를 곱한다. 이때, 다른 행에는 변함이 없다.
- $\alpha R_1 + R_2$: 1행에 α를 곱하여 2행에 더한다. 이때, 1행에 변함이 없고 2행만 변한다.

예제 1 다음 주어진 행렬의 축소행렬을 구하라.

(1) $A=\begin{pmatrix} 2 & -1 & 4 \\ 1 & 2 & 3 \end{pmatrix}$ (2) $B=\begin{pmatrix} 2 & 0 & -3 \\ -1 & 2 & 1 \\ 3 & 2 & 4 \end{pmatrix}$

풀이 기본 행 연산을 적용하는 순서는 각자 다를 수 있으나 결과는 같아야 한다.

(1) $R_1 \leftrightarrow R_2 \rightarrow \begin{pmatrix} 1 & 2 & 3 \\ 2 & -1 & 4 \end{pmatrix}$, $-2R_1+R_2 \rightarrow \begin{pmatrix} 1 & 2 & 3 \\ 0 & -5 & -2 \end{pmatrix}$, $-\frac{1}{5}R_2 \rightarrow \begin{pmatrix} 1 & 2 & 3 \\ 0 & 1 & \frac{2}{5} \end{pmatrix}$,

$-2R_2+R_1 \rightarrow \begin{pmatrix} 1 & 0 & \frac{11}{5} \\ 0 & 1 & \frac{2}{5} \end{pmatrix} = A_R$.

(2) $\frac{1}{2}R_1 \rightarrow \begin{pmatrix} 1 & 0 & -\frac{3}{2} \\ -1 & 2 & 1 \\ 3 & 2 & 4 \end{pmatrix}$, $R_1+R_2, -3R_1+R_3 \rightarrow \begin{pmatrix} 1 & 0 & -\frac{3}{2} \\ 0 & 2 & -\frac{1}{2} \\ 0 & 2 & \frac{17}{2} \end{pmatrix}$, $\frac{1}{2}R_2 \rightarrow \begin{pmatrix} 1 & 0 & -\frac{3}{2} \\ 0 & 1 & -\frac{1}{4} \\ 0 & 2 & \frac{17}{2} \end{pmatrix}$,

$-2R_2+R_3 \rightarrow \begin{pmatrix} 1 & 0 & -\frac{3}{2} \\ 0 & 1 & -\frac{1}{4} \\ 0 & 0 & 9 \end{pmatrix}$, $\frac{1}{9}R_3 \rightarrow \begin{pmatrix} 1 & 0 & -\frac{3}{2} \\ 0 & 1 & -\frac{1}{4} \\ 0 & 0 & 1 \end{pmatrix}$,

$\frac{1}{4}R_3+R_2, \frac{3}{2}R_3+R_1 \rightarrow \begin{pmatrix} 1 & 0 & 0 \\ 0 & 1 & 0 \\ 0 & 0 & 1 \end{pmatrix} = B_R$.

가우스 조단 소거법

연립일차방정식 $AX=B$ 에서 계수행렬에 상수행렬을 추가한 행렬

$$(A \ \vdots \ B)$$

를 **계수확대행렬**이라 한다. 가우스 조단 소거법에 의한 해법은 다음과 같다.

(1) 계수확대행렬을 작성한다.

(2) 계수확대행렬을 기본 행 연산을 이용하여 축소행렬로 만든다.

$$(A_R \ \vdots \ B^*)_R$$

(3) 축소행렬로부터 유도되는 연립방정식으로부터 해를 구한다.

$$A_R X = B^*$$

예를 들면, 다음 연립방정식의 해를 가우스 조단 소거법으로 구해보도록 하자.

$$\begin{cases} 2x + y = 4 \\ x - 3y = -5 \end{cases}$$

확대계수행렬로 부터 축소행렬을 만들면

$$\begin{pmatrix} 2 & 1 & 4 \\ 1 & -3 & -5 \end{pmatrix} \to \begin{pmatrix} 1 & 0 & 1 \\ 0 & 1 & 2 \end{pmatrix}_R$$

이고

$$\begin{pmatrix} 1 & 0 \\ 0 & 1 \end{pmatrix}\begin{pmatrix} x \\ y \end{pmatrix} = \begin{pmatrix} 1 \\ 2 \end{pmatrix}, \quad \begin{pmatrix} x \\ y \end{pmatrix} = \begin{pmatrix} 1 \\ 2 \end{pmatrix}$$

로부터 구하는 해는 $x = 1, y = 2$ 이다.

다른 예를 들어보자. 연립방정식의 해를 가우스 조단 소거법으로 구해보도록 하자.

$$\begin{cases} x + 2y - 3z = 1 \\ -2x - 3y + z = 3 \end{cases}$$

확대계수행렬로부터 축소행렬을 만들면

$$\begin{pmatrix} 1 & 2 & -3 & 1 \\ -2 & -3 & 1 & 3 \end{pmatrix} \to \begin{pmatrix} 1 & 0 & 7 & -9 \\ 0 & 1 & -5 & 5 \end{pmatrix}_R$$

이고

$$\begin{pmatrix} 1 & 0 & 7 \\ 0 & 1 & -5 \end{pmatrix}\begin{pmatrix} x \\ y \\ z \end{pmatrix} = \begin{pmatrix} -9 \\ 5 \end{pmatrix}, \quad \begin{pmatrix} x+7z \\ y-5z \end{pmatrix} = \begin{pmatrix} -9 \\ 5 \end{pmatrix}$$

로부터 구하는 해는 $x = -9-7z,\ y = 5+5z,\ z =$ 임의실수 이다. 따라서 무수히 많은 해를 가진다.

예제 2 예제1의 (1) 의 결과를 이용하여 다음 연립방정식의 해를 구하여라.

$$\begin{cases} 2x - y = 4 \\ x + 2y = 3 \end{cases}$$

풀이 가우스 조단 소거법에 의하여 확대계수행렬의 축소행렬이

$$A_R = \begin{pmatrix} 1 & 0 & \frac{11}{5} \\ 0 & 1 & \frac{2}{5} \end{pmatrix}$$

이다. 이것을 연립방정식으로 변환하면

$$\begin{pmatrix} 1 & 0 \\ 0 & 1 \end{pmatrix}\begin{pmatrix} x \\ y \end{pmatrix} = \begin{pmatrix} \frac{11}{5} \\ \frac{2}{5} \end{pmatrix}$$

로부터 $x = \frac{11}{5},\ y = \frac{2}{5}$.

연립일차방정식은 계수행렬의 크기와 축소행렬로부터 다음과 같은 해를 갖는 것을 알 수 있다.

연립일차방정식 $AX = B,\ A = (a_{ij})_{m \times n}$ 으로부터

(1) $m < n$ 일 때, $n-m$개의 자유선택 변수가 있어서 무수히 많은 해를 갖는다.

(2) $m = n$ 일 때, $A_R = I_n$ 이면 B^*의 원소가 차례대로 미지수의 해가 된다.

예제 3 다음 연립일차방정식의 해를 가우스 조던 소거법으로 구하라.

(1) $\begin{cases} 2x+4y+z=-1 \\ x+3y-2z=2 \\ 3x+7y-z=0 \end{cases}$ (2) $\begin{cases} 2x-y-z=3 \\ x+y+2z=1 \\ -2x+y+z=-3 \end{cases}$

풀이 기본 행 연산을 이용하여 계수확대행렬로부터 축소행렬을 만들어 해를 구하면 된다.

(1) $\begin{pmatrix} 2 & 4 & 1 & -1 \\ 1 & 3 & -2 & 2 \\ 3 & 7 & -1 & 0 \end{pmatrix} \to \begin{pmatrix} 1 & 0 & \frac{11}{2} & -\frac{11}{2} \\ 0 & 1 & -\frac{5}{2} & \frac{5}{2} \\ 0 & 0 & 0 & -1 \end{pmatrix}_R$ 로부터 $\begin{pmatrix} 1 & 0 & \frac{11}{2} \\ 0 & 1 & -\frac{5}{2} \\ 0 & 0 & 0 \end{pmatrix}\begin{pmatrix} x \\ y \\ z \end{pmatrix} = \begin{pmatrix} -\frac{11}{2} \\ \frac{5}{2} \\ -1 \end{pmatrix}$ 이고

$x+\frac{11}{2}z=-\frac{11}{2}$, $y-\frac{5}{2}z=\frac{5}{2}$, $0=-1$ 이 되어 모순이다.

따라서 해는 존재하지 않는다.

(2) $\begin{pmatrix} 2 & -1 & -1 & 3 \\ 1 & 1 & 2 & 1 \\ -2 & 1 & 1 & -3 \end{pmatrix} \to \begin{pmatrix} 1 & 0 & \frac{1}{3} & \frac{4}{3} \\ 0 & 1 & \frac{5}{3} & -\frac{1}{3} \\ 0 & 0 & 0 & 0 \end{pmatrix}_R$ 로부터 $\begin{pmatrix} 1 & 0 & \frac{1}{3} \\ 0 & 1 & \frac{5}{3} \\ 0 & 0 & 0 \end{pmatrix}\begin{pmatrix} x \\ y \\ z \end{pmatrix} = \begin{pmatrix} \frac{4}{3} \\ -\frac{1}{3} \\ 0 \end{pmatrix}$ 이고

$x+\frac{1}{3}z=\frac{4}{3}$, $y+\frac{5}{3}z=-\frac{1}{3}$, $0=0$, 이 되고 따라서 구하는 해는

$x=\frac{4}{3}-\frac{1}{3}z$, $y=-\frac{1}{3}-\frac{5}{3}z$, $z=$ 임의상수 이다.

▶▶ 연습문제 6.2

1. 다음 연립일차방정식을 행렬을 이용하여 $AX=B$로 나타내어라.

(1) $\begin{cases} 4x-2y=8 \\ x-2y=5 \end{cases}$ (2) $\begin{cases} 7x+4y-2z=-6 \\ 16x+2y+z=3 \end{cases}$

(3) $\begin{cases} x-2y+3z & =-4 \\ 4x+y-2z & =7 \\ -5x-2y+4z=1 \end{cases}$ (4) $\begin{cases} 2y-z & =0 \\ x+3z & =4 \\ -3x-y=-2 \end{cases}$

2. 다음 연립방정식에서 확대행렬의 축소행렬을 구하고, 그 결과를 이용하여 연립일차방정식의 해를 구하여라.

(1) $\begin{cases} 2x-y=1 \\ \quad\quad y=3 \end{cases}$ (2) $\begin{cases} 2x-y=4 \\ -x+3z=1 \end{cases}$

(3) $\begin{cases} x+y=5 \\ 2x+2y=6 \end{cases}$ (4) $\begin{cases} 2x-y=1 \\ 4x-2y=2 \end{cases}$

3. 다음 연립방정식에서 확대행렬의 축소행렬을 구하고, 그 결과를 이용하여 연립일차방정식의 해를 구하여라.

(1) $\begin{cases} x+2y+3x=14 \\ 2x-3y+2z=2 \\ 3x+y-z=2 \end{cases}$ (2) $\begin{cases} 2x+3y+8z=0 \\ x+y+2z=0 \\ 5x+y-6z=0 \end{cases}$

(3) $\begin{cases} 2x-y+z=4 \\ x+3y-z=-2 \end{cases}$ (4) $\begin{cases} 2x+3y \quad =1 \\ x+y+2z=-2 \\ \quad\quad y-6z=3 \end{cases}$

6.3 행렬식

주어진 정방행렬에서 i행과 j열을 제거하고 남은 행렬 M_{ij}을 $ij-$**소행렬**이라 한다.

예를 들어,

$$\begin{pmatrix} 3 & -2 & 4 \\ 0 & 4 & -5 \\ -7 & 1 & 6 \end{pmatrix}$$

일 때, 이 행렬에서 M_{23} 는 2행과 3열을 제거한 나머지 행렬

$$M_{23} = \begin{pmatrix} 3 & -2 \\ -7 & 1 \end{pmatrix}$$

이다.

행렬식

n정방행렬 $A=(a_{ij})$에 다음과 같은 정의에 의하여 대응하는 실수 $|A|$를 A의 **행렬식**이라 한다.

(1) $n=1$일 때, $|A|=a_{11}$.

(2) $n \geq 2$ 일 때, $|A|$는 다음과 같이 정의된다.

$$\begin{aligned} |A| &= \sum_{j=1}^{n}(-1)^{1+j}a_{1j}|M_{1j}| \\ &= a_{11}|M_{11}| - a_{12}|M12| + \cdots + (-1)^{1+n}|M_{1n}|. \end{aligned}$$

참고 이것은 1행에 대한 소행렬식 전개이다. 그러나 임의의 행을 택하여 전개하여도 같은 결과를 얻는다.

이제 정의에 따라서 주어진 행렬의 행렬식을 구하여 보자. 예를 들어,

$$A=\begin{pmatrix}1 & -2\\ 4 & 3\end{pmatrix}$$

일 때,

$$|A|=1|(3)|-(-2)|(4)|=1\times 3-(-2)\times 4=11$$

이다.

참고 행렬식을 구하기 위해서는 정의에 따라 소행렬식을 전개하는 일련의 과정을 거쳐야 하지만 $n=2,3$ 인 경우는 다음과 같은 사실이 알려져 있다.

$A=\begin{pmatrix}a_{11} & a_{12}\\ a_{21} & a_{22}\end{pmatrix}$ 일 때,

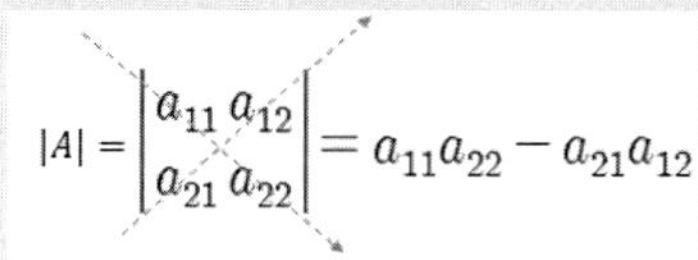

$A=\begin{pmatrix}a_{11} & a_{12} & a_{13}\\ a_{21} & a_{22} & a_{23}\\ a_{31} & a_{32} & a_{33}\end{pmatrix}$ 일 때,

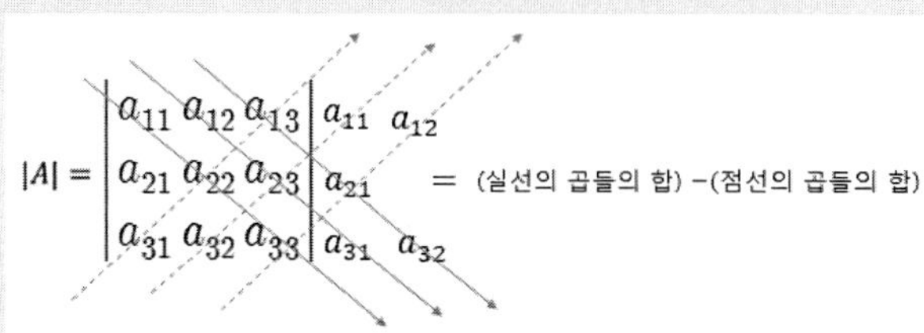

이 같은 방법을 Sarrus 방법이라 한다. 그러나 $n\geq 4$ 인 경우에는 행렬식을 구하는데 적용할 수 없음을 유의해야 한다.

Sarrus 방법을 적용하여 행렬식을 구해보자. 예를 들면,

$$\begin{vmatrix}2 & -5\\ 3 & -7\end{vmatrix}=-14-(-15)=1$$

이고

$$\begin{vmatrix} 2 & 3 & -2 \\ 0 & 5 & 6 \\ 2 & 4 & -7 \end{vmatrix} = (-70+36+0)-(-20+48+0)=-62$$

이다.

예제 1 다음 행렬식을 구하라.

(1) $\begin{vmatrix} 2 & -3 \\ -6 & 5 \end{vmatrix}$ (2) $\begin{vmatrix} -2 & 3 & 0 \\ 0 & 4 & -5 \\ 1 & 6 & 8 \end{vmatrix}$

풀이 Sarrus 방법을 이용하면 간단하다.

(1) $10-18=-8$

(2) $\begin{vmatrix} -2 & 3 & 0 \\ 0 & 4 & -5 \\ 1 & 6 & 8 \end{vmatrix} = (-64-15)-(0+60)=-139$

예제 2 다음 행렬식을 구하라.

(1) $\begin{vmatrix} 2 & 0 & 0 & 4 \\ 5 & -1 & 6 & 8 \\ -4 & 7 & 0 & 1 \\ -1 & 5 & 0 & 3 \end{vmatrix}$ (2) $\begin{vmatrix} 2 & 3 & -1 & 5 \\ 1 & 0 & 4 & 0 \\ -2 & -3 & 1 & 5 \\ 3 & 6 & 0 & 0 \end{vmatrix}$

풀이 Sarrus 방법은 3이하의 정방행렬에서만 가능하므로 먼저 1행에 대한 소행렬식 전개를 한 다음에 소행렬식에 Sarrus 방법을 적용하면 된다.

(1) $2\begin{vmatrix} -1 & 6 & 8 \\ 7 & 0 & 1 \\ 5 & 0 & 3 \end{vmatrix} - 0\begin{vmatrix} 5 & 6 & 8 \\ -4 & 0 & 1 \\ -1 & 0 & 3 \end{vmatrix} + 0\begin{vmatrix} 5 & -1 & 8 \\ -4 & 7 & 1 \\ -1 & 5 & 3 \end{vmatrix} - 4\begin{vmatrix} 5 & -1 & 6 \\ -4 & 7 & 0 \\ -1 & 5 & 0 \end{vmatrix}$

$=2(30-126)-4[(-120)-(-42)]=120$

(2) $2\begin{vmatrix} 0 & 4 & 0 \\ -3 & 1 & 5 \\ 6 & 0 & 0 \end{vmatrix} - 3\begin{vmatrix} 1 & 4 & 0 \\ -2 & 1 & 5 \\ 3 & 0 & 0 \end{vmatrix} + (-1)\begin{vmatrix} 1 & 0 & 0 \\ -2 & -3 & 5 \\ 3 & 6 & 0 \end{vmatrix} - 5\begin{vmatrix} 1 & 0 & 4 \\ -2 & -3 & 1 \\ 3 & 6 & 0 \end{vmatrix}$

$=2\times 120-3\times 60-(-30)-5(-18)=180$

행렬식을 구할 때에는 구하고자 하는 행렬이 행렬식을 이미 알고 있는 다른 행렬과 특별한 관계를 가지고 있거나, 구하고자 하는 행렬이 특별한 형태의 행렬이면 다음에서 서술하는 행렬식의 성질을 이용하여 복잡한 계산을 하지 않고 간단하게 그 값을 구할 수 있다.

행렬식의 성질

(1) $|A| = |A^t|$

(2) B가 A의 한 행을 k배하여 얻은 행렬이면 $|B| = k|A|$이다.

(3) $B = kA$ 이면 $|B| = k^n|A|$이다.

(4) B가 A의 임의의 두 행을 교환하여 얻은 행렬이면 $|B| = -|A|$이다.

(5) B가 A의 한 행을 상수배 하여 다른 행에 더하여 얻은 행렬이면 $|B| = |A|$이다.

(6) 어느 한 행의 원소가 모두 0인 행렬의 행렬식은 0이다.

(7) 어느 두 행이 같거나, 두 행이 비례하면 그 행렬의 행렬식은 0이다.

(8) 삼각행렬의 행렬식은 대각에 있는 원소들의 곱이다.

(9) $|AB| = |A||B|$

삼각행렬은 주대각선 아래 또는 주대각선 위에 있는 원소가 모두 0인 행렬이고, 주대각선은 a_{11}에서 a_{nn} 방향으로의 대각선을 말한다.

몇 가지 예를 들어서 차례대로 행렬식의 성질을 이용하여 관련된 행렬식을 구하는 방법을 알아보도록 하자.

$A = \begin{pmatrix} 5 & 3 \\ 2 & -1 \end{pmatrix}$ 일 때, $|A| = -11$ 이다. 이때 다음 행렬은 행렬식 $|A|$를 이용하여 구할 수 있다.

(1) $\begin{vmatrix} 5 & 2 \\ 3 & -1 \end{vmatrix} = |A^t| = -11$

(2) $\begin{vmatrix} 5 & 3 \\ 4 & -2 \end{vmatrix} = 2|A| = -22$ (A의 2행에 2를 곱한 행렬)

(3) $\begin{vmatrix} -10 & -6 \\ -4 & 2 \end{vmatrix} = (-2)^2|A| = -44$ (주어진 행렬식은 $|2A|$와 같다)

(4) $\begin{vmatrix} 2 & -1 \\ 5 & 3 \end{vmatrix} = -|A| = 11$ (A의 1행과 2행을 교환)

(5) $\begin{vmatrix} 1 & 5 \\ 2 & -1 \end{vmatrix} = |A| = -11$ (A의 2행에 -2를 곱해서 1행에 더한 행렬)

(6) $\begin{vmatrix} 0 & 0 \\ -3 & 8 \end{vmatrix} = 0$ (1행의 원소가 모두 0)

(7) $\begin{vmatrix} 2 & 1 \\ 6 & 3 \end{vmatrix} = 0$ (2행은 1행의 3배)

(8) $\begin{vmatrix} 2 & -3 & 0 \\ 0 & 1 & 5 \\ 0 & 0 & -4 \end{vmatrix} = 2 \times 1 \times (-4) = -8$ (삼각행렬의 행렬식은 주대각요소의 곱)

(9) $B = \begin{pmatrix} 3 & 2 \\ 5 & 6 \end{pmatrix}$ 일 때, $|AB| = |A||B| = (-11) \times 8 = -88$.

참고 (a) 성질(6)을 이용하여 가능한 0을 많이 포함하는 행을 1열로 놓고 소행렬식 전개하면 행렬식을 구하는 것이 간편하다.
(b) 성질(4)을 이용하여 가능한 많은 원소가 0이 되게 한 다음에 행렬식을 구하면 행렬식을 구하는 것이 간편하다.

역행렬

n정방행렬 A에 대하여 다음을 만족하는 n정방행렬 B를 A의 **역행렬**이라 하고 $B = A^{-1}$로 나타낸다.

$$AB = BA = I_n,$$

여기서 I_n는 단위행렬이다. 이때 A도 B의 역행렬 $A = B^{-1}$이 된다.

예를 들어,

$$A=\begin{pmatrix}-2 & 1\\ 5 & -3\end{pmatrix},\ B=\begin{pmatrix}-3 & -1\\ -5 & -2\end{pmatrix}$$

일 때,

$$AB=\begin{pmatrix}1 & 0\\ 0 & 1\end{pmatrix}=BA$$

가 되어 $B=A^{-1}$ 이고 $A=B^{-1}$ 이다. 역행렬의 존재여부에 대하여는 다음과 같은 사실이 있다.

행렬식이 0이 아닌 행렬은 역행렬을 가진다.

이제 행렬식이 0이 아닌 행렬의 역행렬을 구하여 보자. 정방행렬 $A=(a_{ij})$에서 A_{ij} 를 $ij-$여인수라 하고 다음과 같이 정의한다.

$$A_{ij}=(-1)^{i+j}|M_{ij}|\ .$$

행렬식 $|A|\neq 0$ 일 때, A의 역행렬은 다음과 같이 주어진다.

$$A^{-1}=\frac{1}{|A|}(A_{ij})^t$$

예를 들면, 2×2 행렬

$$A=\begin{pmatrix}2 & 1\\ 4 & 3\end{pmatrix}$$

일 때, $|A|=2$ 이고

$$A_{11}=3,\ A_{12}=-4,\ A_{21}=-1,\ A_{22}=2$$

이므로

$$A^{-1}=\frac{1}{2}\begin{pmatrix} 3 & -4 \\ -1 & 2 \end{pmatrix}^t = \frac{1}{2}\begin{pmatrix} 3 & -1 \\ -4 & 2 \end{pmatrix} = \begin{pmatrix} \frac{3}{2} & -\frac{1}{2} \\ -2 & 1 \end{pmatrix}$$

이다.

예를 들어, 3×3 행렬

$$B=\begin{pmatrix} 3 & -2 & 4 \\ 1 & 1 & 3 \\ -1 & 2 & -1 \end{pmatrix}$$

일 때, $|B|=-5$ 이고

$$B_{11}=-7,\ B_{12}=-2,\ B_{13}=3$$

$$B_{21}=-6,\ B_{22}=1,\ B_{23}=-4$$

$$B_{31}=-10,\ B_{32}=-5,\ B_{33}=5$$

이므로

$$B^{-1}=-\frac{1}{5}\begin{pmatrix} -7 & -2 & 3 \\ -6 & 1 & -4 \\ -10 & -5 & 5 \end{pmatrix}^t = \begin{pmatrix} \frac{7}{5} & \frac{6}{5} & 2 \\ \frac{2}{5} & -\frac{1}{5} & 1 \\ -\frac{3}{5} & \frac{4}{5} & -1 \end{pmatrix}$$

이다.

참고 행렬 A가 2정방행렬인 경우는 다음 사실이 알려져 있다.

$$A=\begin{pmatrix} a_{11} & a_{12} \\ a_{21} & a_{22} \end{pmatrix},\ |A|=a_{11}a_{22}-a_{21}a_{12}\neq 0$$

이면,

$$A^{-1}=\frac{1}{|A|}\begin{pmatrix} a_{22} & -a_{12} \\ -a_{21} & a_{11} \end{pmatrix}$$

예를 들어,

$$A=\begin{pmatrix}2&1\\4&3\end{pmatrix}$$

일 때,

$$A^{-1}=\frac{1}{2}\begin{pmatrix}3&-1\\-4&2\end{pmatrix}=\begin{pmatrix}\frac{3}{2}&-\frac{1}{2}\\-2&1\end{pmatrix}$$

이다.

예제 3 다음 행렬의 역행렬을 구하라.

(1) $A=\begin{pmatrix}2&-3\\1&2\end{pmatrix}$ (2) $B=\begin{pmatrix}2&3&0\\-1&0&3\\7&1&-1\end{pmatrix}$

풀이 행렬식을 먼저 구하여 0이 아님을 확인하고, A의 역행렬은 공식을 이용하여 구하면 되고, B의 역행렬은 여인수를 이용하여 구하면 된다.

(1) $|A|=7$이므로 $A^{-1}=\frac{1}{7}\begin{pmatrix}2&3\\-1&2\end{pmatrix}$.

(2) $|B|=54$ 이고 여인수의 값을 구하면

$$B_{11}=-3,\ B_{12}=20,\ B_{13}=-1$$

$$B_{21}=3,\ B_{22}=-2,\ B_{23}=19$$

$$B_{31}=9,\ B_{32}=-6,\ B_{33}=3$$

이므로

$$B^{-1}=\frac{1}{54}\begin{pmatrix}-3&20&-1\\3&-2&19\\9&-6&3\end{pmatrix}^t=\frac{1}{54}\begin{pmatrix}-3&3&9\\20&-2&-6\\-1&19&3\end{pmatrix}.$$

참고 주어진 행렬 $A=(a_{ij})_{n\times n}$ 의 역행렬은 기본 행 연산을 이용하여 다음과 같이 구할 수 있다.

$$(A\ :\ I_n)\rightarrow(\text{기본 행 연산})\rightarrow(I_n\ :\ B)\ \Rightarrow B=A^{-1}$$

예를 들어, $\begin{pmatrix}2&1\\-1&3\end{pmatrix}$ 의 역행렬은

$$\begin{pmatrix} 2 & 1 & \vdots & 1 & 0 \\ -1 & 3 & \vdots & 0 & 1 \end{pmatrix} \to \text{(기본 행 연산)} \to \begin{pmatrix} 1 & 0 & \vdots & \frac{3}{7} & -\frac{1}{7} \\ 0 & 1 & \vdots & \frac{1}{7} & \frac{2}{7} \end{pmatrix} \text{으로부터}$$

$$\begin{pmatrix} 2 & 1 \\ -1 & 3 \end{pmatrix}^{-1} = \to \begin{pmatrix} \frac{3}{7} & -\frac{1}{7} \\ \frac{1}{7} & \frac{2}{7} \end{pmatrix}$$

역행렬의 이용한 해법

연립일차방정식이 정방행렬 $A=(a_{ij})$ 에 대하여 $|A| \neq 0$ 일 때, 연립일차방정식의 행렬 방정식 $AX=B$의 해 X는 $A^{-1}AX=A^{-1}B$ 로부터

$$X=A^{-1}B$$

이다.

예를 들어, 연립방정식

$$\begin{cases} 2x+y=4 \\ 4x+3y=2 \end{cases}$$

은 $AX=B$ 로부터

$$X=\begin{pmatrix} x \\ y \end{pmatrix}=A^{-1}B=\begin{pmatrix} \frac{3}{2} & -\frac{1}{2} \\ -2 & 1 \end{pmatrix}\begin{pmatrix} 4 \\ 2 \end{pmatrix}=\begin{pmatrix} 5 \\ -6 \end{pmatrix}$$

이므로 $x=5, y=-6$ 이다.

예제 4 주어진 역행렬을 이용하여 다음 연립일차방정식의 해를 구하라.

$$\begin{pmatrix} -2 & 2 & 3 \\ 1 & 0 & 1 \\ -4 & 3 & -5 \end{pmatrix}^{-1} = \begin{pmatrix} 3 & -1 & -2 \\ -1 & 2 & 1 \\ -3 & 2 & 2 \end{pmatrix}, \quad \begin{cases} -2x+2y-3z=1 \\ x+z=-2 \\ -4x+3y-5z=0 \end{cases}$$

풀이 연립방정식을 $AX=B$ 라 하면

$$X=\begin{pmatrix} x \\ y \\ z \end{pmatrix}=\begin{pmatrix} -2 & 2 & 3 \\ 1 & 0 & 1 \\ -4 & 3 & -5 \end{pmatrix}^{-1}\begin{pmatrix} 1 \\ -2 \\ 0 \end{pmatrix} =\begin{pmatrix} 3 & -1 & -2 \\ -1 & 2 & 1 \\ -3 & 2 & 2 \end{pmatrix}\begin{pmatrix} 1 \\ -2 \\ 0 \end{pmatrix}=\begin{pmatrix} 5 \\ 1 \\ -7 \end{pmatrix}$$

이므로 $x=2, y=1, z=-7$ 이다.

크레머(cramer) 법칙

연립일차방정식 $AX=B$에서 $|A| \neq 0$일 때, A_j는 계수행렬 A에서 j렬의 원소가 B의 원소로 바뀐 행렬이라 하자. 그러면 $j=1,2,\cdots n$에 대하여, 구하는 해는

$$x_j = \frac{|A_j|}{|A|}$$

이다.

예를 들어, 연립일차방정식 $\begin{cases} 2x+y=4 \\ 4x+3y=2 \end{cases}$ 을 $AX=B$ 라 하면 $|A|=2$이고

$$A_1 = \begin{pmatrix} 4 & 1 \\ 2 & 3 \end{pmatrix},\ |A_1| = 10$$

$$A_2 = \begin{pmatrix} 2 & 4 \\ 4 & 2 \end{pmatrix},\ |A_2| =-12$$

이므로

$$x = x_1 = \frac{10}{2} = 5,\quad y = x_2 = \frac{-12}{2} =-6$$

이다.

예제 5 다음 연립일차방정식의 해에서 z의 값을 구하라.

$$\begin{cases} x+y+z=1 \\ x+3y+6z=1 \\ x+2y+3z=0 \end{cases}$$

풀이 연립일차방정식을 행렬방정식 $AX=B$로 나타내면

$$A=\begin{pmatrix} 1&1&1 \\ 1&3&6 \\ 1&2&3 \end{pmatrix}, |A|=-1 \text{ 이고 } A_3=\begin{pmatrix} 1&1&1 \\ 1&3&1 \\ 1&2&0 \end{pmatrix}, |A_3|=-2.$$

따라서 구하는 해 $z=\dfrac{|A_3|}{|A|}=2$ 이다.

▶▶ 연습문제 6.3

1. 다음 주어진 행렬의 행렬식을 구하여라.

(1) $A=\begin{pmatrix} 1&-2 \\ 3&1 \end{pmatrix}$ (2) $B=\begin{pmatrix} 1&3 \\ -2&1 \end{pmatrix}$

(3) $C=\begin{pmatrix} 5&8&-4 \\ -2&1&3 \\ 0&0&1 \end{pmatrix}$ (4) $D=\begin{pmatrix} 5&-2&0 \\ 8&1&0 \\ -4&0&1 \end{pmatrix}$

2. 다음 행렬의 역행렬을 구하여라.

(1) $A=\begin{pmatrix} 1&2 \\ 4&3 \end{pmatrix}$ (2) $B=\begin{pmatrix} 1&-2 \\ 2&4 \end{pmatrix}$

3. 문제2의 A, B에 대하여 다음을 구하여라.

(1) $B^{-1}A^{-1}$ (2) $(AB)^{-1}$

4. 다음에 답하라.

(1) 다음 사실을 이용하여 주어진 연립방정식의 해를 구하라.

$$\begin{pmatrix} 1 & 2 \\ 2 & 4 \end{pmatrix}^{-1} = \begin{pmatrix} -2 & 1 \\ \frac{3}{2} & -\frac{1}{2} \end{pmatrix} \ ; \ \begin{cases} x+2y=4 \\ 3x+4y=-2 \end{cases}$$

(2) 다음 사실을 이용하여 다음 연립방정식의 해를 구하여라.

$$\begin{pmatrix} -1 & 0 & 3 \\ 7 & 1 & -1 \\ 2 & 3 & 0 \end{pmatrix}^{-1} = \frac{1}{54}\begin{pmatrix} 2 & 9 & -3 \\ -2 & -6 & 20 \\ 9 & 3 & -1 \end{pmatrix} \ ; \ \begin{cases} -x+3z=2 \\ 7x+y-z=-1 \\ 2x+3y=3 \end{cases}$$

5. 크래머 법칙을 이용하여 다음 연립방정식에서 요구하는 미지수의 해를 구하여라.

(1) $\begin{cases} 2x-y=1 \\ x+3y=2 \end{cases}$ (x의 값)

(2) $\begin{cases} 3x-2y+4z=5 \\ x+y+3z=2 \\ -x+2y-z=1 \end{cases}$ (z의 값)

CHAPTER 07 벡터

7.1 벡터

크기와 방향이 주어진 물리량을 **벡터**라 한다. 벡터를 나타내는 기호로는 화살표를 이용하고, 화살의 길이가 벡터의 크기, 화살표가 지시하는 쪽이 벡터의 방향이다. 벡터를 논하는 환경에서, 벡터가 아닌 실수는 **"스칼라"**라고 부르기도 한다.

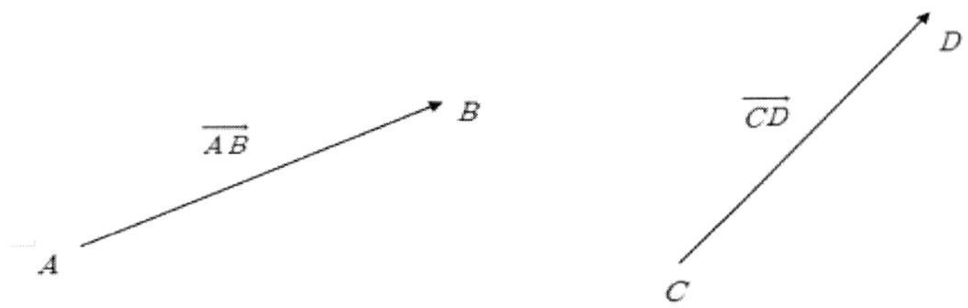

출발점 A, 종점 B인 벡터는 $\overrightarrow{AB}$ 로 나타내고, 벡터 $\overrightarrow{AB}$의 크기는 $|\overrightarrow{AB}|$로 나타낸다. 크기가 1인 벡터를 **단위벡터**라 하고, 크기가 0인 벡터를 **영벡터**라 하고 $\vec{0}$으로 나타낸다.

벡터의 상등

벡터는 위치와는 관계없이 크기와 방향이 같으면 같은 벡터이다. 즉 평행 이동하여 시점과 종점이 일치될 수 있는 벡터는 모두 같은 벡터이다. 따라서 다음 벡터들은 모두 같은 벡터를 나타낸다.

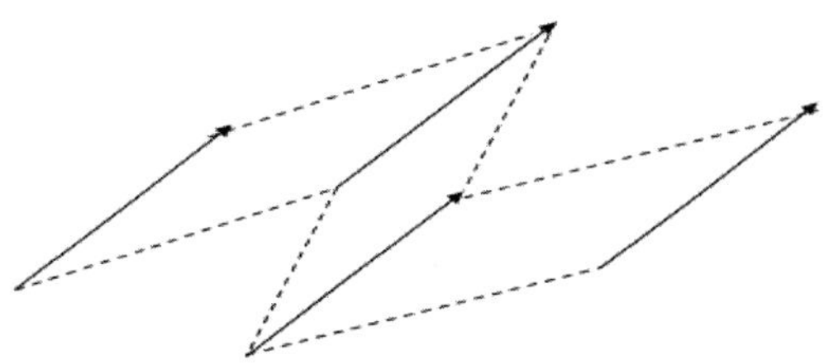

벡터의 스칼라 곱

스칼라 α에 대하여 주어진 벡터 $\overrightarrow{AB}$ 의 크기를 α배, 즉 $\alpha\overrightarrow{AB}$ 는

$$\alpha > 0 \text{ 일 때, } \alpha\overrightarrow{AB} \text{ 는 } \overrightarrow{AB}\text{와 방향이 같고 크기는 } |\alpha\overrightarrow{AB}| = \alpha|\overrightarrow{AB}|$$

이고

$$\alpha < 0 \text{ 일 때, } \alpha\overrightarrow{AB} \text{ 는 } \overrightarrow{AB}\text{와 방향이 반대이고 크기는 } |\alpha\overrightarrow{AB}| = |\alpha||\overrightarrow{AB}|$$

이다. 따라서 실수 α에 대하여 벡터 $\alpha\overrightarrow{AB}$ 의 크기는

$$|\alpha\overrightarrow{AB}| = |\alpha||\overrightarrow{AB}|$$

이다.

주의 $|\alpha|$ 에서 "||" 는 절댓값 기호이고, $|\overrightarrow{AB}|$에서 "||" 은 벡터의 크기의 기호이다.

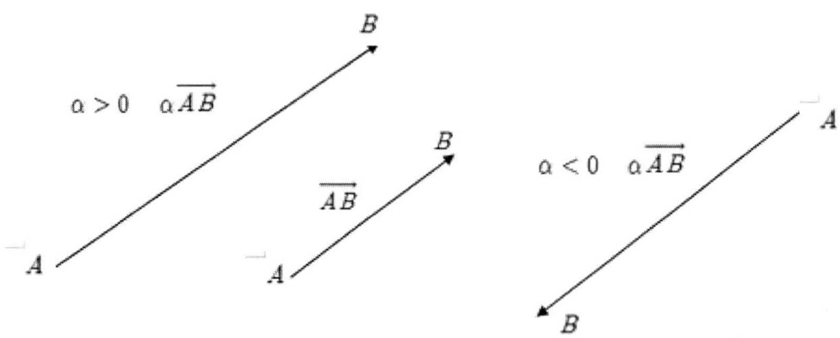

영벡터가 아닌 벡터 $\overrightarrow{AB}$ 를 자신의 크기로 나누면 같은 방향의 단위벡터가 된다. 즉

$$\frac{\overrightarrow{AB}}{|\overrightarrow{AB}|} = \frac{1}{|\overrightarrow{AB}|}\overrightarrow{AB}$$

는 $\overrightarrow{AB}$와 방향이 같은 단위벡터이다.

일반적으로 시점과 종점을 아는 것으로 하고 벡터를 나타낼 때는 $\vec{a}$와 같이 문자위에 화살표를 그려서 나타낸다.

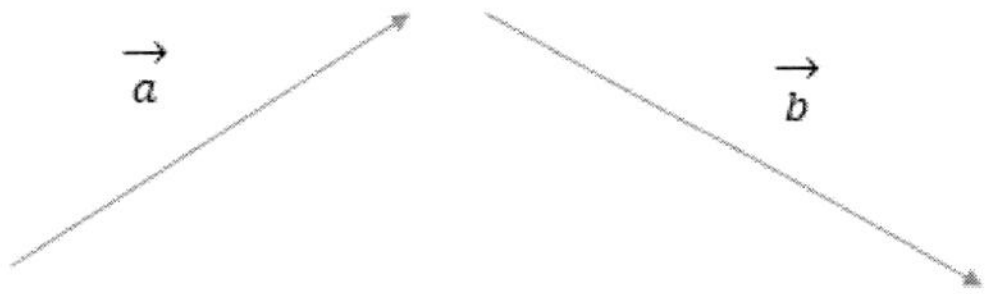

벡터의 합

두 벡터 $\vec{a}$ 와 $\vec{b}$의 합 $\vec{a}+\vec{b}$ 는 벡터 $\vec{a}$의 종점에 $\vec{b}$의 시점을 평행이동 하여 맞추고 $\vec{a}$의 시점과 $\vec{b}$의 종점을 연결한 벡터이다.

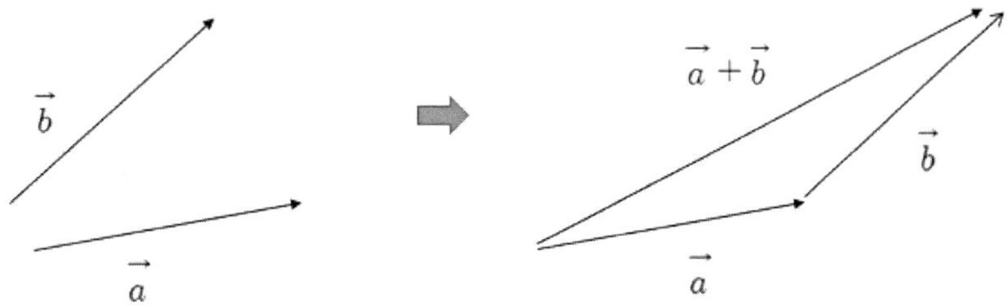

벡터의 차

두 벡터의 차 $\vec{a}-\vec{b}$ 는 벡터의 합을 이용하여 다음과 같이 정의된다.

$$\vec{a}-\vec{b}=\vec{a}+(-1)\vec{b}$$

벡터의 실수 곱의 정의로 부터 $(-1)\vec{b}$는 $\vec{b}$와 방향이 반대이고 크기가 같은 벡터임을 안다. 따라서 $\vec{a}+(-1)\vec{b}$ 는 $\vec{a}$ 의 종점에 $(-1)\vec{b}$의 시점을 평행이동 하여 맞추고 $\vec{a}$의 시점과 $(-1)\vec{b}$의 종점을 연결한 벡터이다.

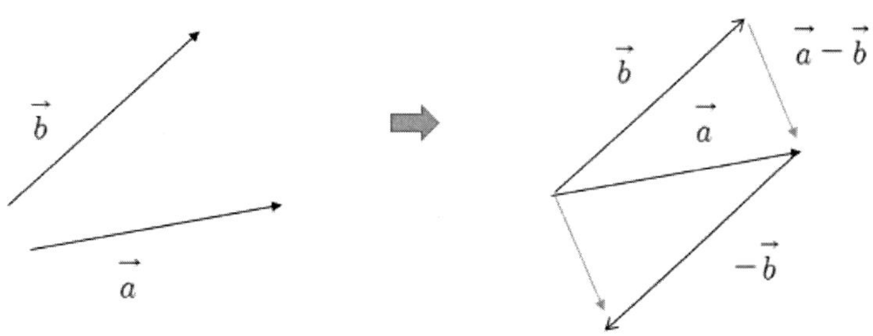

벡터의 연산의 성질

벡터 $\vec{a}, \vec{b}, \vec{c}$ 와 스칼라 α, β에 대하여 다음이 성립한다.

(a) $\vec{a}+\vec{b}=\vec{b}+\vec{a}$

(b) $(\vec{a}+\vec{b})+\vec{c}=\vec{a}+(\vec{b}+\vec{c})$

(c) $\vec{a}+\vec{0}=\vec{a}$

(d) $\vec{a}-\vec{a}=\vec{0}$

(e) $\alpha(\beta\vec{a})=(\alpha\beta)\vec{a}$

(f) $\alpha(\vec{a}+\vec{b})=\alpha\vec{a}+\alpha\vec{b}$

(g) $(\alpha+\beta)\vec{a}=\alpha\vec{a}+\beta\vec{a}$

(h) $1\vec{a}=\vec{a},\ 0\vec{a}=\vec{0}$

예제 1 다음 벡터의 연산을 간단히 하라.

(1) $2\vec{a}+3\vec{b}-5\vec{a}+\vec{b}$

(2) $3(\vec{a}-2\vec{b})-4(\vec{a}-3\vec{b})$

(3) $2(\vec{a}+2\vec{b})+\vec{c}+3\vec{a}-(2\vec{a}-4\vec{c})$

풀이 벡터 연산의 성질을 적용하여 간단히 하면 된다.

(1) $2\vec{a}+3\vec{b}-5\vec{a}+\vec{b}=(2-5)\vec{a}+(3+1)\vec{b}=-3\vec{a}+4\vec{b}$

(2)
$$\begin{aligned}3(\vec{a}-2\vec{b})-4(\vec{a}-3\vec{b})&=3\vec{a}-6\vec{b}+(-4)(\vec{a}-3\vec{b})\\&=3\vec{a}-6\vec{b}-4\vec{a}+12\vec{b}\\&=-\vec{a}+6\vec{b}\end{aligned}$$

(3)
$$\begin{aligned}2(\vec{a}+2\vec{b})+\vec{c}+3\vec{a}-(2\vec{a}-4\vec{c})&=2\vec{a}+4\vec{b}+\vec{c}+(-1)(2\vec{a}-4\vec{c})\\&=(2-2)\vec{a}+4\vec{b}+(1+4)\vec{c}\\&=\vec{0}+4\vec{b}+5\vec{c}\\&=4\vec{b}+5\vec{c}\end{aligned}$$

3차원 직교좌표공간의 벡터

직교좌표가 주어진 영역에서 벡터를 표시하고 벡터에 관한 연산을 하는 방법을 알아보자. 지금부터 평면 또는 공간은 직교좌표 평면 또는 직교좌표 공간을 의미한다. 3차원 공간에서 벡터를 공간벡터라고 하고, 2차원 평면에서의 벡터를 평면벡터라 한다. 2차원 평면은 3차원 공간의 부분공간이다. 공간에서는 벡터에 해당하는 화살표를 그리는 것이 매우 단순하다. 즉, 모든 화살표의 시점이 원점이고 종점이 화살표의 끝이 되게 한다. 임의의 벡터는 좌표의 수직축과 수평축에 평행인 단위 벡터들의 결합으로 표시가 된다. 이제부터 이러한 내용에 대하여 구체적으로 알아보기로 하자.

3차원 공간에서 원점 O를 시점으로 하고 x축 위의 점 $E_1(1,0,0)$를 종점으로 하는 벡터 $\overrightarrow{OE_1}$을

$$\overrightarrow{OE_1} = \vec{i},$$

원점 O를 시점으로 하고 y축 위의 점 $E_2(0,1,0)$를 종점으로 하는 벡터 $\overrightarrow{OE_2}$을

$$\overrightarrow{OE_2} = \vec{j},$$

원점 O를 시점으로 하고 z축 위의 점 $E_3(0,0,1)$를 종점으로 하는 벡터 $\overrightarrow{OE_3}$을

$$\overrightarrow{OE_3} = \vec{k}$$

라 하자. 그러면 벡터 $\vec{i}, \vec{j}, \vec{k}$ 는 각각 x축, y축, z축의 양의 방향과 평행인 단위벡터이다. 이제 평면 벡터나 공간 벡터가 이 벡터들과 어떤 관계가 있는지 알아보자.

xy-평면에서의 벡터

3차원 직교좌표 공간에서의 벡터를 공부하기에 앞서 부분공간인 좌표평면에서 벡터를 먼저 알아보도록 하자. 이제 $xy-$평면을 3차원 공간에서 z성분이 모두 0인 평면으로 생각하고 $xy-$좌표평면에 있는 점 $A(a_1, a_2, 0)$에 대하여, 시점이 O, 종점이 A인 벡터 $\overrightarrow{OA}$를 $\vec{i}$와 $\vec{j}$를 이용하여 나타내는 방법을 다음 그림에서와 같이 생각하여 보자.

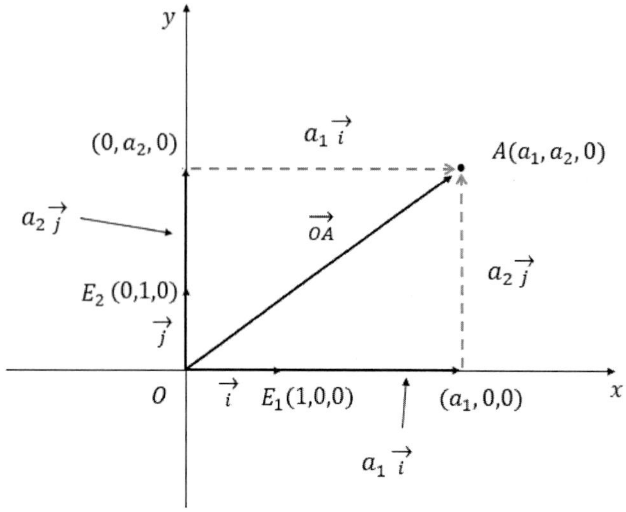

벡터의 스칼라 곱에 의하여 x축에서 원점 O를 시점, 점 $(a_1,0,0)$을 종점으로 하는 벡터는

$$a_1\overrightarrow{OE_1} = a_1\vec{i}$$

이고, y축에서 원점 O를 시점, 점 $(0,a_2,0)$을 종점으로 하는 벡터는

$$a_2\overrightarrow{OE_2} = a_2\vec{j}$$

이다. 그러면 벡터의 합에 의하여

$$\overrightarrow{OA} = a_1\vec{i} + a_2\vec{j}$$

이다. 이를 $\vec{i}$와 $\vec{j}$의 **일차결합**이라 하고, a_1과 a_2를 각각 벡터 $\vec{i}$와 $\vec{j}$의 **성분**이라 한다.

예를 들어, 점 $B(2,5)$ 와 점 $C(-2,3)$에 대하여 시점을 원점 O, 종점을 점B로 하는 벡터 $\overrightarrow{OB}$와 종점을 C로 하는 벡터 $\overrightarrow{OC}$는 각각

$$\overrightarrow{OB} = 2\vec{i} + 5\vec{j}\ ,\ \overrightarrow{OC} = -2\vec{i} + 3\vec{j}$$

이다.

이제 평면 위의 임의의 두 점 $A(a_1, a_2, 0)$, $B(b_1, b_2, 0_3)$ 에 대하여 $\overrightarrow{AB}$ 를 시점A가 원점이 되게 평행이동 하면 다음 평행이동

$$A(a_1, a_2, 0) \Rightarrow (a_1 - a_1, a_2 - a_2, 0) = (0,0,0)$$

에 의하여 종점 B는

$$B(b_1, b_2, 0) \Rightarrow (b_1 - a_1, b_2 - a_2, 0)$$

로 변한다. 원점과 이 점을 종점으로 하는 화살표가 나타내는 벡터는

$$(b_1 - a_1)\vec{i} + (b_2 - a_2)\vec{j}$$

이다. 평행이동에 의하여 겹쳐지는 벡터는 모두 같은 벡터이므로, $\overrightarrow{AB}$ 는

$$\overrightarrow{AB} = (b_1 - a_1)\vec{i} + (b_2 - a_2)\vec{j}$$

이다.

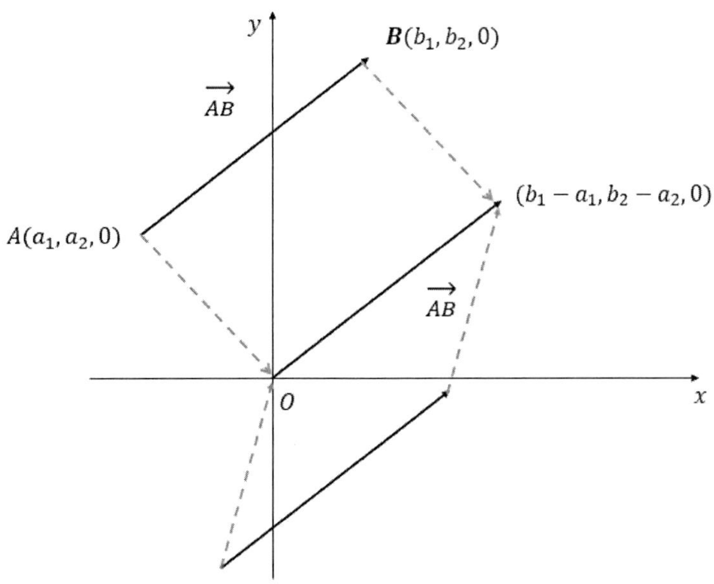

예를 들어, 두 점 $A(-2,5,0)$와 $B(1,3,0)$에 대하여 $\overrightarrow{AB}$ 는

$$\overrightarrow{AB} = (1-(-2))\vec{i} + (3-5)\vec{j} = 3\vec{i} - 2\vec{j}$$

이다. 이 벡터는 시점이 원점이고 종점이 점 $(3,-2,0)$인 화살표를 나타낸다.

따라서 평면에서 점 하나가 주어지면 원점에서 그 점까지의 벡터를 생각할 수 있고, 한 벡터의 성분을 알면 원점을 시점으로 하고 그 성분을 종점으로 하는 한 개의 화살표가 그려진다.

3차원 공간에 있는 점 $A(a_1, a_2, a_3)$에 대하여 원점 O를 시점으로 하고 점 $A(a_1, a_2, a_3)$를 종점으로 하는 벡터 $\overrightarrow{OA}$를 생각할 수 있다. 이제 이 벡터가 각 축에 평행한 단위벡터 $\vec{i}, \vec{j}, \vec{k}$에 의해서 어떻게 대수적으로 표시되는지 알아보자.

원점 O를 시점으로 하고 z축 위의 점$(0,0,a_3)$를 종점으로 하는 벡터는

$$a_3\overrightarrow{OE_3} = a_3\vec{k}$$

이다. 그러면 벡터 $\overrightarrow{OA}$ 는 벡터의 합에 의하여

$$\overrightarrow{OA} = \overrightarrow{OA'} + a_3\vec{k}, \qquad \overrightarrow{OA'} = a_1\vec{i} + a_2\vec{j}$$

로부터

$$\overrightarrow{OA} = a_1\vec{i} + a_2\vec{j} + a_3\vec{k}$$

로 나타내어진다. 이 표현을 세 벡터 $\vec{i}, \vec{j}, \vec{k}$의 **일차결합**이라 하고, 이때 a_1, a_2, a_3를 각각 $\vec{i}, \vec{j}, \vec{k}$ 의 **성분**이라 한다.

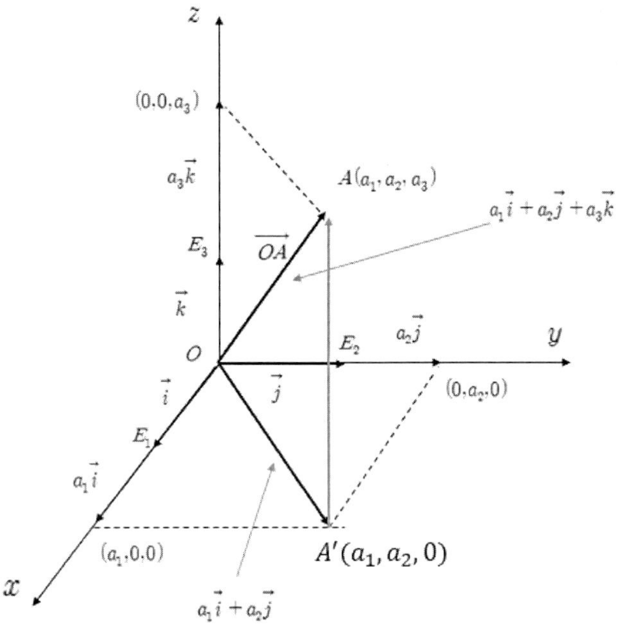

공간에 있는 점 $A(a_1, a_2, a_3)$를 시점, $B(b_1, b_2, b_3)$를 종점으로 하는 벡터 $\overrightarrow{AB}$는 시점A가 원점이 되게 평행이동 하면 다음 평행이동

$$A(a_1, a_2, a_3) \Rightarrow (a_1 - a_1, a_2 - a_2, a_3 - a_3) = (0,0,0)$$

에 의하여 종점 B는

$$B(b_1, b_2, b_3) \Rightarrow (b_1 - a_1, b_2 - a_2, b_3 - a_3)$$

로 변한다. 원점과 이 점을 종점으로 하는 화살표가 나타내는 벡터는

$$(b_1 - a_1)\vec{i} + (b_2 - a_2)\vec{j} + (c_2 - c_1)\vec{k}$$

이다. 평행이동에 의하여 겹쳐지는 벡터는 모두 같은 벡터이므로, $\overrightarrow{AB}$는

$$\overrightarrow{AB} = (b_1 - a_1)\vec{i} + (b_2 - a_1)\vec{j} + (b_3 - a_3)\vec{k}$$

로 나타낸다. 따라서 이 표현에 의하여 위치는 다르지만 $\overrightarrow{AB}$와 방향과 크기가 같은 벡터들을 모두 같은 벡터의 성분을 가지는 한 가지로 표시된다.

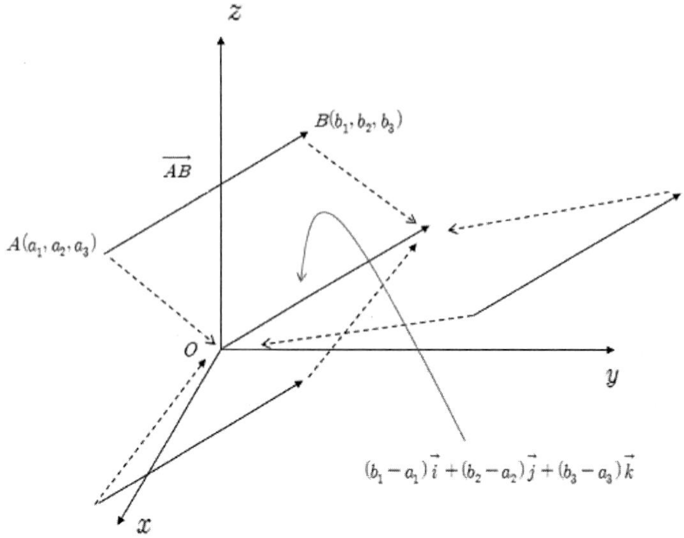

결국 좌표공간에서 원점을 시점으로 하는 모든 벡터는 세 벡터의 $\vec{i}, \vec{j}, \vec{k}$ 의 결합으로 표시되고, 한 벡터의 성분을 알면 원점을 시점으로 하고 그 성분을 종점으로 하는 한 개의 화살표가 그려진다.

예를 들어, 벡터 $\vec{a}=3\vec{i}+4\vec{j}+5\vec{k}$ 는 다음과 같은 화살표이다.

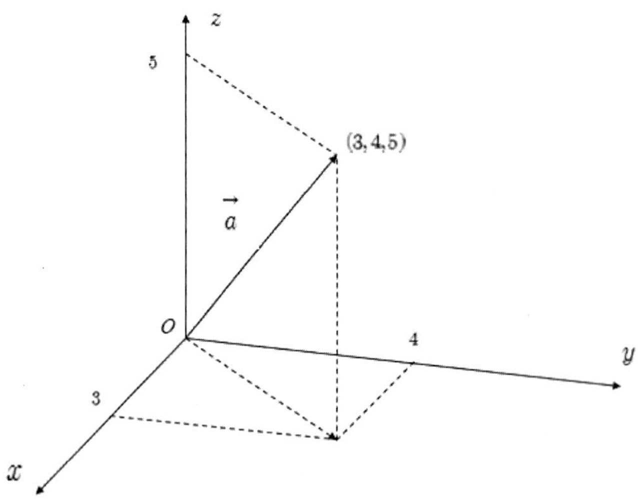

참고 표현의 간편성을 위해서 이후부터는 $\vec{i}=i,\ \vec{j}=j,\ \vec{k}=k$로 나타내기로 한다.

예제 2 다음 두 점을 연결하는 화살표를 벡터 i, j, k를 이용하여 나타내라.

(1) $A(2,3,0)$, $B(-1,0,3)$ (2) $A(-3,0,2)$, $B(0,3,-1)$

풀이 점A를 원점으로 이동시키는 변환을 생각하여 점B의 변환점이 화살표의 끝점이 된다는 것에 착안하면 된다.

(1) $\overrightarrow{AB}=(-1-2)i+(0-3)j+(3-0)k=-3i-3j+3k$

(2) $\overrightarrow{AB}=(0+3)i+(3+0)j+(-1-2)k=3i+3j-3k$

공간벡터에서의 정의

좌표체계가 아닌 상태에서 정의된 벡터 연산의 정의를 공간벡터에 대입하면 그 정의가 다음과 같이 된다. 주어진 실수 α와 두 벡터 $\vec{a}=a_1i+a_2j+a_3k$, $\vec{b}=b_1i+b_2j+b_3k$ 에 대하여 다음을 정의한다.

(1) 영벡터 $\vec{0}$ 는 모든 성분이 0인 벡터 즉, $\vec{O}=0\vec{i}+0\vec{j}+0\vec{k}$

(2) 두 벡터의 상등 : $\vec{a}=\vec{b} \Leftrightarrow a_1=b_1, a_2=b_2, a_3=b_3$

(3) 벡터 $\vec{a}$ 의 크기 $|\vec{a}|$: $|\vec{a}|=\sqrt{a_1^2+a_2^2+a_3^2}$

(4) 스칼라 곱 $\alpha\vec{a}$

$$\alpha\vec{a}=\alpha a_1i+\alpha a_2j+\alpha a_3k,\ -\vec{a}=(-1)\vec{a}$$

(5) 두 벡터의 합

$$\vec{a}+\vec{b}=(a_1+b_1)i+(a_2+b_2)j+(a_3+b_3)k$$

(5) 두 벡터의 차

$$\begin{aligned}\vec{a}-\vec{b}&=\vec{a}+(-1)\vec{b}\\&=(a_1-b_1)i+(a_2-b_2)j+(a_3-b_3)k\end{aligned}$$

예제 3 다음에 답하라.

(1) $\vec{a} = 2i - 3j + 4k$ 의 크기를 구하라.

(2) $2i - j + k$ 와 방향이 같고 크기가 1인 벡터를 구하라.

(3) $\vec{a} = 2i - 3j + k$, $\vec{b} = i + 3k$ 일 때, $4\vec{a} - 3\vec{b}$ 의 크기를 구하라.

풀이 문제에 해당되는 정의를 찾아서 정의에 따른 연산을 하면 된다.

(1) $|\vec{a}| = \sqrt{2^2 + (-3)^2 + 4^2} = \sqrt{29}$

(2) 주어진 벡터의 크기는 $\sqrt{2^2 + (-1)^2 + 1^2} = \sqrt{6}$ 이고, 영벡터가 아닌 벡터를 자신의 크기로 나누어주면, 크기 1인 단위 벡터가 된다. 따라서 구하는 벡터는

$$\frac{1}{\sqrt{6}}(2i - j + k)$$

이다.

(3) $4\vec{a} - 3\vec{b} = 4\vec{a} + (-3)\vec{b}$

$= (8-3)i + (-12+0)j + (4-9)k = 5i - 12j - 5k$

이므로 구하는 해는

$$|4\vec{a} - 3\vec{b}| = \sqrt{5^2 + (-12)^2 + (-5)^2} = \sqrt{194}.$$

▶▶ 연습문제 7.1

1. 다음 주어진 삼각형에 대하여 $\overrightarrow{AB} + \overrightarrow{BC} + \overrightarrow{CA}$ 를 구하여라.

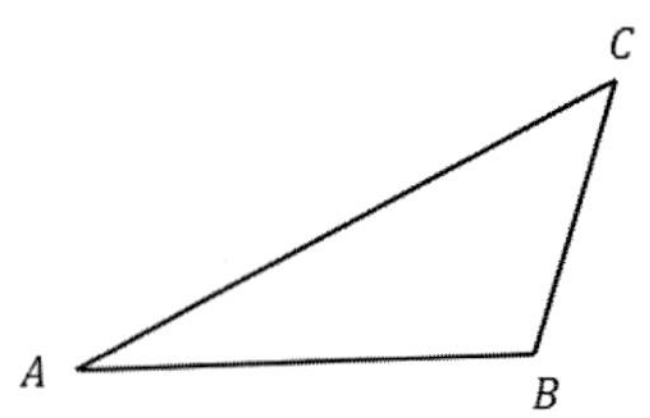

2. 오른쪽 그림의 정육각형에서 다음 벡터에 해당하는 벡터를 모두 구하여라.

(1) $\overrightarrow{AB}$ 와 같은 벡터

(2) $\overrightarrow{CF}$와 방향이 같은 벡터

(3) $\overrightarrow{BE}$와 방향이 반대인 벡터

(4) 2배하여 $\overrightarrow{CF}$ 와 같은 벡터

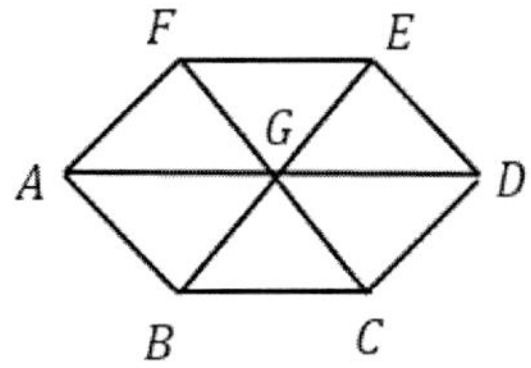

3. 다음을 간단히 하여라.

(1) $2(\vec{a}-3\vec{b})-(-\vec{a}-2\vec{b})$

(2) $-2(\vec{a}+2\vec{b}-\vec{c})+4(\vec{a}-3\vec{b}+2\vec{c})$

4. 문제 2에서 다음과 같은 벡터를 찾아라.

(1) $\overrightarrow{BA}+\overrightarrow{AG}$

(2) $2(\overrightarrow{CD}+\overrightarrow{DG})$

(3) $\overrightarrow{BA}+\overrightarrow{AF}$

(4) $\overrightarrow{CD}-\overrightarrow{ED}$

(5) $\overrightarrow{BA}+\overrightarrow{AF}+\overrightarrow{FE}$

(6) $\overrightarrow{CD}-\overrightarrow{ED}-\overrightarrow{FE}$

5. 다음에서 $\overrightarrow{PQ}$를 i,j,k 를 이용하여 나타내라.

(1) $P(0,3,1)$, $Q(0,0,2)$

(2) $P(6,2,2)$, $Q(2,5,1)$

(3) $P(-1,0,1)$, $Q(2,0,0)$

(4) $P(0,0,1)$, $Q(0,1,0)$

6. $\vec{a}=i-2j-3k$, $\vec{b}=3i+j-k$, $\vec{c}=6i+j+k$ 일 때, 다음을 구하여라.

(1) $3\vec{b}-2\vec{c}$

(2) $|\vec{b}-\vec{c}|$

(3) $2\vec{a}-3\vec{b}+4\vec{c}$

(4) $|\vec{a}+\vec{b}+\vec{c}|$

7. 크기가 2이고 $-i+j+2k$ 에 평행한 벡터를 구하여라.

8. $2i+j-k$ 와 $i+2mj+k$ 가 같은 크기를 갖도록 m을 결정하라.

7.2 내적과 외적

공간벡터에서 벡터에 관한 특별한 연산은 그 연산의 결과가 벡터와 관련된 기하학적 구조의 내용을 담고 있다. 이런 내용과 관련된 벡터의 연산에 대하여 알아보자.

벡터의 내적

두 벡터 $\vec{a}=a_1i+a_2j+a_3k$, $\vec{b}=b_1i+b_2j+b_3k$ 의 내적 $\vec{a}\cdot\vec{b}$은

$$\vec{a}\cdot\vec{b}=a_1b_1+a_2b_2+a_3b_3$$

로 정의되는 연산이다.

예제 1 두 벡터의 내적을 구하라.

(1) $\vec{a}=5i-2j+k,\ \vec{b}=i+k$

(2) $\vec{a}=-i+2j+k,\ \vec{b}=2i+3j-4k$

풀이 두 벡터의 내적을 간단히 말하자면 벡터의 성분끼리 곱하여 합하는 것이다.

(1) $\vec{a}\cdot\vec{b}=5\times1+(-2)\times0+1\times1=6$

(2) $\vec{a}\cdot\vec{b}=(-1)\times2+2\times3+1\times(-4)=0$

내적은 다음과 같은 성질을 가지고 있다. 이 성질을 이용하면 내적과 관련된 벡터연산을 효율적으로 할 수 있다.

내적의 성질

벡터 $\vec{a}, \vec{b}, \vec{c}$ 와 스칼라 α, β에 대하여 다음이 성립한다.

(a) $\vec{a} \cdot \vec{b} = \vec{b} \cdot \vec{a}$

(b) $\vec{a} \cdot (\vec{b} + \vec{c}) = \vec{a} \cdot \vec{b} + \vec{a} \cdot \vec{c}$

(c) $(\alpha \vec{a}) \cdot \vec{b} = \alpha(\vec{a} \cdot \vec{b}) = \vec{a} \cdot (\alpha \vec{b})$

(d) $\vec{a} \cdot \vec{a} = |\vec{a}|^2$ 이고, $\vec{a} \cdot \vec{a} = 0 \Leftrightarrow \vec{a} = \vec{0}$

예제 2 두 벡터 $\vec{a}$ 와 $\vec{b}$가 다음을 만족할 때,

$$|\vec{a}| = \sqrt{2}, |\vec{b}| = 3, \vec{a} \cdot \vec{b} = 1$$

(1) $|\vec{a} + \vec{b}|$의 값을 구하라.

(2) $|\vec{a} - \vec{b}|$의 값을 구하라.

풀이 내적의 성질 중에서 (d)를 이용한다.

(1) $|\vec{a} + \vec{b}|^2 = (\vec{a} + \vec{b}) \cdot (\vec{a} + \vec{b}) = \vec{a} \cdot \vec{a} + 2\vec{a} \cdot \vec{b} + \vec{b} \cdot \vec{b}$

$$= |\vec{a}|^2 + 2\vec{a} \cdot \vec{b} + |\vec{b}|^2 = 13$$

로부터

$$|\vec{a} + \vec{b}| = \pm \sqrt{13}$$

이지만

$$|\vec{a} + \vec{b}| \geq 0$$

이므로 구하는 해는 $|\vec{a} + \vec{b}| = \sqrt{13}$ 이다.

(2) (1)과 같은 방법으로

$$|\vec{a} - \vec{b}|^2 = (\vec{a} - \vec{b}) \cdot (\vec{a} - \vec{b}) = \vec{a} \cdot \vec{a} - 2\vec{a} \cdot \vec{b} + \vec{b} \cdot \vec{b} = 9$$

로부터 $|\vec{a} - \vec{b}| = 3$ 이다.

내적의 기하학적 의미

두 벡터 $\vec{a}=a_1i+a_2j+a_3k$, $\vec{b}=b_1i+b_2j+b_3k$ 가 시점에서 이루는 각을 θ라 하면

$$\vec{a}\cdot\vec{b}=|\vec{a}||\vec{b}|\cos\theta$$

가 성립한다.

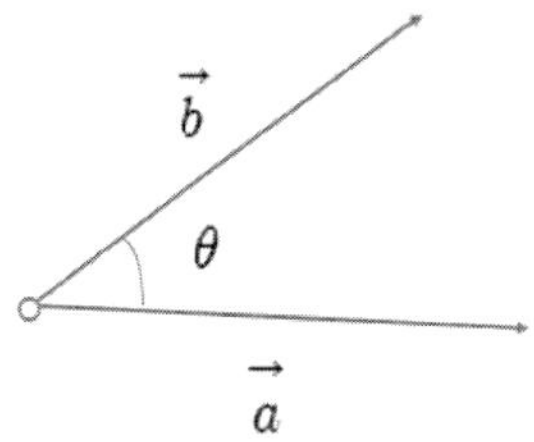

두 벡터 $\vec{a},\vec{b}$가 수직으로 만나면 **직교**한다고 한다. 두 벡터가 직교하면 교각이 $\frac{\pi}{2}$이고 $\cos\frac{\pi}{2}=0$ 이므로 두 벡터의 내적은 0이 된다. 따라서 두 벡터가 직교할 필요충분조건은 다음과 같다.

$$\vec{a}\text{와 }\vec{b}\text{ 가 직교} \Leftrightarrow \vec{a}\cdot\vec{b}=0$$

예제 3 다음 주어진 두 벡터의 직교 여부를 밝히고, 직교하지 않는 경우는 교각 θ에 대한 $\cos\theta$ 의 값을 구하라.

(1) $\vec{a}=i+2k,\ \ \vec{b}=2i-3k$ (2) $\vec{a}=2i-j+5k,\ \ \vec{b}=3i+j-k$

풀이 두 벡터의 내적을 두 벡터의 크기의 곱으로 나누면 된다.

(1) $\vec{a}\cdot\vec{b}=-4, |\vec{a}|=\sqrt{5}, |\vec{b}|=\sqrt{13}$ 으로부터 $\cos\theta=\frac{-4}{\sqrt{65}}$.

(2) $\vec{a}\cdot\vec{b}=0$ 이므로 두 벡터는 직교한다.

정사영벡터

영벡터가 아니고 평행하지 않은 두 벡터 $\vec{a}, \vec{b}$에 대하여 벡터 $\vec{b}$를 벡터 $\vec{a}$로 투사시킨 벡터를 "벡터 $\vec{b}$의 $\vec{a}$위로의 정사영벡터"라 하고 $\mathrm{Proj}_{\vec{a}}\vec{b}$ 로 나타낸다. 이 벡터는 다음과 같이 표현된다.

$$\mathrm{Proj}_{\vec{a}}\vec{b} = \frac{\vec{a} \cdot \vec{b}}{|\vec{a}|^2}\vec{a}$$

이렇게 표현 되는 이유에 대하여 알아보자.

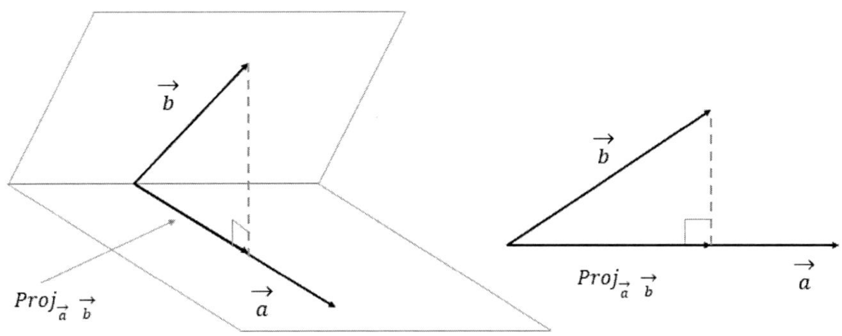

두 벡터의 사잇각을 θ라 하면 $\mathrm{Proj}_{\vec{a}}\vec{b}$ 의 크기는 $|\vec{b}|\cos\theta$ 이고 $\vec{a}$와 평행이다. 따라서 정사영 벡터는 $\vec{a}$의 단위벡터에 화살표의 길이 $|\vec{b}|\cos\theta$ 를 곱한 것이 되므로

$$\mathrm{Proj}_{\vec{a}}\vec{b} = |\vec{b}|\cos\theta\frac{1}{|\vec{a}|}\vec{a}$$

이다. 내적의 정의로 부터

$$\cos\theta = \frac{\vec{a} \cdot \vec{b}}{|\vec{a}||\vec{b}|}$$

의 값을 위 식에 대입하여

$$\mathrm{Proj}_{\vec{a}}\vec{b} = |\vec{b}|\frac{\vec{a}\cdot\vec{b}}{|\vec{a}||\vec{b}|}\frac{1}{|\vec{a}|}\vec{a} = \frac{\vec{a}\cdot\vec{b}}{|\vec{a}|^2}\vec{a}$$

이다.

예제 4 다음 주어진 벡터에 대하여 $\mathrm{Proj}_{\vec{a}}\vec{b}$ 와 $\mathrm{Proj}_{\vec{b}}\vec{a}$ 를 구하라.

(1) $\vec{a} = 3i + 2j - 2k$, $\vec{b} = 2i + 2j + k$

(2) $\vec{a} = -3i - 2j + k$, $\vec{b} = i + j - 2k$

풀이 각 벡터의 크기와 내적을 구하여 공식에 대입하면 된다.

(1) $|\vec{a}| = \sqrt{17}$, $|\vec{b}| = 3$, $\vec{a}\cdot\vec{b} = 8$로부터

$$\mathrm{Proj}_{\vec{a}}\vec{b} = \frac{8}{|\sqrt{17}|^2}\vec{a} = \frac{8}{17}\vec{a}, \quad \mathrm{Proj}_{\vec{b}}\vec{a} = \frac{8}{9}\vec{a}\ .$$

(2) $|\vec{a}| = \sqrt{14}$, $|\vec{b}| = \sqrt{6}$, $\vec{a}\cdot\vec{b} = -7$ 로부터

$$\mathrm{Proj}_{\vec{a}}\vec{b} = \frac{-7}{|\sqrt{14}|^2}\vec{a} = -\frac{7}{14}\vec{a}, \quad \mathrm{Proj}_{\vec{b}}\vec{a} = -\frac{7}{6}\vec{a}\ .$$

여기서 정사영 벡터에서 계수가 음수인 경우는 두 벡터의 사잇각 θ가 $\pi < \theta < \frac{\pi}{2}$ 임을 의미한다. 즉,

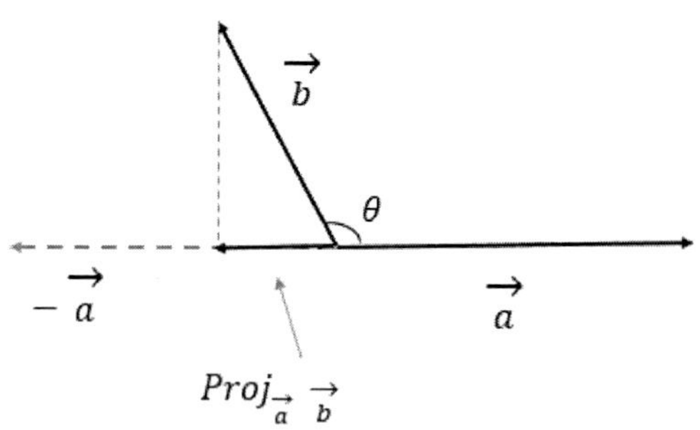

벡터의 분해

영벡터가 아닌 두 벡터 $\vec{a}, \vec{b}$ 가 평행하지 않을 때, 벡터 $\vec{b}-\mathrm{Proj}_{\vec{a}}\vec{b}$ 와 $\vec{a}$ 의 내적을 생각하여 보자.

$$\begin{aligned}(\vec{b}-\mathrm{Proj}_{\vec{a}}\vec{b})\cdot\vec{a} &= \vec{b}\cdot\vec{a}-\mathrm{Proj}_{\vec{a}}\vec{b}\cdot\vec{a} \\ &= \vec{b}\cdot\vec{a}-\left(\frac{\vec{b}\cdot\vec{a}}{|\vec{a}|^2}\right)\vec{a}\cdot\vec{a}\end{aligned}$$

이고 $\vec{a}\cdot\vec{a}=|\vec{a}|^2$ 으로부터

$$(\vec{b}-\mathrm{Proj}_{\vec{a}}\vec{b})\cdot\vec{a}=\vec{b}\cdot\vec{a}-\vec{b}\cdot\vec{a}=0$$

이 되어 벡터 $\vec{b}-\mathrm{Proj}_{\vec{a}}\vec{b}$ 와 $\vec{a}$ 는 직교하는 것을 알 수 있다. 따라서 벡터 $\vec{b}$는 벡터 $\vec{a}$ 에 평행인 벡터 $\mathrm{Proj}_{\vec{a}}\vec{b}$ 와 수직인 벡터 $\vec{b}-\mathrm{Proj}_{\vec{a}}\vec{b}$ 의 합으로 표시되는 것을 알 수 있다. 즉,

$$\vec{b}=\mathrm{Proj}_{\vec{a}}\vec{b}+(\vec{b}-\mathrm{Proj}_{\vec{a}}\vec{b}).$$

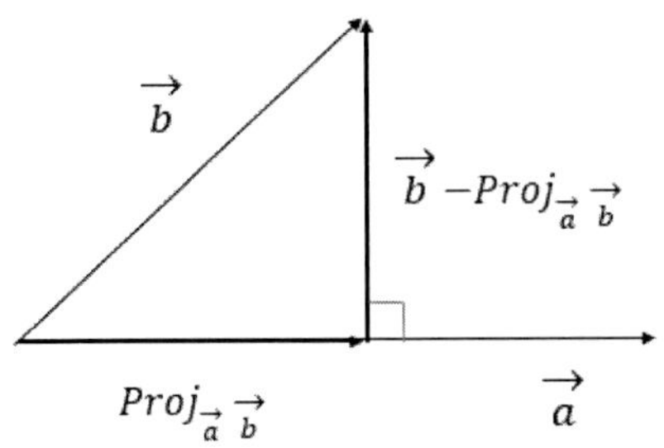

마찬가지로, 벡터 $\vec{a}$ 도 벡터 $\vec{b}$에 수평인 벡터 $\mathrm{Proj}_{\vec{b}}\vec{a}$ 와 수직인 벡터 $\vec{b}-\mathrm{Proj}_{\vec{a}}\vec{b}$ 의 합으로 표시된다. 즉

$$\vec{a}=\mathrm{Proj}_{\vec{b}}\vec{a}+(\vec{a}-\mathrm{Proj}_{\vec{b}}\vec{a})$$

결론적으로, 평행하지 않은 두 벡터에서는 한 벡터는 다른 벡터에 평행인 벡터와 수직인 벡터의 합으로 분해가 되고 또 이들의 합으로 표시가 된다.

예제 5 $\vec{a}=i-2j+k$를 $\vec{b}=2i+3k$ 벡터에 평행한 벡터와 수직인 벡터의 합으로 나타내라.

풀이 $\vec{a}\cdot\vec{b}=2+3=5$이고 $|\vec{b}|^2=4+9=13$ 이므로

$$Proj_{\vec{b}}\vec{a}=\frac{5}{13}\vec{b},\qquad \vec{a}-Proj_{\vec{b}}\vec{a}=\vec{a}-\frac{5}{13}\vec{b}$$

로부터 다음과 같이 분해가 된다.

$$\vec{a}=(\frac{10}{13}i+\frac{15}{13}k)+(\frac{3}{13}i-2j-\frac{2}{13}k).$$

벡터의 곱

두 벡터 $\vec{a}=a_1i+a_2j+a_3k$, $\vec{b}=b_1i+b_2j+b_3k$ 에 대하여 곱 $\vec{a}\times\vec{b}$ 는

$$\vec{a}\times\vec{b}=(a_2b_3-a_3b_2)i+(a_3b_1-a_1b_3)j+(a_1b_2-a_2b_1)k$$

로 정의되는 연산으로 **외적**이라 부른다.

참고 벡터의 곱 $\vec{a}\times\vec{b}$ 의 연산에서 성분들의 첨자를 혼돈하기 쉽다. 다음 행렬식을 생각하면

$$\begin{vmatrix} i & j & k \\ a_1 & a_2 & a_3 \\ b_1 & b_2 & b_3 \end{vmatrix}=\begin{vmatrix} a_2 & a_3 \\ b_2 & b_3 \end{vmatrix}i-\begin{vmatrix} a_1 & a_3 \\ b_1 & b_3 \end{vmatrix}j+\begin{vmatrix} a_1 & a_2 \\ b_1 & b_2 \end{vmatrix}k$$

$$=(a_2b_3-a_3b_2)i-(a_1b_3-a_3b_1)j+(a_1b_2-a_2b_1)k$$

$$=(a_2b_3-a_3b_2)i+(a_3b_1-a_1b_3)j+(a_1b_2-a_2b_1)k=\vec{a}\times\vec{b}$$

이다. 따라서 벡터의 곱은 다음 행렬식을 이용하여 1행에 대하여 전개하면 계산하는 것이 편리하다.

$$\vec{a}\times\vec{b}=\begin{vmatrix} i & j & k \\ a_1 & a_2 & a_3 \\ b_1 & b_2 & b_3 \end{vmatrix}$$

예제 6 $\vec{a}=2i+j-k$이고 $\vec{b}=i-2j+2k$ 일 때, 다음 연산을 시행하라.

(1) $\vec{a}\times\vec{a}$ (2) $\vec{a}\times\vec{b}$

(3) $\vec{b}\times\vec{a}$ (4) $\vec{b}\times\vec{b}$

풀이 벡터의 곱이 행렬식과 같고, 행렬식 계산 및 성질을 이용하여 쉽게 구할 수 있다.

(1) $\vec{a}\times\vec{a}=(-1+1)i-(-2+2)j+(2-2)k=\vec{0}$ (영벡터). 별해: 두 행이 같으므로 행렬식은 0이고, 벡터 곱의 결과는 벡터이므로 결국 영벡터 $\vec{0}$이다.

(2) $\vec{a}\times\vec{b}=(2-2)i-(4+1)j+(-4-1)k=-5j-5k$.

(3) $\vec{b}\times\vec{a}=(2-2)i-(-1-4)j+(1+4)k=5j+5k$. 별해: 행렬식에서 두 행의 위치를 서로 교환하면 행렬식은 음의 부호로 바뀐다는 사실을 이용하면

$$\vec{b}\times\vec{a}=\begin{vmatrix} i & j & k \\ 1 & -2 & 2 \\ 2 & 1 & -1 \end{vmatrix}=-\begin{vmatrix} i & j & k \\ 2 & 1 & -1 \\ 1 & -2 & 2 \end{vmatrix}=-\vec{a}\times\vec{b}=5i+5k$$

같은 결과를 얻는다.

(4) $\vec{b}\times\vec{b}=(-4+4)i-(2-2)j+(-2+2)k=\vec{0}$. 별해: 두 행이 같으므로 행렬식은 0이다. 벡터 곱의 결과는 벡터이므로 영벡터 $\vec{0}$ 이다.

주어진 문제에서 $\vec{a}$와 $\vec{a}\times\vec{b}$의 내적 $\vec{a}\bullet\vec{a}\times\vec{b}$과 $\vec{b}$와 $\vec{a}\times\vec{b}$의 내적 $\vec{b}\bullet\vec{a}\times\vec{b}$을 각각 구하여 보자. 이때 연산의 순서는 외적을 먼저해야하는 것은 당연하다. 내적을 먼저 계산하면 결국 스칼라와 벡터의 외적이 되는데 이것은 정의가 되지 않기 때문이다.

$$\vec{a}\bullet\vec{a}\times\vec{b}=2\times0+1\times(-5)+(-1)\times(-5)=0$$

$$\vec{b}\bullet\vec{a}\times\vec{b}=0\times1+5\times(-2)+5\times2=0$$

이 되어 $\vec{a}\times\vec{b}$ 는 두 벡터 $\vec{a}$와 $\vec{b}$에 동시에 수직이므로 다음 그림과 같이 두 벡터를 품는

평면에 수직이다.

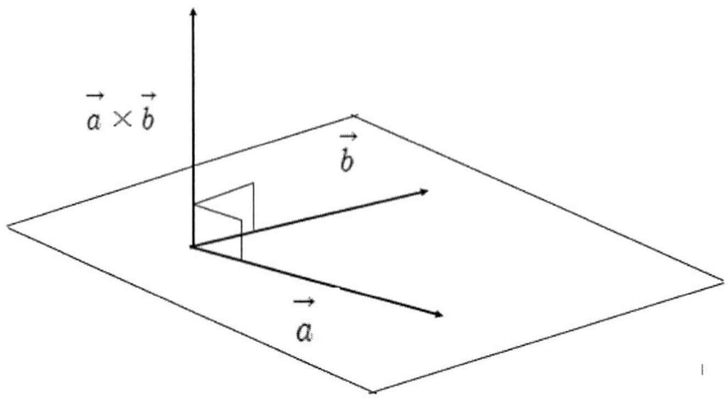

외적의 성질

벡터 $\vec{a},\vec{b},\vec{c}$ 와 스칼라 α에 대하여 다음이 성립한다.

(a) $\vec{a}\times\vec{b}=-\vec{b}\times\vec{a}$

(b) $\vec{a}\times(\vec{b}+\vec{c})=\vec{a}\times\vec{b}+\vec{a}\times\vec{c}$

(c) $(\vec{a}+\vec{b})\times\vec{c}=\vec{a}\times\vec{c}+\vec{b}\times\vec{c}$

(d) $\alpha(\vec{a}\times\vec{b})=\alpha\vec{a}\times\vec{b}=\vec{a}\times\alpha\vec{b}$

(e) $\vec{a}\cdot\vec{a}\times\vec{b}=0,\ \vec{b}\cdot\vec{a}\times\vec{b}=0$

(f) $\vec{a}\times\vec{0}=\vec{0},\quad \vec{a}\times\vec{a}=\vec{0}$

(g) $|\vec{a}\times\vec{b}|^2=|\vec{a}|^2|\vec{b}|^2-(\vec{a}\cdot\vec{b})^2$

참고 성질 $(a)\sim(f)$까지는 외적과 내적의 정의를 이용하여 증명할 수 있으나, (g)는 삼각형의 변의 길이와 사잇각에 대한 지식이 요구된 다는 것을 지적한다.

벡터 곱의 기하학적 의미

두 벡터 $\vec{a},\vec{b}$ 가 시점에서 이루는 사잇각이 θ일 때, 외적의 성질 (g)와 내적의 정의로부터 로부터 $1-\cos^2\theta=\sin^2\theta$ 임을 알 때,

$$|\vec{a}\times\vec{b}|^2 = |\vec{a}|^2|\vec{b}|^2 - (\vec{a} \cdot \vec{b})^2 = |\vec{a}|^2|\vec{b}|^2(1-\cos^2\theta) = |\vec{a}|^2|\vec{b}|^2\sin^2\theta$$

이고 $|\vec{a}\times\vec{b}| = |\vec{a}||\vec{b}||\sin\theta|$ 이다. 그런데 $0 \le \theta \le \pi$에서 $0 \le \sin\theta \le 1$ 이므로 다음 결론을 얻는다.

$$|\vec{a}\times\vec{b}| = |\vec{a}||\vec{b}|\sin\theta$$

즉, $|\vec{a}\times\vec{b}|$는 벡터 $\vec{a}$ 와 $\vec{b}$를 이웃 변으로 하는 평행사변형의 넓이를 나타낸다. 이때 이웃하는 변의 길이는 각각 벡터의 크기인 $|\vec{a}|$와 $|\vec{b}|$이다.

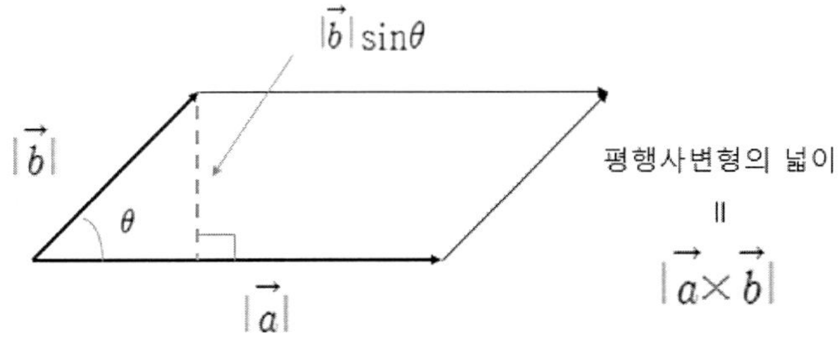

평행사변형의 넓이는 밑변의 길이와 높이가 주어지면 밑변의 길이와 높이의 곱이다. 그런데 이런 정보가 없어도 이웃하는 두 화살표만 주어지면 평행사변형의 넓이를 구할 수 있다는 것이 벡터의 외적에 대한 기하하적인 의미인 것이다.

예제 7 다음 두 벡터가 이웃하는 변인 평행사변형의 넓이를 구하라.

(1) $\vec{a} = 2i + 3j - k,\ \vec{b} = -i + 2j + k$

(2) $\vec{a} = i - j,\ \vec{b} = i + k$

풀이 두 벡터에 대한 외적을 구하고 벡터의 크기를 구하면 된다.

(1) $\vec{a}\times\vec{b} = 5i - j + 7k$ 로부터 구하는 넓이는 $|\vec{a}\times\vec{b}| = \sqrt{5^2+(-1)^2+7^2} = 5\sqrt{3}$ 이다.

(2) $\vec{a}\times\vec{b} = -i - j + k$ 로부터 구하는 넓이는 $|\vec{a}\times\vec{b}| = \sqrt{(-1)^2+(-1)^2+1^2} = \sqrt{3}$ 이다.

삼각형의 넓이

삼각형을 결정하는 요인은 세 꼭짓점이고 이 삼각형의 넓이는 밑변의 길이와 높이가 주어지면 그 둘의 곱을 2로 나누면 된다. 이때, "삼각형을 결정하는 세 꼭짓점으로 삼각형의 넓이를 구할 수는 없을까?"는 자연스런 질문이 될 수 있다. 화살표라는 벡터의 새로운 개념을 공부했으니 이를 이용하여 답을 구해보도록 하자.

그림에서 보는 것과 세 점 A, B, C 를 꼭짓점으로 하는 삼각형을 생각하자. 점 A를 시점으로 하는 두 개의 벡터 $\overrightarrow{AB}, \overrightarrow{AC}$ 를 이웃한 변으로 하는 평행사변형의 넓이의 $\frac{1}{2}$이 삼각형의 넓이 이므로 삼각형의 넓이는 다음과 같다.

$$\triangle ABC \text{ 의 넓이 } = \frac{1}{2}|\overrightarrow{AB} \times \overrightarrow{AC}|$$

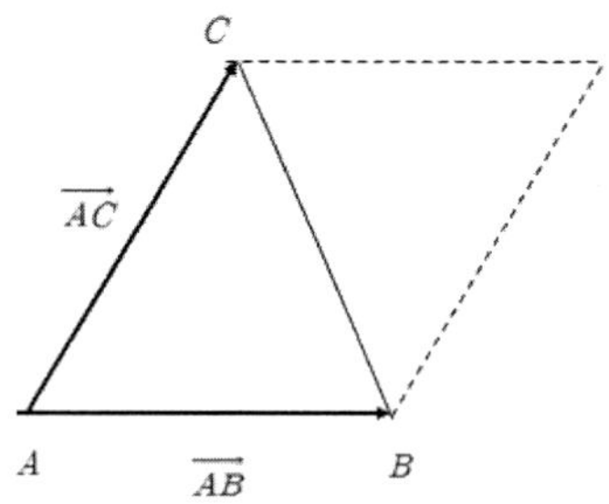

예제 8 다음 세 점을 꼭짓점으로 하는 삼각형의 넓이를 구하라.

(1) $A(1,0,0), B(0,1,0), C(0,0,1)$

(2) $A(1,0,1), B(-1,1,2), C(2,-3,0)$

풀이 어느 한 점을 시초 점으로 잡아도 관계가 없으나 (1)에서는 점 A를 (2)에서는 점 B를 시초 점으로 잡아서 이웃하는 벡터의 외적으로 나타내 보도록 한다.

(1) $\overrightarrow{AB}=-i+j$, $\overrightarrow{AC}=-i+k$ 로부터 $\overrightarrow{AB}\times\overrightarrow{AC}=i+j+k$ 이므로 구하는 삼각형의 넓이는

$$\frac{1}{2}|\overrightarrow{AB}\times\overrightarrow{AC}|=\frac{1}{2}\sqrt{3}$$

이다.

(2) $\overrightarrow{BA}=i-j-k, \overrightarrow{BC}=3i-4j-2k$ 로부터 $\overrightarrow{AB}\times\overrightarrow{AC}=-2i-j-k$ 이므로 구하는 삼각형의 넓이는

$$\frac{1}{2}|\overrightarrow{BA}\times\overrightarrow{BC}|=\frac{1}{2}\sqrt{6}$$

이다.

벡터의 평행

두 벡터가 평행하면 두 벡터의 사잇각은 0 또는 π 이고 이때 $\sin 0=0$이고 $\sin\pi=0$이다. 따라서 두 벡터 $\vec{a}$와 $\vec{b}$가 평행일 필요충분조건은 다음과 같다.

$$\vec{a},\vec{b} \text{ 가 평행} \Leftrightarrow |\vec{a}\times\vec{b}|=0$$

참고 두 벡터가 평행이기 위한 필요충분조건은 다음과 같은 내용으로 이해가 될 수 있다.

1. 벡터의 크기가 0이기 위한 필요충분조건은 영벡터임을 안다. 따라서 두 벡터가 평행이기 위한 필요충분조건은 두 벡터의 외적이 영벡터이다.
2. $\vec{b}$가 적당한 실수 $\alpha(\neq 0)$에 대하여 $\vec{b}=\alpha\vec{a}$ 이면 외적의 성질 (d)와 (f)을 이용하여

$$|\vec{a}\times\vec{b}|=|\vec{a}\times\alpha\vec{a}|=|\alpha||\vec{a}\times\vec{a}|=|\alpha||\vec{0}|=|\alpha|0=0$$

임을 안다. 따라서 주어진 두 벡터의 평행여부를 확인하기 위해서 외적을 계산하는 대신에 한 벡터가 다른 벡터의 상수 배인 것을 인지하면 면 두 벡터가 평행임을 알 수 있다.

예제 9 주어진 두 벡터가 평행인지의 여부를 판단하라.

(1) $\vec{a}=2i-j+3k, \vec{b}=-6i+3j-9k$ (2) $\vec{a}=i,\ \vec{b}=3k$

풀이 두 벡터의 외적을 구하여 결과가 $\vec{0}$ 벡터인지를 확인하면 된다.

(1) $\vec{a}\times\vec{b}=(9-9)i-(-18+18)j+(6-6)k=\vec{0}$ 이다. 따라서 두 벡터는 평행이다.

[별해] $\vec{b}=-3\vec{a}$ 임을 인지하면 두 벡터가 평행인 것을 알 수 있다. 특히 상수가 음수이므로 두 벡터는 방향이 반대가 되어 사잇각이 π인 것이 확인된다.

(2) $\vec{a}=1i+0j+0k$, $\vec{b}=0i+0j+3k$ 인 것에 주목하여 $\vec{a}\times\vec{b}$를 구하면
$\vec{a}\times\vec{b}=(0-0)i-(3-0)j+(0-0)k=-3\vec{j}$ 가 되어 영벡터가 아니므로 두 벡터는 평행이 아니다.

xy-평면에서 삼각형의 넓이

공간에서 xy-평면을 z-축의 성분이 0인 것으로 간주한다고 이미 언급했다. $xy-$평면에서 세 점으로 이루어진 삼각형의 넓이를 구하는 것은 공간에서 세 점으로 주어진 삼각형의 넓이보다 훨씬 간단하다. $xy-$평면에서 세 점으로 이루어진 삼각형의 넓이가 각 꼭짓점의 좌표로 어떻게 표현이 되는지 알아보자.

우선 세 점 중에서 한 점은 원점인 경우를 생각해 보자. 이를 위해 세 점 $O(0,0,0)$, $A(a_1,a_2,0)$, $B(b_1,b_2,0)$ 으로 이루어진 삼각형의 넓이를 구하여 보자. 원점을 중심으로 하여 이웃 하는 두 벡터 $\overrightarrow{OA}$ 와 $\overrightarrow{OB}$는 각각

$$\overrightarrow{OA}=a_1i+a_2j,\quad \overrightarrow{OB}=b_1i+b_2j$$

이고

$$\overrightarrow{OA}\times\overrightarrow{OB}=0i-0j+(a_1b_2-a_2b_1)k$$

가 되어 삼각형의 넓이는

$$\frac{1}{2}|\overrightarrow{OA}\times\overrightarrow{OB}|=\frac{1}{2}|a_1b_2-a_2b_1|$$

이다.

예를 들어, 세 점 $(0,0,0)$, $(2,1,0)$, $(-3,4,0)$을 꼭짓점으로 하는 삼각형의 넓이는

$$\frac{1}{2}|2\times4-1\times(-3)|=\frac{11}{2}$$

이다.

세 점 모두가 원점이 아닌 경우에는 한 점을 원점으로 평행 이동시키고, 나머지 두 점에 같은 평행이동을 적용하여 이들 세 점에 대하여 삼각형의 넓이를 구하면 된다.

예들 들어, 세 점 $A(1,-2,0)$, $B(-1,1,0)$, $C(4,0,0)$을 꼭짓점으로 하는 삼각형의 넓이를 구하여 보자. 어떤 점을 원점으로 평행 이동하여도 무방하나 점 A를 원점으로 평행 이동시키자. 이를 위해 "x좌표-1, y좌표$+2$"의 변화를 주면 각 점은 $A'(0,0,0)$, $B'(-2,3,0)$, $C'(3,2,0)$이 되어 이 세 점을 꼭짓점으로 하는 삼각형의 넓이는

$$\frac{1}{2}|(-2)\times2-3\times3|=\frac{13}{2}$$

이다. 처음 세 점을 꼭짓점으로 하는 삼각형과 평행이동 된 삼각형의 넓이가 같음에 유의하자. 따라서 처음 주어진 삼각형의 넓이는 $\frac{13}{2}$이다.

예제 10 다음 세 점을 꼭짓점으로 하는 삼각형의 넓이를 구하라.

$$A(0,1,0),\ B(1,0,0),\ C(2,3,0)$$

풀이 점 A를 원점으로 이동하는 평행이동을 모두 행하면 평행 이동된 세 점은 각각 $(0,0,0), (1,-1,0), (2,2,0)$이 되고 따라서 구하는 삼각형의 넓이는

$$\frac{1}{2}|1\times2-(-1)\times2|=2$$

이다.

지금까지 다루어 온 두 벡터의 외적에 대한 기하학적 의미를 정리하면 다음과 같다.

외적의 기하학적인 의미

(1) $\vec{a}\times\vec{b}$ 는 두 벡터 $\vec{a}$와 $\vec{b}$에 모두 직교한다.

(2) $|\vec{a}\times\vec{b}|=|\vec{a}||\vec{b}|\sin\theta$, 단 $\vec{a}$와 $\vec{b}$ 사잇각이다.

(3) $|\vec{a}\times\vec{b}|$는 이웃 변이 $\vec{a}$와 $\vec{b}$인 평행사변형의 넓이이다.

(4) 두 벡터 $\vec{a}$와 $\vec{b}$ 가 평행이기 위한 필요충분조건은 $|\vec{a}\times\vec{b}|=0$ 이다.

벡터의 삼중적

주어진 세 벡터 $\vec{a}=a_1i+a_2j+a_3k$, $\vec{b}=b_1i+b_2j+b_3k$, $\vec{c}=c_1i+c_2j+c_3k$ 에 대하여 $\vec{a}\cdot\vec{b}\times\vec{c}$ 를 세 벡터의 삼중적(triple product)이라 한다. 먼저 벡터의 외적 $\vec{b}\times\vec{c}$을 시행하여 상응하는 벡터를 구한 다음에 $\vec{a}$와의 내적을 구하여도 되지만, 그 연산의 결과는 다음과 같다.

$$\vec{a}\cdot\vec{b}\times\vec{c}=\begin{vmatrix} a_1 & a_2 & a_3 \\ b_1 & b_2 & b_3 \\ c_1 & c_2 & c_3 \end{vmatrix}$$

어떤 연산 방식을 택하여도 결과가 같지만 행렬식을 이용하면 행렬식의 성질을 이용하여 삼중적에 관한 다른 어떤 성질들을 증명할 때 매우 유익하다.

예제 11 다음 주어진 세 벡터의 삼중적에 관한 계산을 아래 요구에 따라 실시하라.

$$\vec{a}=2i-j+k,\ \vec{b}=3i+2j-k,\ \vec{c}=i-2k$$

(1) $\vec{a}\cdot\vec{b}\times\vec{c}$ 을 외적을 먼저 구하고, 그 결과를 $\vec{a}$와의 내적으로 구하라.

(2) 삼중적을 행렬식을 이용하여 구하라.

(3) $\vec{a}\times\vec{b}\cdot\vec{c}$ 를 행렬식을 이용하여 구하라.

(4) $\vec{a}\times\vec{b}\cdot\vec{c}$ 를 행렬식을 $\vec{a}\cdot\vec{b}\times\vec{c}$ 의 행렬식과 비교하여 결과를 도출하라.

풀이 (1) $\vec{b}\times\vec{c}=-4i+5j-2k$ 이고 $\vec{a}\cdot\vec{b}\times\vec{c}=-8-5-2=-15$ 이다.

(2) $\vec{a}\cdot\vec{b}\times\vec{c}=\begin{vmatrix}2&-1&1\\3&2&-1\\1&0&-2\end{vmatrix}=(-8+1+0)-(2+0+6)=-15.$

(3) $\vec{a}\times\vec{b}\cdot\vec{c}=\vec{c}\cdot\vec{a}\times\vec{b}=\begin{vmatrix}1&0&-2\\2&-1&1\\3&2&-1\end{vmatrix}=(1+0-8)-(6+2+0)=-15.$

(4) $\vec{a}\times\vec{b}\cdot\vec{c}$의 행렬식은 $\vec{a}\cdot\vec{b}\times\vec{c}$ 의 행렬식을 1행과 3행을 바꾼 다음에 다시 2행과 3행을 바꾼 것이다. 행렬식의 성질에 따라서 $|\vec{a}\times\vec{b}\cdot\vec{c}|=(-1)^2|\vec{a}\cdot\vec{b}\times\vec{c}|=-15$이다.

(4)의 결과로부터 세 벡터에 대한 삼중적의 연산은 내적과 외적이 순서의 교환이 성립함을 의미한다. 삼중적은 다음과 같은 교환법칙과 기하학적 의미가 있다.

삼중적의 성질

(1) $\vec{a}\cdot\vec{b}\times\vec{c}=\vec{a}\times\vec{b}\cdot\vec{c}$

(2) $|\vec{a}\cdot\vec{b}\times\vec{c}|$ 는 벡터 $\vec{a},\vec{b},\vec{c}$ 를 이웃 변으로 하는 평행육면체의 부피.

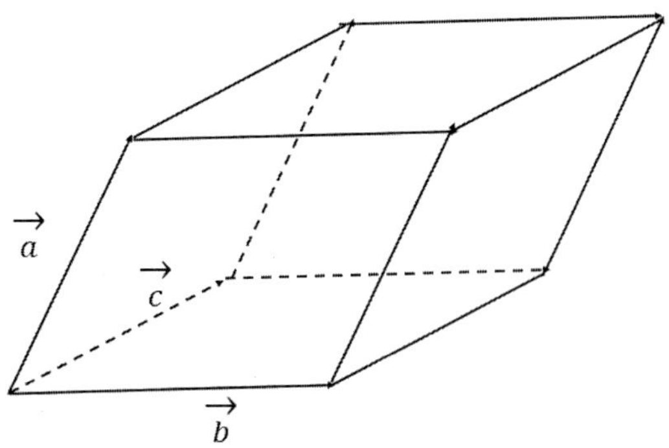

예제 12 다음 세 벡터를 이웃 변으로 하는 평행육면체의 부피를 구하라.

$$\vec{a}=i-k,\ \vec{b}=-2i+j-3k,\ \vec{c}=i-j+k$$

풀이 삼중적 $\vec{a}\cdot\vec{b}\times\vec{c}$ 를 구하면

$$\vec{a} \cdot \vec{b} \times \vec{c} = \begin{vmatrix} 1 & 0 & -1 \\ -2 & 1 & -3 \\ 1 & -1 & 1 \end{vmatrix} = (1+0-2)-(-1+3+0) = -3$$

이므로 구하는 평행육면체의 부피는 $|\vec{a} \cdot \vec{b} \times \vec{c}| = 3$ 이다.

본장을 끝내기 전에 배운 내용 중에 중요한 것을 복습하는 차원에서 삼중적의 절댓값이 왜 평행육면체의 부피가 되는지 증명해보도록 하자. 이는 평행육면체의 부피를 구하는 것이 중요해서가 아니고 부족한 정보를 가지고 이전의 문제를 해결할 수 없는 상태에서 새로운 개념에 대한 학습을 함으로써 그 문제를 해결 할 수 있다는 것에 초점을 맞추고자 한다. 높이가 평면도형과 수직인 입체의 부피는 밑면 도형의 넓이와 높이의 곱이다. 그런데 평행육면체는 이미 그림에서 보았듯이 높이가 평면도형인 평행사변형과 수직이 아니다. 평면도형인 평행사변형의 넓이는 외적의 크기이다. 이제 높이를 구하는 것이 문제이다. 높이를 구하는 과정에서 정사영벡터와 두 벡터의 외적이 얼마나 증명과정을 단순하게 하는지를 감상하기를 바란다.

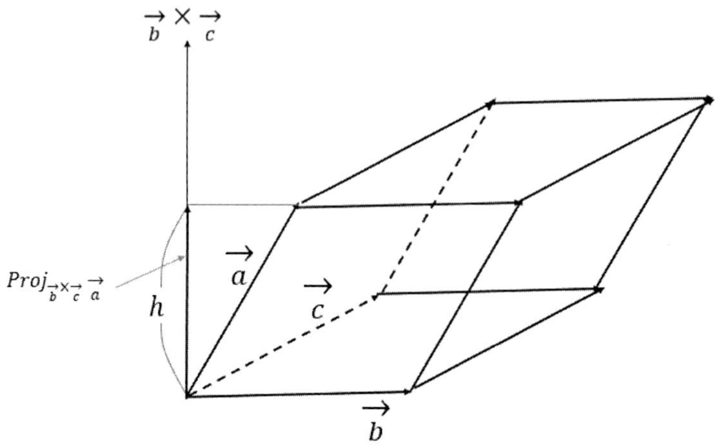

위 그림에서 $\vec{b}$와 $\vec{c}$가 이웃 변인 평행사변형을 포함하는 평면에 수직인 벡터는 $\vec{b} \times \vec{c}$이다. 따라서 높이 h는 $\vec{a}$를 $\vec{b} \times \vec{c}$에 정사영한 벡터 $Proj_{\vec{b}\times\vec{c}}\vec{a}$ 의 크기와 같아서

$$h = |Proj_{\vec{b}\times\vec{c}}\vec{a}| = \frac{|\vec{a} \cdot \vec{b} \times \vec{c}|}{|\vec{b} \times \vec{c}|^2} |\vec{b} \times \vec{c}|$$

이다. 따라서 구하는 부피 V는

$$V=|\vec{b}\times\vec{c}|\times\frac{|\vec{a}\cdot\vec{b}\times\vec{c}|}{|\vec{b}\times\vec{c}|^2}|\vec{b}\times\vec{c}|=|\vec{a}\cdot\vec{b}\times\vec{c}|$$

이다.

▶▶ 연습문제 7.2

1. $\vec{a}=i-k, \vec{b}=3j+5k$ 일 때, $\vec{a}\cdot\vec{b}$ 를 구하여라.

2. $\vec{a}=2i-3j+k, \vec{b}=i-\alpha j+4k$ 가 직교하기 위한 α의 값을 구하여라.

3. 두 벡터의 사잇각을 θ라 할 때, $\cos\theta$의 값을 구하여라.

$$\vec{a}=2i-3j+k,\quad \vec{b}=i-j+k$$

4. $\vec{a}=\alpha i+j+k,\quad \vec{b}=i+\alpha j+k$ 의 사잇각이 $\frac{\pi}{3}$ 일 때, α의 값을 구하여라.

5. $\vec{a}=2i-j+k, \vec{b}=4i+2j-k$ 일 때, 다음을 구하여라.

(1) $\vec{a}\times\vec{b}$ (2) $(3\vec{b})\times\vec{a}$

6. $\vec{a}=2i-j+k, \vec{b}=4i+2j-k$ 에서 $\vec{a}\times\vec{b}$ 와 방향이 같은 단위벡터를 구하여라.

7. 두 벡터 $\vec{a}=2i+2j-k, \vec{b}=i-k$로 이루어진 삼각형의 넓이를 구하여라.

8. 세 점 $P(-1,2,4), Q(2,-1,4), R(1,1,8)$ 을 꼭짓점으로 하는 삼각형의 넓이를 구하여라.

9. $\vec{a}=i-2j+k, \vec{b}=2i+j-k, \vec{c}=3i-2j+2k$ 일 때, $\vec{a}\cdot\vec{b}\times\vec{c}$ 를 구하여라.

APPENDIX

부록

01 연습문제 풀이 및 해답

▶▶ 제1장 연습문제

1.1

1. (1) a^7b^5 (2) x^{-4} (3) x^7y^{12} (4) $-3a^{-2}b^4$

2. (1) $4x+3y$ (2) $2x+2y$ (3) $-2x+5y$ (4) $-8x+13y$

3. (1) x^3y-3y (2) $-3y+9$ (3) $11a^2-6a$ (4) $-2a^3-a^2b+ab^2$

4. (1) $(x-y)^2=(x+y)^2-4xy=5^2-4\times3=13$

(2) $x+y)^2=(x-y)^2+4xy=6^2+4\times8=68$

5. (1) $3x^2-5$ (2) $4x^2-11x+19$

(3) $2x^2+9xy-17y^2$ (4) $4y$

6. (1) $7a^3-15a^2y-2ay^2-2y^3$ (2) $12x^2y+24xy^2+28y^3$

(3) x^3-8 (4) x^3+27

7. (1) 몫: $2x-2$ 나머지: 5 (2) 몫: $-7x^2-11x-21$ 나머지: -49

(3) 몫: $3x+5$ 나머지: $3x+7$ (4) 몫: $-x-3$ 나머지: $8x-10$

1.2

1. (1) $3x(x-4y)$ (2) $x(y+1)-(y+1)=(y+1)(x-1)$

(3) $3ab(a^2-2b)$

(4) $b^2-a^2-c(a-b)=(b-a)(b+a)-c(a-b)$

$=-(a-b)(a+b)-c(a-b)=(a-b)(-a-b-c)$

2. (1) $(\frac{1}{2}x+1)^2$ (2) $(2x-3y)^2$

(3) $(3x+2)(x+3)$ (4) $(3x-2y)(2x+y)$

(5) $a(b-c)-(b^2-2bc-c^2)=a(b-c)-(b-c)^2=(b-c)(a-b+c)$

(6) $(x-y)^2+(x-y)=(x-y)(x-y+1)$

3. (1) $(a^2-2b)^2-c^2=(a-2b+c)(a-2b-c)$

(2) $(x^2-2)(x^2-1)=(x+\sqrt{2})(x-\sqrt{2})(x-1)(x+1)$

(3) $(x^2-y^2)^2-4x^2y^2=(x^2-y^2+2xy)(x^2-y^2-2xy)$

(4) $x^2(x+2y)-(x+2y)=(x+2y)(x^2-1)=(x^2+2y)(x+1)(x-1)$

4. (1) $(x^2+3)(x^2-2)=(x^2+3)(x-\sqrt{2})(x+\sqrt{2})$

(2) $4x^2y^2-(x^4-2x^2y^2+y^4)=4x^2y^2-(x^2-y^2)^2$
$=(2xy-x^2-y^2)(2xy-x^2+y^2)$

(3) $(2x^3-x^2)-(2x^2-3x+1)=x^2(2x-1)-(2x-1)(x-1)$
$=(2x-1)(x^2-x+1)$

(4) $x^4-3x^2+3x-1=(x^4-x^2)-(2x^2-3x+1)$
$=x^2(x^2-1)-(2x-1)(x-1)=(x-1)(x^3+x^2-2x+1)$

5. (1) GCD: ab^2c , LCM: $2a^3b^3c^2$

(2) GCD $3xy$, LCM: $18x^2y^3$

(3) GCD: $x-1$, LCM: $(x-1)^2(5x+7)$

(4) GCD: $x+5$, LCM: $(x+5)(x+1)((x-2)$

6. (1) $2(x+1)$ (2) $\dfrac{(2x-3)(x^2+2x+4)}{(x+1)(x-2)}$ (3) $\dfrac{x+3}{x-1}$ (4) $\dfrac{1}{x+1}$

7. (1) $\dfrac{2}{x(x+2)}$ (2) $\dfrac{-2}{x^2-1}$ (3) $\dfrac{-1}{(x-1)(x^2-4)}$ (4) $\dfrac{2x+3}{(x^2-1)(x+2)}$

▶▶ 제2장 연습문제

2.1

1. (1) $x=9$ (2) $x=-2$ (3) $y=12$ (4) $y=\dfrac{9}{2}$

2. (1) $a=3, b=-1$ (2) $a=7, b=-5$ (3) $a=2, b=-1$ (4) $a=-13, b=8$

3. (1) $x=6$ (2) 해가 없음 (3) $x=\dfrac{5}{2}$ (4) $x=\dfrac{1}{2}$

(5) $x=5, 6$ (6) 해가 없음

4. (1) $x=\frac{19}{7}, y=-\frac{3}{7}$　(2) $x=-\frac{15}{17}, y=-\frac{7}{17}$

(3) $x=\frac{23}{5}, y=-\frac{4}{5}$　(4) $x=-\frac{1}{9}, y=\frac{7}{9}$

5. (1) $x=-\frac{5}{3}, y=\frac{2}{3}$　(2) $x=\frac{11}{4}, y=-\frac{1}{2}$

(3) $x=-\frac{10}{7}, y=\frac{40}{7}$　(4) $x=3, y=2$

6. (1) $x=\frac{15}{11}, y=\frac{1}{11}, z=\frac{6}{11}$　(2) $x=\frac{8}{3}, y=\frac{25}{9}, z=-\frac{28}{9}$

(3) $x=2, y=-3, z=3$　(4) $x=-1, y=\frac{3}{2}, z=-\frac{2}{3}$

2.2

1. (1) $x<-\frac{5}{7}$　(2) $x>-\frac{7}{2}$　(3) $x\le\frac{10}{9}$　(4) $x\ge\frac{17}{10}$

2. (1) 해가 없음　(2) $x>4$　(3) $-2<x\le 3$　(4) $x\ge 12$

3. (1) 해가 없음　(2) $-4<x<\frac{5}{3}$

4. (1) $x>1,\ x<-5$　(2) $x\ge 4$

5. (1) $-\frac{3}{2}<x<-1,\ 2\le x<\frac{5}{2}$　(2) $x<-2,\ -2\le x\le\frac{1}{2}$

2.3

1. (1) $6\sqrt{2}$　(2) $3\sqrt{3}$　(3) $3\sqrt{5}$　(4) 2

2. (2) $3\sqrt{3}$　(2) $10\sqrt{2}+2\sqrt{3}$

(3) $2\sqrt{3}-\sqrt{6}+4\sqrt{2}-4$　(4) $4\sqrt{3}-12\sqrt{6}+23$

3. (1) $7+4\sqrt{3}$　(2) $\frac{5-2\sqrt{6}}{5}$　(3) $\frac{-1+3\sqrt{3}}{2}$　(4) $-\frac{6}{7}$

4. (1) $\sqrt{7}+\sqrt{3}$　(2) $3-\sqrt{2}$　(3) $\frac{\sqrt{7}-1}{\sqrt{2}}$　(4) $\frac{3+\sqrt{5}}{\sqrt{2}}$

5. (1) $\sqrt{x}+\sqrt{y}$　(2) $\sqrt{x}-\sqrt{y}$　(3) $\sqrt{x+2}+\sqrt{x+1}$　(4) $\frac{2\sqrt{x}}{x-y}$

6. (1) $-2\sqrt{3}$ (2) $\sqrt{6}\,i$ (3) $-\dfrac{\sqrt{6}}{2}i$ (4) $\dfrac{\sqrt{10}}{5}$

7. (1) $18-i$ (2) i (3) $-\dfrac{4}{5}-\dfrac{7}{5}i$ (4) $-i$

2.4

1. (1) $(2x-5)(x+1)=0$으로부터 $x=-1,\dfrac{5}{2}$

(2) $(x-4)(x-2)=0$으로부터 $x=2,4$

(3) $(x-3)(x+1)=0$으로부터 $x=-1,3$

(4) $(x-2)(x+1)=0$으로부터 $x=-1,2$

2. (1) $\dfrac{2\pm\sqrt{3}}{2}$ (2) $\dfrac{3\pm\sqrt{7}\,i}{4}$ (3) $\dfrac{-1\pm\sqrt{7}\,i}{4}$ (4) $\dfrac{-12\pm3\sqrt{2}}{8}$

3. (1) $(x-(1+\sqrt{2}))(x-(1-\sqrt{2}))=0$으로부터 $x^2-2x-1=0$

(2) $(x-(3-2i))(x-(3+2i))=0$으로부터 $x^2-6x+13=0$

4. (1) $x\le-\dfrac{3}{2}$, $x\ge1$ (2) $-5<x<3$

(3) $-1\le x\le3$ (4) $\dfrac{1}{2}<x<1$

5. (1) $x<-\dfrac{4}{3}$, $x>3$ (2) $-\dfrac{1}{2}\le x<3$

(3) $x\ne\dfrac{1}{2}$인 모든 실수 (4) $x=\dfrac{1}{4}$

6. (1) $x\ne-\dfrac{1}{2}$인 모든 실수 (2) $x=-\sqrt{3}$

7. (1) $D=2^2-4(2-a)>0$으로부터 $a>1$

(2) $D=m^2-4(m+3)<0$으로부터 $-2<m<6$

2.5

1. (1) $\sqrt{34}$ (2) 5 (3) $\sqrt{2}$ (4) $2\sqrt{2}$

2. (1) $(5,3)$

(2) y축 위의 점 $P(0,a)$라 하면 $\overline{AP}=\overline{BP}$로부터 $\sqrt{1+(2-a)^2}=\sqrt{16+(a-5)^2}$

를 풀이하면 $a=6$. 따라서 $P(0,6)$

3. (1) $y=\frac{1}{2}x+2$ (2) $x=-3$ (3) $y=-3x-1$ (4) $\frac{x}{2}-\frac{y}{3}=1$

4. (1) $y=3x-11$ (2) $y=\frac{2}{3}x+\frac{13}{3}$

5. (1) 교점은 $(\frac{9}{5},\frac{13}{5})$이므로 $y=2x+b$로부터 $b=-1$. 따라서 $y=2x-1$

(2) 교점은 $(4,-5)$이므로 $y=\frac{1}{2}x+b$로부터 $b=-7$. 따라서 $y=\frac{1}{2}x-7$

6. (1) $\frac{|8-3\times(-1)-6|}{\sqrt{4^2+(-3)^2}}=1$

(2) $3x+4y-2=0$에서 $\frac{|3\times3+4\times1-2|}{\sqrt{3^2+4^2}}=\frac{11}{5}$

7. (1) 중심 $(-1,2)$ 반지름 2인 원. $(x+1)^2+(y-2)^2=4$

(2) 중심 $(2,4)$ 반지름 $\sqrt{5}$인 원. $(x-2)^2+(y-4)^2=5$

8. (1) $x^2+(y-2)^2=2$로부터 중심 $(0,2)$ 반지름 $\sqrt{2}$

(2) $(x+3)^2+(y+2)^2=9$로부터 중심 $(-3,-2)$ 반지름 3

9. 원의 일반방정식 $x^2+y^2+ax+ay+c=0$에 세 점의 좌표의 값을 대입하여 삼원일차 연립방정식의 해를 구하면 $a=5, b=1, c=-6$ 이다. 따라서 구하는 원의 방정식은 $x^2+y^2+5x-6=0$

▶▶ 제3장 연습문제

3.1

1. (1) 10 (2) ±3 (3) -4 (4) ±2

2. (1) 2^8 (2) $2^{\frac{11}{6}}$ (3) 2 (4) 5

3. (1) $\frac{1}{3}$ (2) $\frac{1}{3}$ (3) 2 (4) $3^{\frac{7}{6}}$

4. (1) 1 (2) a (3) $a^{-\frac{11}{12}}$ (4) $a^{-\frac{5}{6}}b^{\frac{11}{12}}$

5. (1) $a^{\frac{41}{30}}b^{\frac{4}{3}}$ (2) $b^{-\frac{23}{24}}$ (3) $(\frac{2+\sqrt{3}}{2-\sqrt{3}})^{\frac{1}{2}} = \sqrt{7+2\sqrt{12}} = 2+\sqrt{3}$

(4) 5

6. 분모, 분자에 a^x를 곱하여 $\dfrac{a^{4x}-a^{-2x}}{a^{2x}+1} = \dfrac{2^2-2^{-2}}{2+1} = \dfrac{7}{6}$

7. (1) $3^{\sqrt{2}}$ (2) $6^{\sqrt{3}}$ (3) $2^{3-\frac{\sqrt{6}}{2}}$ (4) $2^{\frac{1}{3}+\sqrt{6}}$

3.2

1. (1) $x=2$ (2) $x=\dfrac{3}{2}$ (3) $x=7$ (4) $x=2$

2. (1) $x=1$ (2) $x=0$ (3) $x=-1$ (4) $x=2$

3. (1) $2^x = t > 0, t^2-4t-32=0, (t-8)(t+4)=0,\ t=8, 2^x=8=2^3$ 이므로 $x=3$.

(2) $3^x = t > 0, t^2-7t-18=0, (t-9)(t+2)=0,\ t=9, 3^x=9=3^2$ 이므로 $x=2$.

(3) $5^x = t > 0, t^2-10t+25=0, (t-5)^2=0,\ t=5, 5^x=5$ 이므로 $x=1$.

(4) $3^x = t > 0, 2t^2-5t-3=0, (2t+1)(t-3)=0,\ t=3, 3^x=3$ 이므로 $x=1$.

4. $(3^x)^2-2\times 3^x-1=0, (3^x-1)^2=0, 3^x=1$ 이므로 $9^x=(3^x)^2=1$

5. (1) 첫 번째 식에서 $x+y=6$이고 $x=6-y$를 둘 째식에 대입하여 방정식을 풀이하면 $(2^y)^2-20\times 2^y+64=0$의 해는 $2^y=16,\ 2^y=4$ 로부터 각각 $y=4, x=2$ 또는 $y=2, x=4$이 인데 조건에 의하여 구하는 해는 $x=4, y=2$

(2) 첫 번째 식에서 $x+y=3$이고 $x=3-y$를 둘 째식에 대입하여 방정식을 풀이하면 $(3^y)^2-12\times 3^y+27=0$의 해는 $3^y=3,\ 3^y=9$ 로부터 각각 $y=1, x=2$ 또는 $y=2, x=1$

6. (1) $x<-1$ (2) $x<1$ (3) $x<\dfrac{3}{2}$ (4) $x>3$

7. (1) $2^x=t>0, t^2-2t-8<0, (t-4)(t+2)<0$ 으로부터 $0<t<4$ 에서 $0<2^x<4=2^2$이므로 구하는 해는 $x<2$

(2) $3^x=t>0, 3t^2-28t+9>0, (3t-1)(t-9)>0$ 으로부터 $t<\dfrac{1}{3},\ t>9$에서 구하는 해는 $x<-1$ 또는 $x>2$

(3) $5^x=t>0, t^2-5t\ge 0, t(t-5)\ge 0$ 으로부터 $t\ge 5$에서 $x\ge 1$

(4) $2^x = t > 0, t^2 - 10t + 16 \le 0, (t-2)(t-8) \le 0$ 으로부터 $2 \le t \le 8$ 에서 구하는 해는 $1 \le x \le 3$

3.3

1. (1) $\log_{3^2}3^3 = \frac{1}{2}\log_3 3^3 = \frac{3}{2}$ (2) $\log_2\frac{1}{4} = \log_2 2^{-2} = -2$

(3) $\log_{\frac{1}{2}}16 = \frac{\log_2 16}{\log_2 2^{-1}} = \frac{4}{-1} = -4$ (4) $\log_{5^2}\frac{1}{5} = \frac{1}{2}\log_5 5^{-1} = -\frac{1}{2}$

(5) $\log_{2^2}2^5 = \frac{1}{2}\times 5 = \frac{5}{2}$ (6) $\frac{\log 3}{\log 2}\times\frac{2\log 2}{\log 3} = 2$

2. (1) $\log_3 2 + 2\log_3 3 + \log_3 3 - \log_3 2 = 3$

(2) $\frac{1}{2}\log_2 3 - 2\log_2 2 - \frac{1}{2}\log_2 3 = -2$

(3) $\log_2 2 + \log_2 2 = 2$ (4) $\log_5 5\times 3^2 - 2\log_5 3 = 1 + 2\log_5 3 - 2\log_5 3 = 1$

3. (1) $\frac{\log_2 2}{\log_2 2^3} + \frac{\log_2 2^3}{\log_2 2^4} = \frac{1}{3} + \frac{3}{4} = \frac{13}{12}$

(2) $\frac{2\log 2}{\log 3}\times\frac{\log 3}{\log 2} = 2$

(3) $(\frac{\log 5}{\log 2} + \frac{-\log 5}{2\log 2})(\frac{-\log 2}{2\log 5} + \frac{\log 2}{\log 5}) = \frac{\log 5}{2\log 2}\times\frac{\log 2}{2\log 5} = \frac{1}{4}$

(4) $(\frac{\log 5}{\log 3} + \frac{-\log 5}{2\log 3})(\frac{-\log 3}{\log 5} + \frac{3\log 3}{2\log 5}) = \frac{\log 5}{2\log 3}\times\frac{\log 3}{2\log 5} = \frac{1}{4}$

4. (1) $(\frac{\log 3}{-\log 2} + \frac{2\log 3}{2\log 2})(\frac{2\log 2}{\log 3} + \frac{\log 2}{-2\log 3}) = 0$

(2) $(\frac{3\log 2}{\log 2} + 2\frac{4^{-1}\log 2}{2\log 2})\frac{3\log 2}{2\log 2} = (3 + \frac{1}{4})\frac{3}{2} = \frac{39}{8}$

5. (1) $3(b-a)$ (2) $2b-a$ (3) $\frac{1}{3}(b-a)$ (4) $\frac{1}{2}(a+b+2)$

3.4

1. (1) $x=4$　(2) $x=-3$　(3) $25^{\frac{1}{10}}$　(4) $x=2$

2. (1) $\sqrt[3]{4}$　(2) $x=48$　(3) $x=4$

(4) $\log_3 x=t,\ t^2-3t-10=0, t=5,-2$ 로부터 $\log_2 x=5, \log_2 x=-2$가 되어 구하는 해는 $x=32$ 또는 $\frac{1}{4}$

3. (1) $\log_{10} x=t,\ t^2+2t-3=0, t=-3, 1$ 로부터 $\log_{10} x=-3, \log_{10} x=1$이 되어 구하는 해는 $x=\frac{1}{1000}$ 또는 10

(2) $\log_3(x-3)=\frac{1}{2}\log_3(x-1)$ 로부터 $x>3$ 이고 $x-3=\sqrt{x-1}$ 의 해를 구하면 $x=2, 5$인데 조건을 만족하는 해는 $x=5$

(3) $\log_2 x=t,\ 2t^2+5t-3=0$으로부터 $t=\frac{1}{2}, -3$이다. 따라서 구하는 해는 $x=\sqrt{2}$ 또는 $\frac{1}{8}$

(4) $\log_4 x=-1+\frac{1}{3}\log_4 x,\quad \frac{2}{3}\log_4 x=-1,\quad \log_4 x=-\frac{3}{2}$로부터 구하는 해는 $x=\frac{1}{8}$

4. (1) $x<3$　(2) $2<x<3$

(3) $2<x<\frac{5}{2}$　(4) $3<x<4$ 또는 $4<x<6$

5. (1) $1<x<2$　(2) $2<x<3$　(3) $0<x<0.2$　(4) $1\le x\le 16$

6. (1) $1<x<100$　(2) $1<x<81$

7. (1) $2x^2-8<x^2-3x+2,\ (x+5)(x-2)<0$ 으로부터 $2<x<5$ 이고 진수의 조건을 만족하는 해의 영역을 구하면 $2<x<5$

(2) $x^2-19<5x-5$의 해를 구하면 $-2<x<7$이고 진수의 조건까지를 만족하는 영역을 구하면 구하는 해는 $\sqrt{19}<x<7$

▸▸ 제4장 연습문제

4.1

1. (1) $\{-2,-1,0,1,2\}$ (2) 실수집합 (3) $\{-7,-5,-3,-1,1\}$

(4) $\{(-2,-7),(-1,-5),(0,3),(1,-1),(2,1)\}$

2. (1) 모든 실수 (2) $x \neq -2$인 실수

(3) $x^2-2x-6 \geq 0$으로부터 $x \leq 1-\sqrt{7}$ 또는 $x \geq 1+\sqrt{7}$인 실수

(4) $3x-4>0$ 즉 $x>\dfrac{4}{3}$인 실수

3. (1) $x_1 \neq x_2 \Rightarrow \dfrac{3}{2x_1+1} \neq \dfrac{3}{2x_2+1} \Rightarrow f(x_1) \neq f(x_2)$이므로 단사함수

(2) $x_1 \neq x_2 \Rightarrow \dfrac{2}{3}x_1 \neq \dfrac{2}{3}x_2 \Rightarrow f(x_1) \neq f(x_2)$이므로 단사함수

(3) $-2 \neq 2$이지만 $f(2)=5=f(2)$이므로 단사가 아님

(4) $-\dfrac{5}{4} \neq -\dfrac{3}{4}$이지만 $f(-\dfrac{5}{4})=\dfrac{1}{16}-3=f(-\dfrac{3}{4})$이므로 단사가 아님

4. (1) $\dfrac{15}{2}$ (2) $3+\sqrt{13}$ (3) $\dfrac{45}{2}$ (4) $\dfrac{1}{2\sqrt{17}}$

5. (1) $-3\sqrt{x}+1$ (2) $\sqrt{-3x+4}+1$ (3) $9x-8$ (4) $\sqrt{\sqrt{x}+1}+1$

6. (1) $x=-2y+1,\ 2y=1-x,\ y=-\dfrac{1}{2}x+\dfrac{1}{2}$이므로 $f^{-1}(x)=-\dfrac{1}{2}x+\dfrac{1}{2}$

$f^{-1}(x)$의 그래프는 $y=-2x+1$의 그래프를 $y=x$에 선대칭

(2) $x=-\dfrac{1}{3}y+\dfrac{1}{2},\ y=-3x+\dfrac{3}{2}$이므로 $f^{-1}(x)=-3x+\dfrac{3}{2}$

$f^{-1}(x)$의 그래프는 $y=-\dfrac{1}{3}x+\dfrac{1}{2}$의 그래프를 $y=x$에 선대칭

7. (1) $f^{-1}(x)=x+1,\ g^{-1}(x)=\dfrac{x-2}{2}$로부터

$(g^{-1}\circ f^{-1})(x)=\dfrac{f^{-1}(x)-2}{2}=\dfrac{x-1}{2}$

(2) $(f\circ g)(x)=3x+1$로부터 $(f\circ g)^{-1}(x)=\dfrac{x-1}{3}$

4.2

1. (1) x절편 $\frac{1}{2}$ y절편 1 (2) x절편 2 y절편 -3

2. (1) 최댓값 $f(1)=1$, 최솟값 $f(3)=-3$ (2) 최솟값 $f(0)=2$, 최댓값 $f(1)=5$

3. (1) $D=28>0$이므로 교점은 2개 (2) $D=0$이므로 교점은 1개

4. $D=4k^2-16>0$으로부터 $k<-2$ 또는 $k>2$

5. $D=1-4k<0$으로부터 $k>\frac{1}{4}$

6. (1) $D>0$으로부터 두 개의 교점 $x=-\frac{1}{2}, x=1$을 얻고 그래프가 x축 윗부분에 있는 영역은 $x<-\frac{1}{2}$ 또는 $x>1$

(2) $D<0$이므로 x축과 만나는 점은 없고 그래프가 x축 아래에 있으므로 구하는 해는 없다.

7. (1) $y=2+\frac{-1}{x+1}$로부터 점근선은 $x=-1, y=2$이고 정의역은 $x\neq-1$, 치역은 $y\neq2$인 실수. 그래프는 $y=\frac{-1}{x}$의 그래프를 x축으로 -2만큼, y축으로 2만큼 평행이동.

(2) $y=-3+\frac{-7}{x-2}$로부터 점근선은 $x=2, y=-3$이고 정의역은 $x\neq2, y\neq-3$인 실수. 그래프는 $y=\frac{-7}{x}$의 그래프를 x축으로 2, y축으로 -3 평행이동.

8. (1) $y=-\sqrt{2(x-2)}$로부터 정의역 $x\geq0$, 치역 $y\leq0$. 그래프는 $y=\sqrt{2x}$의 그래프를 x축으로 2평행이동한 다음 y축에 선대칭.

(2) $y=\sqrt{-3(x-3)}+2$로부터 정의역 $x\leq3$, 치역 $y\geq2$. 그래프는 $y=\sqrt{-3x}$의 그래프를 x축으로 3, y축으로 2 평행이동.

▶▶ 제5장 연습문제

5.1

1. (1) $\frac{\pi}{2}$ (2) $\frac{\pi}{3}$ (3) $\frac{\pi}{6}$

(4) 120° (5) 135° (6) 270°

2. $\sin\theta = -\frac{3}{\sqrt{13}}$, $\cos\theta = -\frac{2}{\sqrt{13}}$, $\tan\theta = \frac{3}{2}$

3. (1) $\sin 45^\circ = \frac{1}{\sqrt{2}}$, $\cos 45^\circ = \frac{1}{\sqrt{2}}$, $\tan 45^\circ = 1$

(2) $\sin 150^\circ = \frac{1}{2}$, $\cos 150^\circ = -\frac{\sqrt{3}}{2}$, $\tan 150^\circ = -\frac{1}{\sqrt{3}}$

(3) $\sin(-\frac{2}{3}\pi) = -\frac{\sqrt{3}}{2}$, $\cos(-\frac{2}{3}\pi) = -\frac{1}{2}$, $\tan(-\frac{2}{3}\pi) = \sqrt{3}$

(4) $\sin(-\frac{\pi}{6}) = -\frac{1}{2}$, $\cos(-\frac{\pi}{6}) = \frac{\sqrt{3}}{2}$, $\tan(-\frac{\pi}{6}) = -\frac{1}{\sqrt{3}}$

4. $\cos\theta = -\frac{5}{13}$, $\tan\theta = -\frac{12}{5}$

5. (1) $\sin(\frac{13}{6}\pi) = \sin(2\pi + \frac{\pi}{6}) = \sin\frac{\pi}{6} = \frac{1}{2}$

(2) $\cos(\frac{13}{6}\pi) = \cos\frac{\pi}{6} = \frac{\sqrt{3}}{2}$

(3) $\tan(-\frac{7}{4}\pi) = 1$

(4) $\sin(-\frac{\pi}{3}) = -\sin\frac{\pi}{3} = -\frac{\sqrt{3}}{2}$

(5) $\cos(-\frac{9}{4}\pi) = \cos\frac{9}{4}\pi = \cos\frac{\pi}{4} = \frac{1}{\sqrt{2}}$

(6) $\tan(-\frac{4}{3}\pi) = -\sqrt{3}$

(7) $\sin\frac{5}{6}\pi = \sin(\pi - \frac{\pi}{6}) = \sin\frac{\pi}{6} = \frac{1}{2}$

(8) $\cos(-\frac{14}{3}\pi) = \cos\frac{14}{3}\pi = \cos\frac{2}{3}\pi = -\frac{1}{2}$

6. (1) 주기 4π, $[0, 4\pi]$구간에 한 개의 싸인 파형이 완성된 그림.

(2) 주기 2π, $y=\sin x$의 그래프를 x축으로 $-\frac{\pi}{3}$평행이동하고 진폭을 2배한 그래프

(3) 주기 $\frac{2}{3}\pi$, $[0, \frac{2}{3}\pi]$ 구간에 코사인 함수의 한 파형이 완성된 형태

(4) 주기 2π, $y=\cos x$의 그래프를 x축으로 $\frac{\pi}{4}$평행이동하고 진폭은 4배한 그래프.

(5) 주기 $\frac{\pi}{2}$, 길이 $\frac{\pi}{2}$ 구간에서 탄젠트 한주기 그래프가 그려지고 함수값은 $\frac{1}{2}$로 축소

(6) 주기 $\frac{\pi}{2}$, $y=\tan 2x$그래프를 x축으로 $\frac{\pi}{2}$만큼 평행이동한 그래프

5.2

1. (1) $x=\frac{4}{3}\pi, \frac{5}{3}\pi$ (2) $x=\frac{\pi}{6}, \frac{11}{6}\pi$ (3) $x=\frac{5}{6}\pi, \frac{11}{6}\pi$

(4) $x=\frac{7}{6}\pi, \frac{11}{6}\pi$ (5) $x=\frac{2}{3}\pi, \frac{4}{3}\pi$ (6) $x=\frac{\pi}{6}, \frac{7}{6}\pi$

2. (1) $(2\sin x-1)(\sin x+1)=0$에서 $\sin x=\frac{1}{2}$, $\sin x=-1$이고 따라서 구하는 해는

$x=\frac{\pi}{6}, \frac{5}{6}\pi, \frac{3}{2}\pi$

(2) $(2\cos x-1)(\cos x-1)=0$에서 $\cos x=\frac{1}{2}$, $\cos x=1$이고 따라서 구하는 해는

$x=\frac{\pi}{3}, \frac{4}{3}\pi, 0, 2\pi$

3. (1) $2(1-\cos^2 x)+3\cos x=0$, $(2\cos x+1)(\cos x-2)=0$ 에서 $\cos x=-\frac{1}{2}$이고 구하는 해는 $x=\frac{2}{3}\pi, \frac{4}{3}\pi$

(2) $\tan x+\frac{1}{\tan x}=2$, $(\tan x-1)^2=0$에서 $\tan x=1$로부터 구하는 해는

$x=\frac{\pi}{4}, \frac{5}{4}\pi$

4. (1) 코사인 그래프에서 $\cos x<\frac{1}{\sqrt{2}}$ 인 영역은 $\frac{\pi}{4}<x<\frac{7}{4}\pi$

(2) 탄젠트 그래프에서 $\tan x < 1$인 영역은 $\frac{\pi}{4} < x < \frac{5}{4}\pi$, $\frac{3}{2}\pi < x < 2\pi$

(3) 사인 그래프에서 $\sin x > -\frac{1}{2}$의 영역은 $0 < x < \frac{7}{6}\pi$, $\frac{11}{6}\pi < x < 2\pi$

(4) 사인 그래프에서 $-\frac{1}{2} \le \sin x \le \frac{1}{2}$의 영역은

$0 \le x \le \frac{\pi}{3}$, $\frac{2}{3}\pi \le x \le \frac{7}{6}\pi$, $\frac{11}{6}\pi \le x \le 2\pi$

5. (1) $\sin x(\sin x - 1) < 0$에서 $0 < \sin x < 1$의 영역은 $0 < x < \pi$

(2) $(2\cos x - 1)(\cos x + 2) \le 0$에서 $2\sin x - 1 \le 0$ 이므로 $\sin x \le \frac{1}{2}$인 영역은

$\frac{\pi}{3} \le x \le \frac{5}{3}\pi$

6. (1) $1 - \cos^2 x > 1 - \cos x$에서 $\cos x(\cos x - 1) < 0$이므로 $0 < \cos x < 1$인 영역은

$0 < x < \frac{\pi}{2}$, $\frac{3}{2}\pi < x < 2\pi$

(2) $2(1 - \sin^2 x) - 3\sin x \le 0$에서 $(2\sin x - 1)(\sin x + 2) \ge 0$이므로

$2\sin x - 1 \ge 0$이고 $\sin x \ge \frac{1}{2}$인 영역은 $\frac{\pi}{3} < x < \frac{2}{3}\pi$

▶▶ 제6장 연습문제

6.1

1. (1) $\begin{pmatrix} 1 & 5 & 1 \\ 6 & 0 & 5 \end{pmatrix}$ (2) $\begin{pmatrix} 3 & 1 & 1 \\ 0 & 4 & -3 \end{pmatrix}$ (3) $\begin{pmatrix} 7 & 0 & 2 \\ -3 & 10 & -10 \end{pmatrix}$

2. $X = \frac{1}{2}(B - 2A) = \begin{pmatrix} -\frac{7}{2} & 2 \\ 6 & \frac{3}{2} \end{pmatrix}$

3. $X = \frac{1}{2}(A + B) = \begin{pmatrix} 2 & -5 \\ 2 & 0 \end{pmatrix}$, $Y = \frac{1}{2}(A - B) = \begin{pmatrix} -1 & -1 \\ 1 & -2 \end{pmatrix}$

4. (1) $AB = \begin{pmatrix} 7 & -1 \\ 27 & -2 \end{pmatrix}$ (2) $BA = \begin{pmatrix} -12 & -7 \\ 31 & 17 \end{pmatrix}$

(3) $B^tA^t = \begin{pmatrix} 7 & 27 \\ -1 & -2 \end{pmatrix}$ (4) $(AB)^t = \begin{pmatrix} 7 & 27 \\ -1 & -2 \end{pmatrix}$

5. (1) 5×3 (2) 5×3 (3) 5×5

(4) $4\times 4 - 5\times 3$: 정의 안됨 (5) 3×4

6. $AB = \begin{pmatrix} 2a-2 & -2 \\ a & -2 \end{pmatrix}$, $BA = \begin{pmatrix} 2a-2 & -2a \\ 3 & -2 \end{pmatrix}$ 으로부터 $a=3$

6.2

1. (1) $\begin{pmatrix} 4 & -2 \\ 1 & -2 \end{pmatrix}\begin{pmatrix} x \\ y \end{pmatrix} = \begin{pmatrix} 8 \\ 5 \end{pmatrix}$ (2) $\begin{pmatrix} 7 & 4 & -2 \\ 16 & 2 & 1 \end{pmatrix}\begin{pmatrix} x \\ y \\ z \end{pmatrix} = \begin{pmatrix} -6 \\ 3 \end{pmatrix}$

(3) $\begin{pmatrix} 1 & -2 & 3 \\ 4 & 1 & 2 \\ -5 & -2 & 4 \end{pmatrix}\begin{pmatrix} x \\ y \\ z \end{pmatrix} = \begin{pmatrix} -4 \\ 7 \\ 1 \end{pmatrix}$ (4) $\begin{pmatrix} 0 & 2 & -1 \\ 1 & 0 & 3 \\ -3 & -1 & 0 \end{pmatrix}\begin{pmatrix} x \\ y \\ z \end{pmatrix} = \begin{pmatrix} 0 \\ 4 \\ -2 \end{pmatrix}$

2. (1) $\begin{pmatrix} 1 & 0 & 2 \\ 0 & 1 & 3 \end{pmatrix}$ 에서 $x=2, y=3$ (2) $\begin{pmatrix} 1 & 0 & \frac{13}{5} \\ 0 & 1 & \frac{6}{5} \end{pmatrix}$ 에서 $x=\frac{13}{5}, y=\frac{6}{5}$

(3) $\begin{pmatrix} 1 & 1 & 5 \\ 0 & 0 & -4 \end{pmatrix}$ 에서 $x+y=5, 0=-4$ 모순이므로 해는 없다.

(4) $\begin{pmatrix} 1 & -\frac{1}{2} & \frac{1}{2} \\ 0 & 0 & 0 \end{pmatrix}$에서 $x-\frac{1}{2}y=\frac{1}{2}$ 이므로 해는 무수히 많다.

3. (1) $\begin{pmatrix} 1 & 0 & 0 & -1.6 \\ 0 & 1 & 0 & 1.2 \\ 0 & 0 & 1 & 4.4 \end{pmatrix}$에서 $x=-1.6, y=1.2, z=4.4$

(2) $\begin{pmatrix} 1 & 0 & -2 & 0 \\ 0 & 1 & 4 & 0 \\ 0 & 0 & 0 & 0 \end{pmatrix}$에서 $x-2z=0, y+4z=0$ 이고 구하는 해는

$x=2z, y=-4z$, z는 임의의 실수

(3) $\begin{pmatrix} 1 & 0 & \frac{2}{7} & \frac{10}{7} \\ 0 & 1 & -\frac{3}{7} & -\frac{8}{7} \end{pmatrix}$에서 $x+\frac{2}{7}z=\frac{10}{7}, y-\frac{3}{7}z=-\frac{8}{7}$이고 구하는 해는

$x=\frac{10}{7}-\frac{2}{7}z,\ y=-\frac{8}{7}+\frac{3}{7}z$, z는 임의의 실수

(4) $\begin{pmatrix} 1 & 0 & 0 & -13 \\ 0 & 1 & 0 & 9 \\ 0 & 0 & 1 & 1 \end{pmatrix}$에서 $x=-13,\ y=9,\ z=1$

6.3

1. (1) 7　(2) 7　(3) 21　(4) 21

2. (1) $A^{-1}=\begin{pmatrix} -\frac{3}{5} & \frac{2}{5} \\ \frac{4}{5} & -\frac{1}{5} \end{pmatrix}$　(2) $B^{-1}=\begin{pmatrix} -\frac{1}{2} & \frac{1}{4} \\ -\frac{1}{4} & \frac{1}{8} \end{pmatrix}$

3. (1) $B^{-1}A^{-1}=\begin{pmatrix} -\frac{1}{10} & \frac{3}{20} \\ \frac{1}{4} & -\frac{1}{8} \end{pmatrix}$,　(2) $(AB)^{-1}=\begin{pmatrix} -\frac{1}{10} & \frac{3}{20} \\ \frac{1}{4} & -\frac{1}{8} \end{pmatrix}$

4. (1) $\begin{pmatrix} x \\ y \end{pmatrix}=A^{-1}B=\begin{pmatrix} -10 \\ 7 \end{pmatrix}$　(2) $\begin{pmatrix} x \\ y \\ z \end{pmatrix}=A^{-1}B=\begin{pmatrix} \frac{2}{27} \\ \frac{31}{27} \\ \frac{2}{9} \end{pmatrix}$

5. (1) $x=\frac{1}{7}\begin{vmatrix} 1 & -1 \\ 2 & 3 \end{vmatrix}=\frac{5}{7}$　(2) $z=-\frac{1}{5}\begin{vmatrix} 3 & -2 & 5 \\ 1 & 1 & 2 \\ -1 & 2 & 1 \end{vmatrix}=-\frac{12}{5}$

▶▶ 제7장 연습문제

7.1

1. $\overrightarrow{AB}+\overrightarrow{BC}=\overrightarrow{AC}$ 이고 $\overrightarrow{CA}=-\overrightarrow{AC}$ 이므로 $\overrightarrow{AB}+\overrightarrow{BC}+\overrightarrow{CA}=\vec{0}$ (영벡터)

2. (1) $\overrightarrow{FG},\ \overrightarrow{GC},\ \overrightarrow{ED}$　(2) $\overrightarrow{CG},\ \overrightarrow{GF},\ \overrightarrow{BA},\ \overrightarrow{DE}$

(3) $\overrightarrow{GB},\ \overrightarrow{EG},\ \overrightarrow{FA},\ \overrightarrow{DC}$　(4) $\overrightarrow{CG},\ \overrightarrow{GF},\ \overrightarrow{BA},\ \overrightarrow{DE}$

3. (1) $3\vec{a}-4\vec{b}$　(2) $2\vec{a}-16\vec{b}+10\vec{c}$

4. (1) $\overrightarrow{BG}$　(2) $\overrightarrow{CF}$　(3) $\overrightarrow{BF}$

(4) $\overrightarrow{CE}$　(5) $\overrightarrow{BE}$　(6) $\overrightarrow{CF}$

5. (1) $-3j+k$ (2) $-4i+3j-k$ (3) $3i-k$ (4) $j-k$

6. (1) $7i+j-5k$ (2) $\vec{b}-\vec{c}=-3i-2k$ 이므로 $|\vec{b}-\vec{c}|=\sqrt{13}$

(3) $17i-3j+k$ (4) $|10i-3k|=\sqrt{109}$

7. 구하는 벡터를 $\vec{a}$라 하면 $\vec{a}=m(-i+j+2k)$, $m>0$이고 $|\vec{a}|=\sqrt{6}\,m=2$로부터 $m=\dfrac{\sqrt{6}}{3}$이다. 따라서 $\vec{a}=\dfrac{\sqrt{6}}{3}(-i+j+2k)$

8. $\sqrt{6}=\sqrt{4m^2+2}$ 로부터 $m^2=1$이고 구하는 해는 $m=\pm1$

7.2

1. $\vec{a}\cdot\vec{b}=-5$

2. $\vec{a}\cdot\vec{b}=0$에서 $3\alpha+6=0$ 이고 $\alpha=-2$

3. $\cos\theta=\dfrac{\vec{a}\cdot\vec{b}}{|\vec{a}||\vec{b}|}=\dfrac{6}{\sqrt{14}\sqrt{3}}=\dfrac{6}{\sqrt{42}}$

4. $\vec{a}\cdot\vec{b}=|\vec{a}||\vec{b}|\cos\dfrac{\pi}{3}$로부터 $\alpha^2-4\alpha=0$이고 따라서 $\alpha=0, 4$

5. (1) $-i+6j+8k$ (2) $3i-18j-24k$

6. 구하는 벡터는 $\dfrac{\vec{a}\times\vec{b}}{|\vec{a}\times\vec{b}|}$이고 $\vec{a}\times\vec{b}=-i+6j+8k$ 이므로 구하는 해는

$\dfrac{1}{\sqrt{101}}(-i+6j+8k)$

7. 구하는 해는 $\dfrac{1}{2}|\vec{a}\times\vec{b}|$ 이고 $\vec{a}\times\vec{b}=-2i+j-2k$이므로 해는 $\dfrac{1}{2}\sqrt{4+1+4}=\dfrac{3}{2}$

8. $\overrightarrow{PQ}=3i-3j$, $\overrightarrow{PR}=2i-j+4k$ 이고 $\overrightarrow{PQ}\times\overrightarrow{PR}=-12i-12j+3k$ 이므로 구하는 삼각형의 넓이는 $\dfrac{1}{2}|\overrightarrow{PQ}\times\overrightarrow{PR}|=\dfrac{1}{2}\sqrt{291}$

9. $\vec{a}\cdot\vec{b}\times\vec{c}=\begin{vmatrix}1 & -2 & 1\\ 2 & 1 & -1\\ 3 & -2 & 2\end{vmatrix}=7$

02 찾아보기

■ 저자 약력 ■

심 홍 태

선문대학교 기초공학부(수학과) 교수

대학 마중물 기초수학

초판발행 2018년 8월 10일

지은이 심홍태
펴낸이 오판근
펴낸곳 (주) 교우
주　소 서울시 동대문구 약령시로 8 교우빌딩 2층 (주)교우
전　화 02-925-2861 / **팩　스** 02-925-2860. **편집부** 02-925-2825
홈페이지&북스토어 www.kyowoo.co.kr / 이메일 kyowoo@kyowoo.co.kr

등　록 1994년 3월 24일 제1994-000013호
ISBN 979-11-251-0246-5 (93410)

Published by Kyowoo Co., Ltd. Printed in Korea

값 17,000원

교우미디어는 (주) 교우의 Imprint 사입니다.
수학정원·과학정원은 (주) 교우의 새로운 브랜드명입니다.